南网安规解读

中国南方电网有限公司超高压输电公司　编

中国水利水电出版社
www.waterpub.com.cn
·北京·

内 容 提 要

　　本书通过广泛收集南网《安规》各方面专业资料，包括事故案例、技术原理说明、条款说明等，对南网《安规》原文条款加以解读，力争使读者对每起安全事故、事件有清晰和深刻的认识，进而更好地理解和掌握好相关安全条例内容。

　　本书作为专业类科普读物，可供电力安全生产工作相关人员阅读，也可供电网企业相关技术人员和管理人员参考。

图书在版编目（CIP）数据

南网安规解读 ／ 中国南方电网有限公司超高压输电
公司编. -- 北京 ： 中国水利水电出版社，2021.10
　ISBN 978-7-5226-0221-9

　Ⅰ. ①南… Ⅱ. ①中… Ⅲ. ①电力工业－安全规程－
中国 Ⅳ. ①TM08-65

中国版本图书馆CIP数据核字(2021)第229450号

书　　名	**南网安规解读** NANWANG ANGUI JIEDU
作　　者	中国南方电网有限公司超高压输电公司　编
出版发行	中国水利水电出版社 （北京市海淀区玉渊潭南路1号D座　100038） 网址：www.waterpub.com.cn E-mail：sales@waterpub.com.cn 电话：(010) 68367658（营销中心）
经　　售	北京科水图书销售中心（零售） 电话：(010) 88383994、63202643、68545874 全国各地新华书店和相关出版物销售网点
排　　版	中国水利水电出版社微机排版中心
印　　刷	清淞永业（天津）印刷有限公司
规　　格	184mm×260mm　16开本　16.25印张　395千字
版　　次	2021年10月第1版　2021年10月第1次印刷
印　　数	0001—2000册
定　　价	**95.00元**

本书主要编审人员

王　超　蒋道宇　张富春　石延辉　罗宇航

赖　皓　梁建瑜　谭华安　赵航航　叶建铸

郭　强　冯家荣　耿贝贝　周雨田　袁　鹏

张海凤　章耿勇　何　方　吴宏波　肖磊磊

前　言

　　安全规程是电力安全生产实践经验和教训的总结提炼，是保障电力工作场所工作人员人身安全和健康的基本要求，是安全生产工作必须严格遵循的红线、底线，是从事电力安全生产工作相关人员首要学习掌握的最基本的安全规章制度。

　　随着中国电力的发展变迁，现场人员所遵从的规程也不断丰富完善。1991年能源部发布了《电业安全工作规程》（简称"行标《安规》"），2011年国家质监总局、标准化管委会发布了《电力安全工作规程》（简称"国标《安规》"）。2014年10月起，南方电网公司（简称"南网公司"）抽调专家开始集中编制适应南网公司实际的安规，并于2015年发布了 Q/CSG 5100011—2015《中国南方电网有限责任公司电力安全工作规程》（简称"南网《安规》"）。

　　据时任南网公司安全总监、总工程师许超英回忆，南网公司以前执行的是国家标准和电力行业标准（分别简称"国标"和"行标"）的安规。行标《安规》成文较早，内容详细，但与近20年来电力行业的新设备、新技术、新工艺和新生产管理的安全发展要求已经不能完全适应。国标《安规》是基础性和权威性的国家标准，但由于要兼顾全社会各行各业涉及电力安全工作的需要，对于诸如安全组织措施和工作票、操作票等规定，只是作为推荐性标准。2012年之后，南网公司基本上处于多个版本安规并用的情况。随着电力行业新设备、新技术高速发展，从国家到南网公司对安全生产的要求也在加强，为进一步加强作业人员的人身安全保障，发布的相关规定也越来越多，客观上导致了作业人员困惑增多和执行不便，作业风险也越来越大。南网公司高度重视人身安全管理，为进一步加强和规范保障人身安全的各项措施，因此决定编制南网公司的《电力安全工作规程》，以此作为南网公司保障电力工作场所工作人员人身安全和健康的基本要求。

　　南网公司2015年出台的南网《安规》系统整合了国标《安规》、行标《安规》的内容，融入了南网公司10多年来的安全生产工作经验，覆盖公司发、输、配、建、调五大专业领域，分为公共规则、常规作业、专项作业、工器具、附录5个部分，其制定和发布是南网公司加强一体化建设、规范管理的一项重要措施。

南网《安规》自2016年1月1日起在南网公司系统统一规范执行，截至本书启动编制工作时，已推行4年时间，虽然南网《安规》每天在用、每年必学、每年必考，却总有一些人因为违章而付出惨重代价，尽管他们的安规考试成绩都是合格的。这反映出应试教育的弊端，传统的南网《安规》学习方式较为单一及枯燥，停留在条款内容的学习和基于条款题库的机械记忆，员工主动学习的意愿和兴趣较低，理论联系实际不足，进而达不到所要求的学习效果，最终表现为在日常工作中，员工的安全意识不强，甚至在特定的条件下，容易出现安全事故。

从目前南网《安规》学习辅导材料来看，尚未有较为完善的学习辅导教材，南网《安规》培训学习的模式也主要是依靠个人对照南网《安规》条款学习、有经验的员工结合自身知识经验开展培训授课等，部分内容难以讲解得深入、透彻、生动，学习枯燥、乏味，难以准确理解、记忆深刻等。

本书广泛收集各方面专业资料，对南网《安规》原文条款加以解读，以事故案例、技术原理说明、条款说明、发展过程、数据说明等形式，将南网《安规》的条款解读成新颖、易懂、有趣的"安规背后的故事"。

本书保留南网《安规》主体框架，公共规则部分解读由王超（南网《安规》主要起草人）、赖皓、梁建瑜编写，常规作业部分解读由石延辉、谭华安、赵航航、张富春、罗宇航编写，专项作业部分解读由石延辉、叶建铸、罗宇航、郭强、冯家荣编写，经过本书编审人员的辛勤劳作、反复检查修改，最终得以出版。在本书编写期间得到了来自超高压公司安监部袁鹏、章耿勇、吴宏波、肖磊磊和各级领导的关注和支持，多次进行书稿审核并提出了宝贵的意见，在此一并表示感谢。

由于编写时间仓促，水平有限，书中难免有疏漏和不足之处，恳请广大读者批评指正。

作者

2021年4月

目 录

第3部分　专　项　作　业

第4部分　工　器　具

第 5 部分　附　　录

第1部分

公 共 规 则

1 范围

1.1 本规程规定了公司保障电力工作场所工作人员人身安全和健康的基本要求。

1.2 本规程适用于公司所属单位，公司境外业务和代管单位参照执行。

2 规范性引用文件

下列文件对于本文件的应用是必不可少的。凡是注日期的引用文件，仅注日期的版本适用于本文件。凡是不注日期的引用文件，其最新版本（包括所有的修改单）适用于本文件。

GB/T 156—2007 标准电压

GB 2811—2007 安全帽

GB 2894—2008 安全标志及其使用导则

GB/T 2900.20—1994 电工术语 高压开关设备 [IEC 60050（IEV）：1994，NEQ]

GB/T 2900.50—2008 电工术语 发电、输电及配电 通用术语（IEC 60050—601：1985，MOD）

GB/T 3608—2008 高处作业分级

GB/T 3787—2006 手持式电动工具的管理、使用、检查和维修安全技术规程

GB/T 5905—2011 起重机 试验规范和程序

GB 6095—2009 安全带

GB/T 6096—2009 安全带测试方法

GB 9448—1999 焊接与切割

GB/T 9465—2008 高空作业车

GB/T 13035—2008 带电作业用绝缘绳索

GB/T 18857—2008 配电线路带电作业技术导则

GB/T 20118—2006 一般用途钢丝绳

GB 26164.1—2010 电业安全工作规程 第1部分：热力和机械

GB/T 28537—2012 高压开关设备和控制设备中六氟化硫（SF_6）的使用和处理

GB 26859—2011 电力安全工作规程 电力线路部分

GB 26860—2011 电力安全工作规程 发电厂和变电站电气部分

GB 26861—2011 电力安全工作规程 高压试验室部分

DL/T 288—2012 架空输电线路直升机巡视技术导则

DL/T 289—2012 架空输电线路直升机巡视作业标志

DL/T 400—2010 500kV 交流紧凑型输电线路带电作业技术导则

DL 408—1991 电业安全工作规程（发电厂和变电所电气部分）

DL 409—1991 电业安全工作规程（电力线路部分）

DL/T 596—2005 电力设备预防性试验规程

DL/T 599—2005 城市中低压配电网改造技术导则

DL/T 639—1997　六氟化硫电气设备运行、试验及检修人员安全防护细则
DL/T 692—2008　电力行业紧急救护技术规范
DL/T 854—2004　带电作业用绝缘斗臂车的保养维护及在使用中的试验
DL/T 875—2004　输电线路施工机具设计、试验基本要求
DL/T 878—2004　带电作业用绝缘工具试验导则
DL/T 881—2004　±500kV 直流输电线路带电作业技术导则
DL/T 966—2005　送电线路带电作业技术导则
DL/T 974—2005　带电作业用工具库房
DL/T 976—2005　带电作业工具、装置和设备预防性试验规程
DL/T 1147—2009　电力高处作业防坠器
DL/T 1218—2013　固定式直流融冰装置通用技术条件
DL/T 1242—2013　±800kV 直流线路带电作业技术规范
DL 5009.2—2013　电力建设安全工作规程　第 2 部分：电力线路
DL 5009.3—2013　电力建设安全工作规程　第 3 部分：变电站
DL 5027—1993　电力设备典型消防规程
JGJ 128—2000　建筑施工门式钢管脚手架安全技术规范
JGJ 130—2001　建筑施工扣件式钢管脚手架安全技术规范
国能安全〔2014〕161 号　防止电力生产事故的二十五项重点要求

3　术语和定义

GB/T 2900.20—1994、GB/T 2900.50—2008 界定的以及以下术语和定义适用于本规程。

3.1　低（电）压
1kV 及以下的电压等级。

3.2　高（电）压
1kV 以上的电压等级。

3.3　电力设施
应用到电力系统中的发电、变电、输电、配电和供电有关设备的总称。

3.4　电气设备
包括交直流系统中所有的发电、输电、变电、配电设备，按照电压等级可分为高压设备和低压设备。按照所属区域可分为厂站、高压线路和低压配电网设备。

3.5　厂站
发电厂、变电站、开关站、换流站、串补站以及高压配电设备所在区域的总称。

3.6　厂站设备
发电厂、变电站、开关站、换流站、串补站内的设备以及高压配电设备。

3.7　运用中的电气设备
全部带有电压、一部分带有电压或一经操作即带有电压的电气设备。
（GB 26860—2011，定义 3.8）

3.8 运行设备

实现指定电气或相关功能，并处于实时发电、输电、变电、配电和供电状态下的设备或设施。

3.9 一个电气连接部分

交流系统中，可用隔离开关与其他电气装置分开的部分；直流系统中，双极停用的换流变压器及所有高压直流设备等部分，或单极运行时停用极的换流变压器、阀厅、直流场设备、水冷系统（双极公共区域为运行设备）等部分。

3.10 低压设备

电气设备中电压等级在 1kV 及以下的设备及设施。

3.11 高压设备

电气设备中电压等级在 1kV 以上的设备及设施。

3.12 高压配电设备

1kV 以上、20kV 及以下，设置于配电站、开关站等室内或封闭空间内的，完成电力分配功能的电气装置。包括室内配电站、箱式变电站、户外开关箱、小型开关站、中心开关站等电气装置及辅助设施。

3.13 电力线路

在电力系统内用于输配电的杆塔、导线、绝缘材料和附件组成的设施。包括高压线路和低压线路。

3.14 高压线路

1kV 以上的电力线路。可分为高压输电线路和高压配电线路。

3.15 高压输电线路

35kV 及以上的高压线路。包括高压交流输电线路和高压直流输电线路。

3.16 高压配电线路

1kV 以上、20kV 及以下的非厂站高压线路。包括杆塔、导线、电缆、金具、绝缘子类、柱上、台式配电变压器类、跌落式开关、柱上断路器类，配电自动化、计量等电气量抽取装置类，及辅助配件、设施等。

3.17 低压配电网

1kV 及以下非厂站的低压配电线路和低压配电设备，主要有杆塔、导线、电缆、金具、绝缘子、电缆附件、电缆通道、低压开关、低压配电箱、充电桩、低压计量装置及辅助设施等。

3.18 高压配电网

高压配电线路和高压配电设备的总称。

3.19 断路器

能关合、承载、开断运行回路正常电流，也能在规定时间内关合、承载及开断规定的过载电流（包括短路电流）的开关设备。俗称开关。

注：改写 GB 26860—2011，定义 3.4。

3.20 隔离开关

在分位置时，触头间有符合规定要求的绝缘距离和明显的断开标志；在合位置时，能承载正常回路条件下的电流及在规定时间内异常条件（包括短路）下的电流的开关设备。俗称刀闸。

注：改写 GB 26860—2011，定义 3.5。

3.21 个人保安线

用于保护工作人员防止感应电伤害的接地线。

（GB 26859—2011，定义 3.10）

3.22 双重名称

设备的名称和编号。

3.23 双重称号

同杆架设两回及以上线路的名称和位置称号。

注：改写 GB 26859—2011，定义 3.11。

3.24 工作票

为电网发电、输电、变电、配电、调度等生产作业安全有序实施而设计的一种组织性书面形式控制依据。

3.25 操作票

为改变电气设备及相关因素的运用状态进行逻辑性操作和有序沟通而设计的一种组织性书面形式控制依据。

3.26 双签发

外单位人员办理工作票时，工作票经外单位签发后，由设备运维单位审核并签发（即会签）的过程。

3.27 高处作业

凡在坠落高度基准面 2m 及以上，有可能坠落的高处进行的作业。

注：改写 GB/T 3608—2008，定义 3.1。

3.28 紧急抢修工作

设备设施在日常运行或自然灾害情况下，发生故障停运或紧急缺陷后，且需立即进行的紧急修理等处置工作。

3.29 值班负责人

调度室、厂站、集控（巡维）中心、监控中心、配电网值班或电话待班等 24h 全天值班的当值负责人。

3.30 外单位

与设备所属单位无直接行政隶属关系，从事非生产运行维护职责范围内工作的设备、设施维护工作或基建施工的单位。

3.31 承包商

通过签署合同或协议承接公司系统项目业主单位发包生产建设工作任务的实施单位。

4 总则

4.1 为保证作业人员在电力工作场所及相关设备上的人身安全，依据国家有关法律、标准，结合公司实际，制定本规程。

4.2 各级负责人、管理人员、现场工作人员和相关人员应熟悉本规程相关条款并严格执行本规程。任何人员发现有违反本规程的，应立即制止，经纠正后方可恢复工作。

4.3 作业人员有权依据本规程拒绝违章指挥和强令冒险作业，在发现危及人身安全的情况时，有权停止作业或采取可行的应急措施后撤离作业场所，并立即报告。

【条款说明】（4.1～4.3合并说明）

为了贯彻"安全第一、预防为主、综合治理"基本方针，本规程的核心是规范生产现场各类工作人员的行为和保证人身、电网和设备安全，重点是保人身安全。本规程依据《中华人民共和国安全生产法》等国家有关法律法规，结合电力生产的实际而制定，因此各类工作人员都应严格遵守。4.1～4.3是根据《中华人民共和国安全生产法》第三章"从业人员的权利和义务"第四十六条和第四十七条规定，结合电网实际的细化条款，国家法律赋予了各类作业人员在生产过程中保障生产安全的基本权利。各类作业人员有权拒绝违章指挥和强令冒险作业。在发现直接危及人身、电网和设备安全的紧急情况时，有权停止作业或者在采取可能的紧急措施后撤离作业场所，并立即报告。

5 作业基本条件及要求

5.1 作业保障

作业单位应为作业人员提供符合国家法律、标准及公司规定的现场安全条件，不具备安全生产条件的不得从事现场作业。

【条款说明】

本条款的根据是《中华人民共和国安全生产法》第二章"生产经营单位的安全生产保障"第十七条："生产经营单位应当具备本法和有关法律、行政法规和国家标准或者行业标准规定的安全生产条件；不具备安全生产条件的，不得从事生产经营活动"。

5.2 作业人员

5.2.1 基本条件

a) 经县级或二级甲等及以上医疗机构鉴定，无职业禁忌的病症，至少每两年进行一次体检，高处作业人员应每年进行一次体检。

b) 应具备必要的电气、安全及相关知识和技能，按其岗位和工作性质，熟悉本规程的相关部分。

c) 从事电气作业的人员应掌握触电急救等救护法。

【条款说明】

从事各工种的电气作业均需要有相应的身体条件，因此，作业人员应定期进行职业健康检查，而且应当由符合国家卫生部门规定资质的医疗机构的职业医师进行鉴定。所有参加电气工作的人员每两年应进行一次体检，部分有特殊要求的电气工种，可适当增加体检次数，如每年进行一次。

电气工作具有较强的专业性，从事电气作业的人员应掌握本专业的基本电气知识，具备岗位工作所需的业务技能，才能正确地进行工作。熟悉本规程（指南网《安规》，下同）是电气作业人员进行安全作业的必备条件，因为本规程是规范作业行为和保证人身、电网和设备安全的基本制度。因此，凡从事电气作业的所有人员均应结合自身专业要求，熟悉本规程的相关内容。

电气工作中，有时会发生一些伤害情况，现场采取紧急施救，是减少伤亡至关重要的手段。在电气作业过程发生触电伤害的概率较高，特别要学会触电急救。

5.2.2　安全规程教育与培训

5.2.2.1　作业人员应接受相应的安全生产教育和岗位技能培训，经考试合格上岗。

5.2.2.2　公司系统内部作业人员及其直接管理人员应每年接受一次本规程的考试；间断现场工作连续 6 个月以上者，应重新学习本规程并考试。外来作业人员及其直接管理人员参与工作前应接受本规程的考试。考试合格后方能参加工作。

5.2.2.3　公司系统内部、外来作业人员及其直接管理人员的考试应由相应的分、子公司组织，或经分、子公司授权相应的地市级单位组织。

5.2.2.4　新员工、实习人员和临时作业人员，应经过安全教育培训后，方可进入现场，并在监护人员监护下参加指定的工作。

5.2.2.5　作业人员在作业前应被告知作业现场和工作岗位存在的危险因素、防范措施及应急措施。

5.2.2.6　特种作业人员应按照国家有关规定经专门的安全作业培训，并经相关管理机构考核合格，取得法定特种作业人员证书，方可从事相应的特种作业。

注：在公司电力工作中，特种作业主要指焊接与热切割作业，高处作业，起重作业，危险化学品安全作业，场（厂）内专用机动车辆作业，压力容器（含气瓶）、压力管道、电梯等特种设备的作业。

【条款说明】（5.2.2.1～5.2.2.6 合并说明）

各类作业人员应同时通过安全教育和岗位技能培训，考试成绩合格后才能从事相应的电气工作。各类作业人员应每年参加本规程考试一次，不断巩固电气安全知识和技能。如果长期间断工作，未经重新学习直接参与工作很有可能发生伤害事件。因此，本规程要求不论何种原因，连续间断电气工作 6 个月以上者，应当重新学习本规程，并经考试合格后方能恢复工作。

新员工、实习人员等通常还不具备必要的岗位技能和专业安全知识，因此下现场前，应事先经过基本安全知识教育后，在有经验的电气工作人员全程监护下参加指定的工作。

作业人员可能不熟悉所工作的环境和设备情况。因此设备运维单位应对其进行告知，包括现场电气设备接线情况、危险点和安全注意事项等。

根据是国家安全生产监督管理局与国家煤矿安全监察局 2002 年 12 月 18 日发布的安

监管人字〔2002〕124号《关于特种作业人员安全技术培训考核工作的意见》，文件第二条规定："特种作业是指容易发生人员伤亡事故，对操作者本人、他人的生命健康及周围设施的安全可能造成重大危害的作业。直接从事特种作业的人员称为特种作业人员。特种作业有着不同的危险因素，容易损害操作人员的安全和健康，因此对特种作业需要有必要的安全保护措施，包括技术措施、保健措施和组织措施。"

5.3 作业现场

5.3.1 室内母线分段部分、母线交叉部分及部分停电检修易误碰带电设备的，应设有明显标志的隔离挡板（护网）。

 【条款说明】

由于室内高压配电装置的特点，高压配电装置的母线分段部分、母线交叉部分与其周边停电检修设备之间距离较近，可能造成检修人员触电伤害。因此，室内母线分段部分、母线交叉部分及部分停电检修易误碰带电设备的，应设有明显标志的隔离挡板（护网）。

 【事故案例】

2003年，某供电局工作负责人甲组织开展10kV开关柜预试定检（断路器试验、过电压保护器试验、柜内除尘）。甲准备变电第一种电气工作票，工作班成员为乙和丙。运行人员根据工作安排先合上断路器接地开关并打开断路器机械锁，工作负责人甲在主控室办理工作票许可手续。工作票负责人甲未同运行人员办理现场许可手续，检修人员已将断路器从试验位置拉出。因丙临时有事，乙准备试验接线，并临时布置新来的丁在断路器手车室清扫灰尘。丁首先完成了开关柜底面的清扫工作，随后将头伸入断路器室，先用左手打开母线侧静触头绝缘挡板，进行母线侧三相静触头套清扫时，发生人员触电事故。

5.3.2 凡装有攀登装置的杆塔、变压器、融冰装置等，攀登装置上应设置"禁止攀登，高压危险！"标示牌。地面的配电变压器应有箱式外壳或安全围栏，并设置"止步，高压危险！"等标示牌。

 【事故案例】

2002年4月，某局检修二班副班长李某（伤者）作为工作负责人带领工作班其他3位人员在220kV某变电站办理了第一种工作票，执行"处理3号主变中103T0接地刀闸触头合不到位处理"工作任务。值班人员在执行安全措施时发现103B0接地刀闸同样存在合不到位情况，采用挂接临时接地线的方式完成安全措施。14时20分，开始缺陷处理工作。该工作班完成103T0接地刀闸触头缺陷处理后，在没有办理工作票结束、没有汇报和知会其他人的情况下，李某擅自带领本工作组人员转移到1032刀闸支架处，扩大工作范围，用竹梯登上2.5m高的1032刀闸支架处理103B0接地刀闸缺陷（刀闸靠母线侧带电）。15时51分，因与带电的1032刀闸B相Ⅱ母侧安全距离不足造成刀闸对人体电弧放电。李某被电弧烧伤并从高处正面跌落到草地上。

5.3.3 所有电气设备的地电位金属外壳均应有良好的接地装置。不应将使用中的接地装置拆除。

 【技术原理说明】

当电气绝缘失效发生漏电或存在感应电时，接地良好的金属外壳能保持地电位，能有效防止人身伤害，如果在使用中将接地装置拆除，将使该电气设备的金属外壳失去接地保护，或使用中对其接地装置进行任何工作时，一旦发生外壳带电，将造成人员触电。

5.3.4 作业现场的安全设施、施工机具、安全工器具和劳动防护用品等应符合国家、行业标准及公司规定，在作业前应确认合格、齐备。

【条款说明】

安全工器具属于生产条件范畴，其合格的要求是现场作业安全的必要条件，因此应符合国家行业和公司的相关要求。根据是《中华人民共和国安全生产法》第二章"生产经营单位的安全生产保障"第三十三条："安全设备的设计、制造、安装、使用、检测、维修、改造和报废，应当符合国家标准或者行业标准。"

5.3.5 任何人进入生产场所，应正确佩戴安全帽，但在办公室、值班室、监控室、班组检修室、继电保护室、自动化室、通信及信息机房等场所，确无磕碰、高处坠落或落物等危险的情况下，可不戴安全帽。

【条款说明】

安全帽是防止头部受外力伤害的防护用品。佩戴安全帽前，要检查使用期限，检查各部件齐全、完好后方可使用。安全帽的佩戴范围可"结合实际，合理放宽"，对无所述危险的办公室、值班室、二次保护和控制室内，在确保无危险的情况可不戴安全帽。

5.3.6 高压设备接地故障时，室内不得接近故障点4m以内，室外不得接近故障点8m以内。进入上述范围的人员应穿绝缘靴，接触设备的外壳和构架应戴绝缘手套。

 【技术原理说明】

本条款引用自GB 26860—2011《电力安全工作规程　发电厂和变电站电气部分》7.1.3。当电气设备发生接地故障，接地电流通过接地体向大地流散，在地面上形成分布电位。这时若人们在接地短路点周围行走，其两脚之间（人的跨步一般按0.8m来考虑）的电位差就是跨步电压。由跨步电压引起的人体触电，称为跨步电压触电。电气设备发生接地时，由于室内钢筋混凝土梁和柱中的钢筋组成的接地网络且室内地面相对干燥，电位下降较快，电流经过4m距离的扩散，其外围地面电位已经降低。室外电气设备发生接地时，地面电位下降缓慢，所以不得接近故障点8m以内。进入上述范围的人员应穿绝缘靴。另外，从接触点到地面垂直距离与人所站立处的水平距离之间也存在着电位差，人体接触这些部位，会有接触电压，所以应戴绝缘手套。

5.3.7 环网柜应在停电、验电、合上接地刀闸后，方可打开柜门。

【条款说明】

目的是提高安全管理要求，落实防止人身触电的重要措施。因为环网柜接入不同电源，打开柜门前应先停电、验电、合上接地刀闸，防止人身误碰带电设备。

【事故案例】

2014 年，某局试验班对 35kV 某变电站开展预试定检，杨某和赵某负责 10kV 开关柜预试。杨某从 35kV 开关场走到 10kV 高压室，想查看 10kV Ⅰ 段母线避雷器是否满足试验条件（设备未停电）。杨某进到 10kV 高压室时赵某、叶某 2 人站在已退出柜外的 10kV Ⅰ 段母线电压互感器手车旁。杨某让赵某随其一起去查看 10kV Ⅰ 段母线避雷器是否具备试验条件。由于通过 10kV 开关柜柜门上的红外测温孔看不清柜内情况，决定打开柜门查看。赵某便蹲着用扳手拆卸背板螺栓，背板 2 颗螺栓拆卸完后，站在背后的杨某将电磁锁钥匙交给赵某，赵某打开了柜门上的电磁锁，并打开了后柜门。在杨某转身取绝缘手套及验电器（绝缘手套及验电器放置在距 10kV Ⅰ 段母线电压互感器及避雷器柜后柜门 2m处），准备对设备验电时，赵某将头探入开关柜内查看。赵某头部与 A 相避雷器手车静触头连接螺栓安全距离不足，发生触电。

5.3.8 在厂站的带电区域内或邻近带电导体附近，禁止使用金属梯子；搬动梯子、管子等长物应将其放倒后，宜由两人搬运，并与带电部分保持足够的安全距离。

【条款说明】

为防止金属梯子在使用过程中因与带电部分的安全距离不够而产生感应电放电或直接触及带电部分，在厂站的带电区域内或邻近带电导体附近，禁止使用金属梯子。搬动梯子、管子等长物应将其放倒后由两人搬运，是为了防止梯子、管子等长物在搬运过程中误靠近带电设备。

【事故案例】

2004 年，某县供电所负责人李某安排王某、袁某为一用户改线并装电能表。两人未办理工作票即赶到现场，经协商分工，王某负责拆旧和送电，袁某负责安装电能表。袁某说，你在作业前一定要先将电源线断开后再作业，王某答应一声就走开了。在没有明确工作负责人和监护人的情况下，两人分头开始工作。王某站在铁管焊制的梯子约 1.8m 处拆旧和接线，并用验电笔找出导线的零线与火线，先将零线接好，在用带绝缘手柄的钳子剥开火线的线皮时，左手不慎碰到带电的导线上，触电后扑在梯子上造成重伤。王某未穿绝缘鞋，未戴手套，着装也不符合规定，站在导电良好的金属梯子上进行作业，在用带绝缘手柄的钳子剥开火线的线皮时，握线的左手碰到剥开绝缘层的带电体，因着装及个人安全防护不符合要求，人体—金属梯—大地形成导电回路，造成触电。

5.3.9 经常有人工作的场所及施工车辆上宜配备急救箱，存放急救用品，并指定专人定期检查、补充或更换。

5.3.10 作业现场的照明，应保证足够的亮度，并应配有应急照明。

 【条款说明】（5.3.9、5.3.10合并说明）

电力生产工作场所存在各类危险因素，如触电、高处坠落、机械伤害、自然灾害等，由于各种原因未能得到有效控制时，会发生人员伤害的突发情况，需要在经常作业的场所配备必要的存放急救用品的急救箱，施工车辆也宜配备急救箱。充足的照明，可以避免因光线不足造成的人员伤害。

5.3.11 作业期间需将升降口、井坑、孔洞、楼梯和平台的栏杆、护板或盖板拆除时，应装设临时遮栏（围栏）和警示标识，夜间应设警示光源，在作业结束时应及时恢复。

5.3.12 在城区、人口密集区、通行道路上或交通道口施工时，工作场所周围应装设遮栏（围栏），并在相应部位设警戒范围或警示标识，夜间应设警示光源，必要时派专人看守。

 【事故案例】（5.3.11、5.3.12合并案例）

2009年，某供电局在县城大桥南端东侧人行道进行地面施工，为安全起见，在施工现场南北两侧设置了六块警示牌，并用红石堆砌，同时在西侧除花坛隔离区外，还用棕绳进行围栏，其东侧地面因施工也相应升高，且凹凸不平，但未在该侧围栏，也没有设置警示光源。凌晨2时许，路过的市民李某从施工现场经过时，不慎摔倒扭伤。

5.3.13 电气设备着火时，应立即切断有关电源，然后进行灭火。消防器材的配备、使用、维护应遵守DL 5027—2015的规定。

 【事故案例】

2013年，黄冈市黄州区一处发生火灾。事后，消防官兵对火场进行仔细勘察发现，导致这场火灾发生的是一只烘鞋器和一个电热水壶。经过向事主询问得知，事主当晚躺在沙发上看电视，不知不觉就在沙发上睡着了，睡之前，事主将烘鞋器插在电源上烘烤皮鞋，又在烘鞋器旁边用电热水壶烧水，忘了拔掉插头。而在灭火过程中，事主没有及时拔掉烘鞋器电源，导致灾情进一步扩大。

5.3.14 在机器设备断电隔离之前或在机器转动时，禁止从靠背轮和齿轮上取下防护罩或其他防护设备。

 【事故案例】

2016年冬天，国内某造纸厂里的工人们突然听到呼救声，大家发现某女工围巾被卷进机器，呼吸急促，头部紧紧地与机器贴着，已昏迷，大家慌忙关掉电源，将其送往急救。事后发现，这台机器的防护罩之前因损坏被取下还没更换。当天天气寒冷，这名女工违反规定，私自佩戴了围巾。

5.3.15 林区、牧区施工现场，禁止吸烟并按本规程要求使用明火。

【条款说明】

根据是《中华人民共和国森林法》《中华人民共和国森林防火条例》《中华人民共和国治安管理处罚法》，林区、牧区禁止私自野外用火。如有特殊需要，需严格审批并做好防范措施。

【事故案例】

2004 年，邵武市水北镇龙斗村下厂组大窠山场，因农民在菜地烧杂草引发森林火灾，受害森林面积 27.5hm²，火灾延烧 19h，扑火直接费用 2.6 万元。因龙斗村下厂组村民彭某为防田鼠损坏雪花豆苗，擅自点烧菜地边的芦苇，点燃后未采取防范措施，结果火头越过公路和铁路，引发森林火灾。

5.4 施工电源

5.4.1 检修动力电源箱的支路（电焊专用支路除外）开关均应加装剩余电流动作保护器（俗称漏电保护器），并应定期检查和试验。

【事故案例】

2015 年，某电镀工厂负责人诸葛某在未给动力电源箱、电镀槽、行车等用电设备配置漏电保护装置等的情况下，安排李某等人在其电镀加工点车间内从事电镀工作，导致李某在电镀车间内作业时触电重伤。

5.4.2 临时用电检修电源箱应装自动空气开关、剩余电流动作保护器、接线柱或插座；专用接地铜排和端子、箱体必须可靠接地，接地、接零标识应清晰。

【条款说明】

检修电源箱内设备器件应完好无损，接线正确规范，接地、接零可靠，防止造成人员触电。

【事故案例】

2002 年，某工程人工挖孔桩施工时下雨，应停止作业，25 号和 7 号桩孔因地质情况特殊需继续施工（25 号由江某等两人负责），此时配电箱进线端电线因无穿管保护，被电箱进口处割破绝缘造成电箱外壳、PE 线、提升机械以及钢丝绳、吊桶带电，江某触及带电的吊桶遭电击重伤。事后发现，施工现场电源线进配电箱处无套管保护，金属箱体电线进口处也未设护套，使电线磨损破皮。重复接地装置设置不符合要求，接地电阻达不到规范要求。电气开关的选用不合理、不匹配，漏电保护装置参数选择偏大、不匹配。

5.4.3 施工用电设施应由取得资质的人员安装维护，严禁私拉乱接，严禁将电线直接钩挂在闸刀上或直接插入插座内使用。

5.4.4 低压施工用电架空线路应采用绝缘导线，架设高度应不低于 2.5m，交通要道及车辆通行处应不低于 5m。

【条款说明】

本条款引用自 DL 5009.2—2013《电力建设安全工作规程　第 2 部分：电力线路》3.2.3。

5.4.5 敷设在地面上的施工用电线路应采用绝缘电缆，交通车辆通行路面上的电缆应设有防碾压的措施。

【事故案例】

2000 年，河南省某化工厂韩某与其他 3 名工人从事化工产品的包装作业时，韩某在去取塑料编织袋过程中，脚踏在盘在地上的施工电缆线上，触电摔倒，在场的其他工人急忙拽断电缆线，拉下刀闸，将韩某送到医院急救。事后发现，现场电缆线长约 20m，由 3 种不同规格的电缆线拼接而成，而且线头包裹不好，电缆线的绝缘不达标。当时因阴雨连绵，加上该化工产品吸水性较强，又由于韩某脚上布鞋被水浸透，布鞋的对地电阻实际约等于零。

5.4.6 施工电源保护地线（PE）严禁断线，严禁在保护地线装设开关或熔断器，严禁在保护地线通过工作电流。

【技术原理说明】

保护地线（PE）用于保护接地，即用导线将电气装置的金属外壳、支架等与接地体可靠连接起来的一种保护接线方式。目的是防止电气装置的金属外壳、支架等因绝缘材料损坏而带电，造成人身和设备安全威胁。如果电气设备的绝缘损坏使金属外壳等带电，由于接地装置的接地电阻很小，则外壳对地电压大幅度地降低。当人体与外壳接触时，则外壳与人体形成了两条并联支路，电气设备的接地电阻越小，则通过人体的电流也就越小，可以防止造成触电。所以，保护地线严禁断线，否则不能起到保护作用。同时，严禁在保护地线装设开关或熔断器，以免开关断开或熔断器熔断引起保护地线断线。保护地线正常时是没有电流的，为防止热熔断，严禁在保护地线通过工作电流。

5.4.7 碘钨灯等特殊照明灯具支架严禁带电移动。

【条款说明】

因为碘钨灯功率大、发热量大，《建设工程施工现场消防安全技术规范》（GB 50720—

2011) 对于碘钨灯的使用均有严格规定，移动灯具时，必须停电后进行；使用手持灯具时，应按规定使用行灯。

【事故案例】

某施工队在闸墩作业面进行混凝土施工时，袁某等人在上游门槽紧固排架拉模筋，因照明不足，袁某解开捆绑在小方木上做简易照明的碘钨灯。袁某右手抓住混凝土紧向钢筋，左手移动碘钨灯，因碘钨灯外壳带电，形成单向回路电击，造成重伤。

5.4.8 在有爆炸危险的场所，不应利用金属管道、构筑物的金属构架及电气线路的工作零线作为接地线或零线使用。

【技术原理说明】

接地线或零线敷设应避开热管道、油管道、可燃气体管道、高压线、控制线等，保证设备有牢固的接地。

5.5 灾后抢修

5.5.1 灾后抢修应合理安排工期和资源，确保抢修作业人员的人身安全。

5.5.2 开展抢修工作应做好风险分析和安全措施，防止发生次生灾害。

5.5.3 在抢修过程中无法保证人身安全的，应当从危险区域内撤出作业人员，疏散可能危及的其他人员，设置警戒标识。

5.5.4 灾后抢修应办理紧急抢修工作票或相应的工作票，作业前应确认设备状态符合抢修安全措施要求。

【条款说明】（5.5.1～5.5.4 合并说明）

灾害发生时，抢修的工作环境和安全状况会变得复杂危险，若需在灾害发生时对设备开展抢修工作，抢修工作前应了解灾情发展情况，充分考虑各种可能会发生的情况如环境变化、自然灾害因素及电气设备或设施损坏等会导致次生灾情对抢修人员构成不确定的危害，制订相应的安全措施。

【事故案例】

2014 年夏季，第 15 号台风"海鸥"在海南文昌登陆。受台风"海鸥"影响，某供电局 110kV 某变电站 10kV 某线路过流保护动作跳闸，保护动作跳闸后该线路一直处于热备用状态。某供电所组织人员对所辖范围内跳闸线路巡线，其中潘某、严某、胡某负责巡查该线 1～162 号杆段。巡线完成后，该所指派潘某、严某、胡某合上 12 号杆分段开关对 10kV 日月湾线中段线路（即 12～162 号杆段）试送电。胡某戴好安全帽和绝缘手套、穿好绝缘靴，使用绝缘操作杆对 12 号杆分段开关进行合闸操作，开关合上后，开关负荷侧 B 相引线发生放电，胡某见状本能后退，后退中不慎跌倒并抽搐。严某伸手施救时，有触电感觉。胡某终因抢救无效死亡。事后发现，灾后破损的带电引线在电杆周围产生电场分布，当胡某受惊吓意外跌倒后，腿、背等部位多点接触地面，造成跨步电压触电。

5.6 承包商

5.6.1 开工前，项目具体管理单位应组织承包商进行现场详细勘察，制定具有针对性的安全协议，明确双方各自的安全责任。

5.6.2 安全协议应在安全监管机构的监督下，由项目具体管理单位与承包商签订。

5.6.3 项目具体管理单位或建设单位应对承包商实际到场人员的个人资格和本规程考试成绩进行真实性复查与评估，确保实际到场人员满足现场作业的安全要求。

6 保证安全的组织措施

6.1 组织措施组成

6.1.1 工作流程

    a）现场勘察。

    b）工作票组织。

    c）工作票启用。

    d）工作许可。

    e）工作监护。

    f）工作间断。

    g）工作转移。

    h）工作变更和延期。

    i）工作终结。

6.1.2 安全技术交底与安全交代

6.1.2.1 外单位在填写工作票前，应由运行单位对外单位进行书面安全技术交底，并在"安全技术交底单"（见附录 A）上由双方签名确认。

6.1.2.2 工作许可手续签名前，工作许可人应对工作负责人就工作票所列安全措施实施情况、带电部位和注意事项进行安全交代。

6.1.2.3 作业前应召开现场工前会，由工作负责人（监护人）对工作班组所有人员或工作分组负责人、工作分组负责人（监护人）对分组人员进行安全交代。交代内容包括工作任务及分工、作业地点及范围、作业环境及风险、安全措施及注意事项。被交代人员应准确理解所交代的内容，并签名确认。

 【发展过程】

    2015 年南网《安规》发布前，条款 6.1.2.3 所列安全交代未在票面体现，考虑这一步骤的重要性，在安规正文和工作票票面，增加了工作负责人（监护人）对工作班成员或工作分组负责人进行安全交代的内容。

【条款说明】（6.1.2.1～6.1.2.3 合并说明）

6.1.2.1①明确了外单位在填写工作票前，应由运行单位对外单位进行书面安全技术交底，重点内容是施工应采取的安全措施和注意事项等，为正确填写工作票提供符合现场实际的资料。②规范了"安全技术交底单"格式及填写内容，并明确了需双方签名确认，确保有据可查。③外单位在跨区域进行灾后抢修时，需更加重视书面安全技术交底。

6.1.2.2①规定了工作许可人对工作负责人，必须就触电、高空坠落、机械伤害等危险点以及具体的安全措施、注意事项、时间节点等详细安全有关内容进行口头交代，被交代人确认理解交代内容正确无误后，签字确认，方可开始作业。②末级许可人向工作负责人交代工作票所列调度和自行负责的安全措施。电话许可时，通过电话进行交代，并记录和互代签名。

6.1.2.3①明确了作业前，进行安全交代的两种情况：一种是由工作负责人（监护人）对工作班成员或工作分组负责人进行安全交代；另一种是工作分组负责人（监护人）接受工作负责人（监护人）安全交代后，对分组人员进行安全交代。②明确了安全交代的内容。③强调了被交代人员应准确理解所交代的内容，并需履行签名确认手续。

 【事故案例】

2013年7月25日7时50分，某施工公司人员段某、钱某经某储能站组织的安全教育和安规考试合格后，施工班长段某办理了安全技术交底和工作票许可开工手续，随后开始对配电装置楼4号电池堆室内墙和外墙进行修理施工。为更好地开展工作，钱某在配电装置楼一楼控制保护室的外墙风机排风口处搭设了高度为2.2m的简易脚手架工作平台，准备对外墙面开展防渗施工作业。8时20分，施工班长段某向钱某仅仅只交代工作任务后，在未得到钱某确认的情况下，便到其他处工作。钱某为方便登上脚手架，将高1.2m的废旧包装箱挪到脚手架边，当右脚踏上废旧包装木箱边缘、打算将电镐放到脚手架上面时，由于木箱不牢，钱某站立不稳，身体向右侧倾倒，在摔倒过程中因安全帽未扣下颌带而向前甩出，右侧身体着地后头部因惯性受到碰撞重伤。

6.2 现场勘察

6.2.1 公司所属设备运维单位认为有必要进行勘察工作的内部工作负责人，应根据工作要求组织现场勘察；承包商工作负责人应根据5.6.1的要求开展现场勘察；现场勘察应填写"现场勘察记录"（见附录B）。

 【条款说明】

①明确"现场勘察"包括两类人：设备运维单位、承包商。②明确"现场勘察"对设备运维单位的要求：视情况，必要时使用。③明确"现场勘察"对承包商要求：必须使用。④明确开展现场勘察工作时应按"现场勘察记录"要求填写相关内容。

6.2.2 现场勘察应查看检修（施工）作业需要停电的范围、保留的带电部位、装设接地线的位置、邻近线路、交叉跨越、多电源、自备电源、地下管线设施和作业现场的条件、环境及其他影响作业的危险点。

【条款说明】

明确了现场勘察的内容。

6.2.3 工作方案应根据现场勘察结果，依据作业的危险性、复杂性和困难程度，制定有针对性的组织措施、安全措施和技术措施。

【条款说明】

强调工作方案应根据现场勘察结果制定，其中的组织措施、技术措施和安全措施应有针对性。

6.2.4 作业开工前，工作负责人或工作许可人若认为现场实际情况与原勘察结果可能发生变化时，应重新核实，必要时应修正、完善相应的安全措施，或重新办理工作票。

【条款说明】

若因现场勘察时间与作业开工时间间隔较长等原因，导致现场实际情况与原勘察结果可能存在差异时，为防止不适用的措施、不充分的管控手段带来的风险，工作负责人必须按现场实际进行修正和完善。若已经开具的工作票，需重新办理工作票。

【发展过程】

2015年南网安规发布前，现场勘察这一概念未进行明确，考虑这一步骤的重要性，在安规正文中明确现场勘察必须开展并提出了具体要求。

【事故案例】

2001年，海南某市10kV某厂主线32号杆的接线头被烧坏，某营业部主任林某打电话给某电力安装工程有限公司称需要维护，并将海南某送电公司在10kV某厂主线的停电施工时间（6日7时30分至18时）告诉给罗某，并告知罗某要办理工作票。林某认为某电力安装工程有限公司人员对其管辖的10kV某厂主线很熟悉，无需现场勘察。罗某认为可利用海南某送电公司的停电施工时间开展维护线路，遂决定不办理工作票。6日8时，罗某带着吉某、王某（仅罗某具备工作负责人资质）等3人到达某厂主线32号杆变压器处，电话咨询林某"是否停电？"，林某电话咨询某市供电局调度室后，告知罗某10kV某厂主线还没有停电，于是罗某要求林某在某厂主线停电后告诉他，接着就带着吉某、王某回去。6日11时，某市供电局调度室根据海南某送电建设有限公司的工作票，通知某营业部的电工赵某，将 10kV 某厂主线的 21 号杆的 Z101 开关后段线路转入检修状态（10kV 某厂主线 Z101 开关后段 21～45 号塔之间已经停电，Z101 开关前段的 1～21 号塔之间线路仍然带电），满足了海南某送电建设有限公司工作票的安全措施要求。林某得知后，电话通知罗某"10kV 某厂主线已全部停电"，罗某获得林某给的停电消息后，直接开着工具车带着吉某、王某来到某厂主线 32 号杆处，罗某安排王某负责搬运材料，吉某登电线杆将两个连接线夹更换。换完连接线夹后，6 日 12 时，罗某想到某厂主线 18 号杆之前存在连接线松脱缺陷，又开车带着吉某、王某赶到某厂主线 18 号杆（10kV 某厂主线 1～21 号塔线路范围内），安排吉某挎着工作包系着安全带登 18 号杆进行绑扎作业，罗某、王某两人负责地面工作，不久听到吉某喊了一声，发现吉某挂在电线杆上发生了触电。

6.3 工作票组织

6.3.1 所列人员的安全责任

6.3.1.1 工作票签发人：

a) 确认工作必要性和安全性。

b) 确认工作票所列安全措施是否正确完备。

c) 确认所派工作负责人和工作班人员是否适当、充足。

6.3.1.2 工作票会签人：

a) 审核工作必要性和安全性。

b) 审核工作票所列安全措施是否正确完备。

c) 审核外单位工作人员资格是否具备。

6.3.1.3 工作负责人（监护人）：

a) 亲自并正确完整地填写工作票。

b) 确认工作票所列安全措施正确、完备，符合现场实际条件，必要时予以补充。

c) 核实已做完的所有安全措施是否符合作业安全要求。

d) 正确、安全地组织工作。工作前应向工作班全体人员进行安全交代。关注工作人员身体和精神状况是否正常以及工作班人员变动是否合适。

e) 监护工作班人员执行现场安全措施和技术措施、正确使用劳动防护用品和工器具，在作业中不发生违章作业、违反劳动纪律的行为。

6.3.1.4 值班负责人：

a) 审查工作的必要性。

b) 审查检修工期是否与批准期限相符。

c) 对工作票所列内容有疑问时，应向工作票签发人（或工作票会签人）询问清楚，必要时应作补充。

d) 确认工作票所列安全措施是否正确、完备，必要时应补充安全措施。

e) 负责值班期间的电气工作票、检修申请单或规范性书面记录过程管理。

6.3.1.5 工作许可人：

a) 厂站工作许可人。

1) 接受调度命令，确认工作票所列安全措施是否正确、完备，是否符合现场条件。

2）确认已布置的安全措施符合工作票要求，防范突然来电时安全措施完整可靠，按本规程规定应以手触试的停电设备应实施以手触试。

3）在许可签名之前，应对工作负责人进行安全交代。

4）所有工作结束时，确认工作票中本厂站所负责布置的安全措施具备恢复条件。

b）线路工作许可人。

注：线路工作许可人指值班调度员、厂站值班员、配电（监控中心）值班员或线路运行单位指定的许可人。

1）确认调度负责的安全措施已布置完成或已具备恢复条件。

2）对许可命令或报告内容的正确性负责。

6.3.1.6 专责监护人：

a）明确被监护人员、监护范围和内容。

b）工作前对被监护人员交代安全措施，告知危险点和安全注意事项。

c）监督被监护人员执行本规程和现场安全措施，及时纠正不安全行为。

d）及时发现并制止被监护人员违章指挥、违章作业和违反劳动纪律的行为。

6.3.1.7 工作班（作业）人员：

a）熟悉工作内容、流程，掌握安全措施，明确工作中的危险点，并履行签名确认手续。

b）遵守各项安全规章制度、技术规程和劳动纪律。

c）服从工作负责人的指挥和专责监护人的监督，执行现场安全工作要求和安全注意事项。

d）发现现场安全措施不适应工作时，应及时提出异议。

e）相互关心作业安全，不伤害自己，不伤害他人，不被他人伤害和保护他人不受伤害。

f）正确使用工器具和劳动防护用品。

6.3.1.8 所列人员兼任要求：

a）工作票签发人不应兼任该项工作的工作负责人。

b）配电作业运检一体，工作票签发人可由工作许可人兼任，但工作许可人和工作负责人不得相互兼任。

c）除 b）情况外，工作许可人不应签发工作票或担任工作班成员。

【条款说明】（6.3.1.1～6.3.1.8 合并说明）

6.3.1.4①c）条：一般情况下是根据审批流程询问流程的上一级审查人员。必要时可直接询问工作负责人。②调度值班负责人负责组织、协调和管理调度管辖设备的安全措施。

6.3.1.7①明确规定了工作票上所列 7 种人员的安全责任，使所列人员知道自己的安全责任，从而树立高度的责任感，做到层层把关，保证工作票所列安全措施正确完备，确保安全作业。②在原国标《安规》、行标《安规》的基础上，新增了部分人员的安全责任，包括："6.3.1.2 工作票会签人"和"6.3.1.4 值班负责人"。③在原国标《安规》、行标

《安规》的基础上，对部分人员的安全责任进行了完善：

（1）"6.3.1.3 工作负责人（监护人）"补充了："亲自并正确完整地填写工作票；核实已做完的所有安全措施是否符合作业安全要求；工作前应向工作班全体人员进行安全交代；关注工作人员身体和精神状况是否正常以及工作班人员变动是否合适；监护工作班人员正确使用劳动防护用品和工器具，在作业中不发生违章作业、违反劳动纪律的行为"等安全责任。

（2）"6.3.1.5 a）厂站工作许可人"补充了："按本规程规定应以手触试的停电设备应实施以手触试；在许可签名之前，应对工作负责人进行安全交代；所有工作结束时，确认工作票中本厂站所负责布置的安全措施具备恢复条件"等安全责任。

（3）"6.3.1.7 工作班（作业）人员"补充了："发现现场安全措施不适应工作时，应及时提出异议；相互关心作业安全，不伤害自己，不伤害他人，不被他人伤害和保护他人不受伤害"等安全责任。

6.3.1.8 工作票签发人、工作负责人、工作许可人之间是一种互相制约关系，因此，同一份工作票所列的这三种人不能互相兼任。但考虑组织机构设置安全职责差异化和历史进展尚未完成一体化过程的情况下，兼顾安全与效率的关系，在配电运检一体生产组织机构内，在责任明确和确保安全的前提下，允许工作票签发人可由工作许可人兼任，除此之外的其他情况不允许。工作票签发人可作为工作班成员。工作负责人在执行一份工作票期间，不得在另外的工作票内担任工作班成员。

6.3.2　所列人员的特别条件及要求

6.3.2.1　工作票签发人、工作票会签人应由熟悉人员安全技能与技术水平，具有相关工作经历、经验丰富的生产管理人员、技术人员、技能人员担任。

6.3.2.2　工作负责人（监护人）应由熟悉工作班人员安全意识与安全技能及技术水平，具有充分与必要的现场作业实践经验，及相应管理工作能力的人员担任。

6.3.2.3　工作许可人应具有相应且足够的工作经验，熟悉工作范围及相关设备的情况。

6.3.2.4　专责监护人应具有相应且足够的工作经验，熟悉并掌握本规程，能及时发现作业人员身体和精神状况的异常。

6.3.2.5　工作班人员应具有较强的安全意识、相应的安全技能及必要的作业技能；清楚并掌握工作任务和内容、工作地点、危险点、存在的安全风险及应采取的控制措施。

6.3.2.6　工作票签发人、工作负责人和工作许可人（简称"三种人"）每年应进行"三种人"资格考试，合格后以发文形式公布。调度许可人可不参加"三种人"资格考试，但应以调度员资格发文形式公布，并送达相关单位。

【条款说明】（6.3.2.1～6.3.2.6合并说明）

工作票签发人、工作票会签人、工作负责人（监护人）、工作许可人、专责监护人和工作班人员的特别条件与要求，承接其需承担的安全责任，必须具备必要的工作经验、能力和技能。其中，"三种人"每年应进行资格考试，合格后以发文形式公布。

【事故案例】

　　某供电局 500kV 某变电站 220kV 2 号 M 母线及 220kV 某甲线在停电检修（220kV 2 号 M 母线及 220kV 水木甲线在检修状态），调度批复时间为：2017 年 10 月 8 日 9 时至 2017 年 10 月 10 日 20 时。9 日 8 时，该供电局检修班班长刘某带领班员陆某、杨某、黄某及廖某共 5 人进站开始检修工作。9 日 9 时，变电站值班负责人邓某给工作负责人检修班长刘某办理工作内容为："220kV 某甲线 2053 断路器耐压试验"的复工手续。该工作票计划工作时间为：2017 年 10 月 8 日 10 时 30 分至 2017 年 10 月 10 日 21 时，工作班组成员有：陆某、杨某、黄某、廖某。9 日 10 时，值班负责人邓某告知检修班班长刘某，8 日早上停电操作时 220kV 某甲线 20536 隔离开关分闸不到位，需要检修班进行调整。9 日 11 时，检修班班长刘某作为工作负责人填写一张工作任务为："220kV 某甲线 20536 隔离开关分闸不到位调整"的变电站第一种工作票，其中工作班组成员为黄某，计划工作时间为 2017 年 10 月 9 日 11 时 30 分至 2017 年 10 月 9 日 18 时。该第一种工作票于 2017 年 10 月 9 日 11 时 10 分由变电站值班负责人邓某接收，于 2017 年 10 月 9 日 11 时 45 分办理许可手续。9 日 15 时，检修班班长刘某通知值班负责人邓某："需对 220kV 某甲线 20536 隔离开关进行试分，检查分闸调整是否到位"。9 日 15 时 20 分，值班负责人邓某安排值班员何某、陆某进行 220kV 某甲线 20536 隔离开关的试分合操作，工作负责人检修班班长刘某安排工作班员黄某一人搭上梯子在 20536 隔离开关线路侧触头处观察隔离开关是否调整到位。9 日 15 时 25 分，工作负责人检修班班长刘某因故暂时离开工作现场，但没有指定专责监护人。9 日 15 时 30 分，突然一声巨响，因 20536 隔离开关合闸，将 220kV 某甲线 2053 断路器耐压试验的高压引入，导致工作班员黄某触电从梯子掉落，造成重伤。

6.3.3　工作票的选用

6.3.3.1　在电气设备上或生产场所工作，应根据工作性质选用以下相应的电气工作票、检修申请单或规范性书面记录：

　　a) 厂站第一种工作票（见附录 C.1）。

　　b) 厂站第二种工作票（见附录 C.2）。

　　c) 厂站第三种工作票（见附录 C.3）。

　　d) 线路第一种工作票（见附录 C.4）。

　　e) 线路第二种工作票（见附录 C.5）。

　　f) 低压配电网工作票（见附录 C.6）。

　　g) 带电作业工作票（见附录 C.7）。

　　h) 紧急抢修工作票（见附录 C.8）。

　　i) 书面形式布置和记录（格式和内容自行拟定）。

　　j) 调度检修申请单（包括检修单、方式单等，格式自行拟定）。

【发展过程】

　　工作票是准许工作人员在电气设备上或生产场所进行工作的书面控制依据。因此，工作票是保证人身安全的重要组织措施，必须按要求认真执行。本规程在原发电厂和变电站一、二、三种工作票，线路一、二种工作票，带电作业工作票、紧急抢修单的基础上，新增了低压配电网工作票、书面形式布置和记录、调度检修申请单，以及一、二级动火工作票，取消了口头电话命令的工作方式，全面地提出了"8＋2＋2"的工作票管理模式。其中书面形式布置和记录、调度检修申请单与工作票具有同等的组织措施功能。一、二级动火工作票的有关要求在本规程第24章进行说明。

8	1.厂站第一种工作票 2.厂站第二种工作票 3.厂站第三种工作票 4.线路第一种工作票 5.线路第二种工作票 6.带电作业工作票 7.紧急抢修工作票 8.低压品配电网工作票(新增)	**新工作票体系（8+2+2）** 删除：口头电话命令的 2 | 9.书面形式布置和记录 10.调度检修申请单	2 | 11.一级动火工作票 12.二级动火工作票

6.3.3.2 厂站内以下工作需选用厂站第一种工作票：

a) 高压设备需要全部停电或部分停电的工作。

b) 在需高压设备停电或做安全措施配合的二次系统、动力或照明等回路上的工作。

c) 在高压电力电缆或高压线路上需停电的工作。

d) 待投运的新设备已与运行设备连接，进行新设备安装或试验的工作。

e) 检修发电机和高压电动机的工作。

注： 本规程中的发电机均包含用于抽水蓄能的发电电动机。

f) 换流站内需要高压直流系统或直流滤波器停用的工作。

【条款说明】

填用厂站第一种工作票的范围是根据工作性质决定的，不论检修人员和运行人员，只要进行上述6条范围的工作时，必须填用厂站第一种工作票。

【事故案例】

2011年，某供电局生技部、工程部、修试所等相关部门共7人到110kV某站对公司投资新建的110kV某线间隔进行验收。8时30分，验收组在110kV某站主控楼会议室组织召开验收准备工作会议。9时10分，各验收小组依据分工在变电运行人员配合下开始进行验收工作。12时30分，验收人员在主控楼一楼门口吃午饭。12时50分左右，已回到主控楼的马某从主控楼走出，手上拿一把塑料三角尺。验收工作负责人曾某叫马某吃饭，马某说修试所变检班班长陈某叫他量一下某线间隔110kV开关桩头螺栓长度是多长，陈某和马某说不需要办理工作票，然后，马某一人向110kV场地走去。12时54分，验收人员听到一声巨响，110kV场地冒烟起火，110kV场地1号主变111开关（运行状态）间隔构架处有人从开关上掉下来。验收人员迅速往事故现场跑去，看到马某发生了触电，昏倒在地上。

6.3.3.3 厂站内以下工作需选用厂站第二种工作票：

a) 在大于表 1 规定的"非作业安全距离"数据的相关场所和带电设备外壳上的工作以及不可能触及带电设备导电部分的工作。

b) 人员作业与邻近带电设备的距离，10kV 及以下大于 0.35m 小于 0.7m、20kV（35kV）大于 0.6m 小于 1.0m，且已有有效绝缘隔离措施的工作。

c) 在无须高压设备停电或做安全措施配合的二次系统、动力等回路上的工作。

d) 在转动中的发电机、调相机的励磁回路或高压电动机转子电阻回路上的工作。

e) 在低压的配电箱、配电盘、动力设备和电源干线，以及控制盘上的工作。

f) 用绝缘棒组合电压互感器定相或用核相器进行核相的工作。

g) 待投运的新设备未与运行设备连接且安全距离足够，进行新设备安装或试验的工作。

h) 高压电力电缆或高压线路上不需要停电的工作。

i) 在换流站内无需高压直流系统或直流滤波器停用的直流相关设备上的工作。

表 1　　　　　　　人员、工具及材料与设备带电部分的安全距离

电压等级 kV	非作业安全距离 m	作业安全距离 m
10 及以下	0.7	0.7 (0.35)
20、35	1.0	1.0 (0.6)
66、110	1.5	1.5
220	3.0	3.0
500	5.0	5.0
±50 及以下	1.5	1.5
±500	6.0	6.8
±800	9.3	10.1

注 1："非作业安全距离"是指人员在带电设备附近进行巡视、参观等非作业活动时的安全距离（引自 GB 26860—2011 中的表 1"设备不停电的安全距离"）；"作业安全距离"是指在厂站内或线路上进行检修、试验、施工等作业时的安全距离（引自 GB 26860—2011 中的表 2"人员工作中与设备带电部分的安全距离"和 GB 26859—2011 中的表 1"在带电线路杆塔上工作与带电导线最小安全距离"）。

注 2：括号内数据仅用于作业中人员与带电体之间设置隔离措施的情况。

注 3：未列出的电压等级，按高一挡电压等级安全距离执行。

注 4：13.8kV 执行 10kV 的安全距离。

注 5：数据按海拔 1000m 校正。

【条款说明】

填用厂站第二种工作票的范围是根据工作性质决定的，不论检修人员和运行人员，只要进行上述 9 条范围的工作时，必须填用厂站第二种工作票。按本安规规定，检修、试验、继保等的专业巡视（含红外测温）工作，非运维（行）人员专业巡视，应按规定办理第二种工作票或第三种工作票。

【发展过程】

本规程中表1将原来分散在不同《电力安全工作规程》中的5张安全距离数据表格（"设备不停电时的安全距离""人员工作中与设备带电部分的安全距离""在带电线路杆塔上工作与带电导线最小安全距离""配电设备不停电时的安全距离""人员工作中与配电设备带电部分的安全距离"），整合为1张表格、一套数据，便于各专业人员查询使用。

【数据说明】

要确保作业人员的人身安全，正常工作、活动时不会触电，检修的设备及工作人员与周围设备带电部分距离小于表1规定的设备应停电。其他有些与安全距离无关的工作（如二次系统上的工作），需要将设备停电。

在35kV及以下的设备上或附近工作，工作人员与周围设备带电部分的距离为：10kV，大于0.35m；20kV、35kV，大于0.6m，小于1.0m。如工作地点和周围带电部分加装绝缘隔板或安全措施后，该设备可以不停电。

因作业人员工作中往往只注意保持与正面带电设备的安全距离，如果带电设备在作业人员的后面、两侧、上下，即使与作业人员之间的距离大于表1的规定，也应采取安全、可靠的措施与该设备隔离，后面、侧面可用遮拦隔离。否则，应将这些设备停电。

对于设备不停电时的安全距离，其中500kV及以下交流部分数据是采用DL 408—1991《电业安全工作规程（发电厂和变电所电气部分）》表1中的设备不停电时的安全距离；其中交流750kV/1000kV和直流±500kV以上的设备，仅考虑人员巡视，在安全净距值的基础上增加1.2m的安全裕度。

【事故案例】

2003年，某供电局检修人员张某作为工作负责人办理了一张"某站110kV开关专业巡视"的厂站第二种工作票，在作业中张某发现一个110kV开关外壳下部有油迹，怀疑该开关灭弧室油漏油，张某擅自登上该开关支架作观察时，因人身与带电设备的距离小于安全距离造成触电重伤。

6.3.3.4　厂站内以下工作需选用厂站第三种工作票：

　　a) 改扩建工程的土建部分不需运行设备停电的工作。

　　b) 生产性建筑设施扩建、修缮不需运行设备停电的工作。

　　c) 在电气场所运输及装卸不需运行设备停电的工作。

　　d) 消防、绿化等不需运行设备停电的工作。

　　e) 在高压场所照明回路上，不需运行设备停电的工作。

　　f) 非设备运维人员对设备进行红外、紫外检测的工作。

g）其他不需运行设备停电的非电气工作。

【条款说明】

填用厂站第三种工作票的范围是根据工作性质决定的，不论检修人员和运行人员，只要进行上述 7 条范围的工作时，必须填用厂站第三种工作票。

6.3.3.5 以下工作需选用线路第一种工作票：

　　a）高压线路需要全部停电或部分停电的工作。

　　b）在直流接地极线路或接地极上的停电工作。

【条款说明】

填用线路第一种工作票的范围是根据工作性质决定的，不论检修人员和运行人员，只要进行上述 2 条范围的工作时，必须填用线路第一种工作票。

6.3.3.6 以下工作需选用线路第二种工作票：

　　a）在高压带电线路杆塔上与带电导线距离大于表 1 规定的作业安全距离的工作。

　　b）在运行中的高压配电线路上的工作。

　　c）在高压电力电缆上不需要停电的工作。

　　d）在直流接地极线路或接地极上不需要停电的工作。

【条款说明】

填用线路第二种工作票的范围是根据工作性质决定的，不论检修人员和运行人员，只要进行上述 4 条范围的工作时，必须填用线路第二种工作票。

【事故案例】

2006 年，某公司某供电所营业班收到用户袁某新扩建低压动力线和王某将低压线改为动力线的申请，安排员工谢某等三人到现场查看，查看商定拆除王某原有 220V 低压线路，新架设 380V 三相动力线。

9 月 24 日，在未办理工作票的情况下，负责人张某（配电班人员）带领 7 名成员到达现场，安排谢某、李某负责 220V 线路拆除工作，作业地点在 10kV 非格线马白庆支线 N4～N6 杆下穿处附近。在拆除用户产权 220V 旧线过程中，谢某、李某两人在 220V 木杆边线先将已经停电的 220V 线路电源侧剪断，然后又到袁某家院子里进行剪线作业。因线路较高（约2.5m），剪线钳够不着，谢某跳起拉扯 220V 线路时发生触电。

6.3.3.7 外单位从事以下工作应选用低压配电网工作票：

　　a）不需要高压设备停电或做安全措施的低压出线开关、主干线或多电源的分支线路停电的低压配电网工作。

　　b）低压配电网的穿刺带电工作。

【条款说明】

外单位不仅包括承包商，还包括系统内的外单位。

6.3.3.8 以下工作需选用带电作业工作票：

a）高压设备带电作业。

b）与带电设备距离小于表 1 规定的作业安全距离，但需采用带电作业措施开展的邻近带电体的不停电工作。

【条款说明】

填用带电作业工作票的范围是根据工作性质决定的，不论检修人员和运行人员，只要进行上述 2 条范围的工作时，必须填用带电作业工作票。本条款不适用于低压配电网工作。

6.3.3.9 以下工作需选用紧急抢修工作票：

a）紧急缺陷和需要紧急处置的故障停运设备设施的抢修工作。

b）灾后抢修工作。

【条款说明】

①进行高压设备紧急抢修工作时，需填用紧急抢修工作票；进行低压设备紧急抢修工作时，外单位需填用紧急抢修工作票，本单位需填用书面形式布置和记录。②本安规第 3.28 条定义了"紧急抢修工作"的定义，强调了紧急抢修是"立即"进行的，如因其他原因导致多天后进行检修作业，不可再使用紧急抢修工作票。③根据本安规第 3.28 条、第 6.3.3.9 条，对于公司资产的低压用户表计发生故障需立即进行抢修的，外单位应办理紧急抢修工作票，本单位使用书面形式布置和记录。

6.3.3.10 以下工作不需办理工作票，但应以书面形式布置和做好记录：

a）测量线路接地电阻工作。

b）树木倒落范围与导线距离大于表 16 规定的距离且存在人身风险的砍剪树木工作。

c）涂写杆塔号、装拆标示牌、补装塔材、非接触性仪器测量工作等。

d）高压线路作业位置在最下层导线以下，且与带电导线距离大于表 16 规定的塔上工作。

e）作业位置距离工作基面大于 2m 的坑底、临空面附近的工作。

f）设备运维单位进行低压配电网停电的工作。

g）存在人身风险的低压配电网不停电的工作。

h）对高压配电网配电开关柜进行带电局部放电测试工作。

i）客观确实不具备办理紧急抢修工作票条件，经地市级单位负责人批准，在开工前应做好安全措施，并指定专人负责监护的紧急抢修工作。

【条款说明】

①本条款主要是解决原输电、配电线路日常运维工作无第三种工作票的问题而设定的。进行上述所列工作采用书面形式布置和记录代替原口头和电话命令；厂站运行人员日常运维工作采用书面形式布置和记录代替原口头和电话命令。②第 c) 条的工作应在符合第 d) 条的情况下方可采用书面形式布置记录。第 d) 条作业位置是指人、工器具、作业对象三者所在的位置，三者其中任何一个要素不符合要求的，不适合使用此条款，此工器具不包括绝缘工器具。③书面形式布置和记录中的"布置"与"记录"，是要求将时间、地点、作业人员和安全注意事项等相关内容写明。④外单位从事除 6.3.3.7 条和 6.3.3.9 条之外的低压配电网工作，需选用"书面形式布置和记录"。⑤第 i) 条的原意为：属于紧急抢修的情况首先依据 6.3.3.9 条执行，客观确实不具备办理紧急抢修工作票条件的才采用本条款，其他情况严格依据安规要求执行。

【事故案例】

2011 年某日 11 时 22 分，500kV 某某 Ⅰ 线跳闸，重合成功。11 时 57 分，某供电局输电管理所收到电科院关于 500kV 东 Ⅰ 线故障位于 N119 号塔附近的定位信息。

线路故障段责任组的组长曹一和责任组成员曹二（受轻伤）、曹三（受重伤）到达班组，组织班前会，准备无人机、工器具及相关巡视表单。

14 时 45 分，使用无人机巡查并发现 N119～N120 线行下有一棵超高树木（桉树），与 B 相导线垂直距离约 1m，水平距离约 2.6m，树梢有烧焦痕迹，初步认定为故障点。随后通过微信告知班长曹四，有明显放电痕迹。为防止线路再次跳闸，三人商定立即砍伐该桉树。他们没有办理工作票，也没有书面形式布置和做好记录。由于树梢向导线外侧弯曲，且地势位于斜坡（约 40°），现场人员错误判断桉树不会倒向导线侧，故未采取用绳索控制桉树倒向的安全措施。

16 时 4 分，正在砍伐的桉树倒向线路侧，同时导线对桉树放电并发出爆炸声（500kV 东 Ⅰ 线跳闸，重合成功，再次跳闸不重合），曹二被电弧轻度灼伤。

6.3.3.11 调度检修申请单：按照相关调度管理规定选用。

【条款说明】

本规程将调度检修申请单纳入了工作票"8＋2＋2"管理模式，创建了调度端与现场端完整的工作票体系。明确了调度检修申请单，按照相关调度管理规定选用。

6.3.3.12 以下工作可共用同一张厂站第一或第二种工作票：

a) 厂站设备全部停电的工作。

b) 厂站一台主变压器停电检修，其各侧断路器也配合检修，且同时停、送电的工作。

c) 在位于同一平面场所（同一高压配电线路上的多个厂站不受同一平面场所限制）、

同一电压等级、安全措施相同、工作中不会触及带电导体且同时停、送电的几个电气连接部分的工作。

　　d）在同一厂站内几个电气连接部分，依次进行的同一电压等级、同一类型的不停电工作。

　　e）在同一发电机组的几个电动机上依次进行的工作。

　　f）同一电压等级高压配电设备同一类型的不停电工作。

【条款说明】

　　本规程规定进行上述 6 条范围的工作时，可共用同一张厂站第一或第二种工作票。其中，同一类型系指工作目的、内容、要求和方法完全相同的工作，如取油样、带电测试避雷器泄露电流等类型的工作。

6.3.3.13　以下工作可共用同一张线路第一或第二种工作票：

　　a）在一条线路、同一个电气连接部位的几条线路或同一杆塔架设且同时停、送电的几条线路上的工作。

　　b）在同一电压等级且同类型的数条线路上的不停电工作。

　　c）同一停电范围内的设备，既有高压配电设备上的工作，又有高压配电线路上的工作，且以上工作应由同一工作票签发人签发及同一工作许可人许可时。

【条款说明】

　　①本规程规定进行上述 3 条范围的工作时，可共用同一张线路第一或第二种工作票。其中，a）是指共用同一张线路第一种工作票的情形；同类型系指工作内容、要求和方法相同的工作，如更换绝缘子、测量零值绝缘子等类型的工作。②同电缆沟、同一电压等级的数条电缆同时停送电时，可以共用一张线路第一种工作票。

6.3.3.14　以下工作可共用同一张带电作业工作票：

　　a）在同一厂站内，依次进行的同一电压等级、同类型采取相同安全措施的带电作业。

　　b）在同一电压等级、同类型采取相同安全措施的数条线路上依次进行的带电作业。

【条款说明】

　　本规程规定进行上述 2 条范围的工作时，可共用同一带电作业工作票。其中，同一类型系指工作内容、要求和方法完全相同的工作。

6.3.3.15　以下工作可采用"一票多单"方式：

　　a）发电厂多个分组在同一个设备系统、同一安全措施隔离范围内使用同一张工作票的工作。

　　b）使用同一张线路工作票或带电作业工作票且下设多个分组的工作（"分组工作派工单"见附录 D.2）。

【条款说明】

①本规程明确了在两种情况下可以使用"一票多单的形式":一是发电厂多个分组在同一个设备系统、同一安全措施隔离范围内使用同一张工作票的工作,使用的"多单"格式自行拟定;二是使用同一张线路工作票、带电作业工作票且下设多个分组的工作,需填用"分组工作派工单",格式在本安规的附录 D.2 中进行了明确。②共用同一张厂站第一种工作票进行"厂站设备全部停电的工作"时,可自行决定采用"一票多单"方式,使用分组派工单,但需经县(区)级生产运行单位负责人批准。

6.3.3.16 其他特殊选用工作票情况:

a) 线路(电缆)、用户的检修班组或施工单位进入厂站对其管辖的线路(电缆)设备进行工作,可填用线路工作票。若在站内其他设备(电缆)上工作,应填用厂站工作票。

b) 紧急抢修应使用紧急抢修工作票,紧急抢修作业从许可时间起超过 12h 后应根据情况改用非紧急抢修工作票。抢修前预计 12h 内无法完成的,应直接使用相关工作票。

【条款说明】

①明确了线路(电缆)、用户的检修班组或施工单位进入厂站工作时应填用工作票的种类,并强调在站内非其管辖的线路(电缆)设备上进行工作,应填用厂站工作票,并履行"双签发"手续。②放宽紧急抢修工作时间,由以前的 8h 延长至 12h,在保障安全的前提下提高紧急抢修工作的连续性。将抢修的起始时间由原来的从故障停电开始改为从许可工作开始,保障实际抢修作业时间。③紧急抢修是需立即进行的紧急修理工作,故障停运非立即处理的工作不应使用紧急抢修工作票。

工作票"8+2+2"管理模式在各专业的适用情况

"8+2+2"工作票	发变电专业	输电专业	配电专业	调度专业
厂站第一种工作票	●		●	
厂站第二种工作票	●		●	
厂站第三种工作票	●		●	
路线第一种工作票		●	●	●
路线第二种工作票		●	●	●
带电作业工作票	●	●	●	
紧急抢修作票	●	●	●	
低压配电网工作票			●	
书面形式布置和记录	●	●	●	●
调度检修申请单	●	●	●	●
一级动火工作票	●	●	●	
二级动火工作票	●	●	●	

6.4 工作票启用

6.4.1 工作票填写

6.4.1.1 若一张工作票下设多个分组工作，每个分组应分别指定分组工作负责人（监护人），并使用分组工作派工单。分组工作负责人（监护人）宜具备工作负责人资格。

6.4.1.2 填写工作班人员，不分组时应填写除工作负责人以外的所有工作人员姓名。工作班分组时，填写工作小组负责人姓名，并注明包括该小组负责人在内的小组总人数；工作负责人兼任一个分组负责人时，应重复填写工作负责人姓名。

6.4.1.3 同一工作人员在同一段时间内被列为多张工作票的工作人员时，应经各工作负责人同意，并在每张工作票的备注栏注明人员变动情况。

6.4.1.4 工作票总人数包括工作负责人及工作班所有人员。

6.4.1.5 工作要求的安全措施应符合现场勘察的安全技术要求和现场实际情况，并充分考虑其他必要的安全措施和注意事项。

【条款说明】（6.4.1.1～6.4.1.5合并说明）

6.4.1.1①分组工作负责人（监护人）推荐由具备工作负责人资格的人员担任。②线路工作的分组工作派工单在本安规附录中有相应的格式。发电厂工作分组时，可自行明确分组工作派工单格式。

6.4.1.2明确了在工作票上填写工作班人员姓名的情况：①不分组时应填写除工作负责人以外的所有工作人员姓名，工作人员较多时可在备注栏内进行备注或接附页。②工作班分组时，填写工作小组负责人姓名，并注明包括该小组负责人在内的小组总人数；工作负责人兼任一个分组负责人时，应重复填写工作负责人姓名。

6.4.1.3①同一工作人员在同一段时间内若被列为多张工作票的工作人员时，应经各工作负责人同意。②被列为多张工作票的工作人员，应在工作票填写时在每张工作票的备注栏处注明其变动详细情况，若在填写时未在备注栏注明，许可后工作人员在多张工作票间变动时应按照本规程第6.9.7条执行。③每张工作票注明的工作人员计划变动情况包括变动的人员姓名及时间，工作人员在不同工作票同一时段内的计划工作时间不能重复。

6.4.1.5①工作要求的安全措施应符合安全技术要求，如停电作业时，应将来电的各侧均停电并做好接地等安全措施，带电作业时应明确是否需要退出重合闸装置或再启动功能等。②工作要求的安全措施还应结合工作现场实际情况充分考虑其他必要的防止电气、机械等伤害的安全措施和注意事项。

6.4.2 工作票签发

6.4.2.1 工作票由工作票签发人审核无误后签发。

6.4.2.2 不直接管理本设备的外单位办理需签发的工作票时应实行"双签发"，先由工作负责人所在单位签发，再由本设备运维单位会签。

【条款说明】

①因外单位对设备、场所、作业的风险点不够熟悉，运维单位对外单位的工作班成

员、作业流程等也难以掌握，所以外单位办理需签发的工作票时应实行"双签发"。②双签发顺序：应先由工作负责人所在单位签发，再由设备运维单位会签。

6.4.2.3 使用公司工作票到与接入公司电网的用户电气设备上工作时，工作票应由本单位签发，用户单位认可并签名。

6.4.2.4 厂站第三种工作票、紧急抢修工作票及书面形式布置和记录不必签发。

【条款说明】

在保证安全的前提下，为提高工作效率，厂站第三种工作票、紧急抢修工作票及书面形式布置和记录不必签发。

6.4.3 工作票接收

6.4.3.1 工作票应在规定时间内以纸质或电子文档形式送达许可部门，由值班负责人接收并审核。配电网无24h值班负责人的则由指定人员收票。

【条款说明】

①需要送票到许可部门的工作票，应在规定时间内以纸质或电子文档形式送达许可部门。②所送的工作票由值班负责人接收并审核，值班负责人对工作票接收和审核负责。

6.4.3.2 应在工作前一日送达许可部门的工作票：
    a）第一种工作票。
    b）需停用线路重合闸或退出再启动功能的带电作业工作票或线路第二种工作票。
    c）低压配电网工作票。

【条款说明】

第一种工作票需要将高压设备停电，需要提前准备人员、操作票等，运行方式也需要提前调整。需停用线路重合闸或退出再启动功能的工作票涉及线路运行的可靠性，需要运行方式的提前评估。低压配电网工作票可能会涉及用户停电等安排。所以，以上三种工作票应在工作前一日送达许可部门，预留准备时间。

6.4.3.3 可在工作开始前送达许可部门值班负责人的工作票：
    a）厂站第二种、第三种工作票。
    b）高压配电线路作业不需要停用重合闸的带电作业工作票或线路第二种工作票。
    c）紧急抢修工作票。
    d）需临时工作的工作票。

【条款说明】

①高压配电线路作业不需要停用重合闸的带电作业工作票或线路第二种工作票，可在

工作开始前送达许可部门值班负责人。②高压输电线路作业不需要停用重合闸装置或再启动功能的带电作业工作票（如采取带电作业措施后对邻近带电体进行作业，不对带电体进行带电作业），不存在送票和收票过程。③高压输电线路作业不需要停用重合闸装置或再启动功能的线路第二种工作票，不存在送票和收票过程。

6.4.3.4　值班负责人收到工作票后应及时审核，确认无误后签名接收。

【条款说明】

值班负责人在审票时发现未按要求填写工作票、工作票各栏填写错误或不明确的，应拒收工作票。

6.5　工作许可

6.5.1　一般规定

6.5.1.1　工作票按设备调度、运维权限办理许可手续。涉及线路的许可工作，应按照"谁调度，谁许可；谁运行，谁许可"的原则。

【条款说明】

调度机构是电网控制枢纽，运维单位是设备管理主人，线路联系不同的厂站，只有电网、设备管辖单位方可对电网、设备进行许可。

【事故案例】

2005年，220kV某变电站开展10kVⅠ段电压互感器更换工作。工作负责人徐某安排何某、石某更换电压互感器，袁某、汪某两人在10kV高压室外整理包装箱。突然，高压室一声巨响，Ⅰ号主变压器10kV低压侧后备保护动作。现场发现徐某、石某两人在10kVⅠ段电压互感器柜内被电击身亡，何某严重烧伤。经调查，设备厂家提供的10kV开关柜图纸与实际接线不符，未将10kV母线避雷器接在母线设备高压熔断器小车之后，导致拉出熔断器手车后母线避雷器仍然带电。工作许可人在对母线避雷器带电情况不清楚，未进行验电、接地，对现场采取安全措施情况下，许可此次工作，导致2死1伤的人身伤亡事故。

6.5.1.2　工作许可可采用以下命令方式：
    a）当面下达。
    b）电话下达。
    c）派人送达。
    d）信息系统下达。

【条款说明】

随着信息技术的发展，生产信息管理系统的日益完善，利用计算机终端和移动终端的专用系统下达命令具有信息传达准确、自动记录、操作方便等优点，因此，本规程在原许可方式的基础了，增加了"信息系统下达"的方式。

6.5.1.3　电话下达包括电话直接下达和电话间接下达。电话下达时，工作许可人（包括各级许可人）及工作负责人应相互确认许可内容无误后，双方互为代签名。

【条款说明】

"电话直接下达"和"电话间接下达"对应"6.5.5.1 高压线路工作票许可分为调度直接许可和调度间接许可两种许可方式。调度直接许可是调度许可人直接对工作负责人许可；调度间接许可是调度许可人通过一级或二级间接许可人（线路运行单位指定的许可人）对工作负责人许可……"，明确间接和直接两种方式。电话许可时，许可人和工作负责人不在同一地点，按照"在确保安全第一的前提下兼顾效率"的原则和实际情况，明确了许可双方应相互确认许可内容无误，并互为代签名。

6.5.1.4　工作许可人、工作负责人任何一方不得擅自变更安全措施。工作中若有特殊情况需要变更时，应先征得对方同意，并及时恢复，变更及恢复情况应及时记录。

【条款说明】

明确了安全措施是保人身安全的关键，不得擅自变更。特殊情况是指因实际工作需要，导致原工作票所列安全措施与现场实际安全措施不一致时，工作方与许可方要互相沟通、确认，变更的安措应及时恢复。变更和恢复情况应及时在工作票备注栏记录。

【事故案例】

2003 年，某电业局检修人员进行 110kV 某变 10kV Ⅱ段母线设备年检。某变电站运行人员罗某许可工作开工，检修工作负责人谭某对刚某等 9 名工作人员进行班前"三交"后作业开始。9 时 6 分，刚某失去监护擅自移开 3X24TV 开关柜后门所设遮栏，卸下 3X24TV 开关柜后柜门螺丝，并打开后柜门进行清扫工作时，触及 3X24TV 开关柜内带电母排，发生触电，送医院抢救无效死亡。

6.5.1.5　带电作业工作负责人在带电作业工作开始前，应与设备运维单位或值班调度员联系并履行有关许可手续。工作结束后应及时汇报。

【条款说明】

①明确带电作业的许可和终结要求。②需要退出重合闸装置或再启动功能的带电作业票，在带电作业工作开始前，应与设备运维单位或值班调度员联系并履行有关许可手续。③不需要退出重合闸装置或再启动功能的带电作业票，在带电作业工作开始前，应与设备运维单位或值班调度员联系并告知现场拟开展的作业。

【事故案例】

2002年，某电业局带电班林某持线路带电工作票在10kV某线路35号杆为某公司变压器搭头。工作中，由于10kV某线路故障造成线路跳闸线路停电，值班调度员李某令林某暂停工作，待线路查明原因恢复供电后才能工作。林某看剩下的工作很快就能完成，考虑线路巡线处理还需要很长时间，就没有下令停工，而是要求工作班成员胡某、赵某加快施工。胡某、赵某听说线路停电。也没有做相应的安全措施，就继续施工。此时该线路一医院汇报有重要手术，需要立即供电。值班调度员李某在没有通知工作负责人林某的情况下，对10kV某线路强送电，造成工作班成员胡某、赵某被烧伤。

6.5.1.6 禁止约时停、送电。

【条款说明】

明确禁止约时停、送电，防止因时间不一致，措施不同步完成造成的事故。

【事故案例】

2011年，某矿井西区排水巷排水期间，配电房值班电工刘某擅自甩掉漏电继电器供电运行。机电队职工郭某、王某在西区排水巷更换2.2kW潜水泵时，与刘某约定好了送电时间。在更换工作没有结束正在接线时，由于约定送电时间到，刘某按约定时间送了电，致使正在接线的郭某当场触电死亡。郭某、王某、刘某在进行更换潜水泵时约时进行送电，由于约定时间送电时现场接线工作未结束，导致正在接线的郭某触电是事故发生的直接原因。矿井电气检修制度执行不到位，未严格按停送电管理制度进行停电、闭锁、挂牌、接短路接地线，执行"谁停电谁送电"，是事故发生的根本原因。

6.5.1.7 在未接到停电许可工作命令前，任何人不得接近带电体。

【事故案例】

2002年，某供电公司变电运行工区安排综合服务班进行110kV某变电站微机"五防"系统的检修消缺及110kV、35kV线路带电显示装置检查工作。10时10分，工作许可人张某向曹某交代安全措施及注意事项后，曹某组织开展工作。13时15分，检查工作结束，因甲某联线线路带电显示装置插件损坏，缺陷未能消除，工作负责人曹某离开工作现场，准备办理工作终结手续。赵某怀疑是感应棒的原因造成带电显示装置异常，于是私自跨越已经围好的安全围栏，登上35kV乙某联线562隔离开关架构。13时30分，赵某因与带电部位安全距离不满足，触电从架构上坠落，经抢救无效死亡。赵某未接到停电许可擅自越过安全围栏登上带电设备的架构，是事故发生的直接原因。

6.5.2 许可准备

6.5.2.1 值班负责人审查工作票或调度检修申请单无误后，正确完整地组织实施各项安全措施并做好安全注意事项的提醒。

【条款说明】

根据值班负责人的安全责任,明确了其在许可准备阶段应完成的工作。强调在组织实施安全措施前应审查工作票或调度检修申请单无误,并完整地组织实施。

6.5.2.2 值班人员按照值班负责人的安排,具体实施或组织完成安全措施的布置工作。

【事故案例】

2000 年,110kV 某变电站值班人员在无工作票、无监护人的情况下,在主控室将开关室的钥匙交给行政处电力建筑工程队所使用的包工队人员卓某和李某,许可其进入35kV 开关室打扫玻璃窗和灯罩的卫生。随后,李某在开关柜背后移动铝合金扶梯时,触及 35kV××线 393 断路器至穿墙套管间 A 相铝排,引起单相接地。之后从扶梯滑落,又同时触及 B 相铝排,造成两相短路,保护动作断路器跳闸。李某左上胸、双脚被电击伤。变电站值班人员没有组织实施各项安全措施并做好安全注意事项即允许工作人员开展工作,是本次事故发生的主要原因。

6.5.3 以手触试

6.5.3.1 "以手触试"原则上适用于所有停电许可工作。能触试的设备应以手触试,若工作负责人不作要求则可不以手触试。

6.5.3.2 应以手触试的设备:厂站内的电压等级在 35kV 及以下、高度在 2m 以下的一次设备导体部分,以及使用厂站工作票的高压配电设备(环网柜和电缆分支箱除外)。

6.5.3.3 "以手触试"环节,应在厂站工作许可人会同工作负责人到达作业现场核实工作票所列安全措施已经完成后,在办理工作许可手续签名前,由工作许可人进行。

6.5.3.4 厂站工作许可人会同工作负责人应根据停电检修设备实际情况,确定需要"以手触试"设备的具体部位。

6.5.3.5 "以手触试"的方法,即用裸手的背面逐渐靠近所试设备,直至触摸到检修设备。

6.5.3.6 工作间断,在安全措施不变的情况下重新办理许可手续时,可不进行以手触试。

【条款说明】(6.5.3.1~6.5.3.6 合并说明)

6.5.3.1 为培养工作许可人自身良好的工作态度和责任感,确保安全工作的顺利、有效开展,明确"以手触试"原则上适用于所有停电许可工作,能触试的设备应以手触试。

6.5.3.2 因客观情况存在一些设备执行"以手触试"存在困难或严重降低工作效率,明确了应以手触试的设备和条件。

6.5.3.3 明确执行"以手触试"时间点和参与方法。

6.5.3.4 明确"以手触试"设备的具体部位应根据停电检修设备实际情况,确保安全、可执行。

6.5.3.5 明确了"以手触试"的方法,强调用"裸手的背面",并应"逐渐靠近",

以保障万一设备残压时人体能快速脱离带电设备。

6.5.3.6 按照"在确保安全第一的前提下兼顾效率"的原则和实际情况，明确工作间断，安全措施不变的情况下重新办理许可手续时，可不进行以手触试。但是如安全措施有变化的，应重新办理工作票。

 【发展过程】

91 版行标安规中曾提出"以手触试"的概念，但由于要求不具体，在公司后续执行过程中"以手触试"并未严格落实，本次南网安规编制中，再次提出了"以手触试"的工作要求，希望引导操作人员负责任的态度。

6.5.4　厂站工作许可

6.5.4.1 工作许可人许可前应核对工作负责人身份与工作票填写工作负责人身份是否相符，核对实际工作人数与工作票填写的工作人数是否一致。

6.5.4.2 传真方式送达的工作票许可应待正式工作票到达后履行。

6.5.4.3 在同一电气连接部分，高压试验工作票发出后，禁止再发出第二张工作票；在同一电气连接部分，未拆除一次回路接线或解开二次回路接线的情况下，在许可高压试验前必须收回其他相关工作的工作票，暂停其他相关工作。

 【条款说明】

在一个电气连接部分进行高压试验时，为保证人身及设备安全，只能许可一张工作票，由一个工作负责人整体负责协调工作，试验工作需检修人员配合时，检修人员应列入电气试验工作票中。若同一电气连接部分的其他相关工作票已先行许可，电气试验工作票许可前，应将已许可的工作票收回，其他工作班成员应撤离到安全区域，试验工作票未终结前不得许可其他工作票，以防其他人员误入试验区、误碰被试设备造成触电。

【事故案例】

2009 年，某变电站按计划开展全站停电检修。9 时 10 分，运行人员许可变电工区当天综合检修第一种工作票。10 时 20 分，正在 35kV Ⅱ段 TV 吊线串上清扫的带电班王某突然感到有电，王某触电后从 8m 高的吊线上坠落到 6m 时被安全带保险拉住吊在空中。现场立即停止了一切工作。经医院检查，王某两腿处各有一处轻微电击点，腰部因安全带突然受力不适。经调查，造成麻电的原因是仪表班在 2 号变压器 TV 二次线处开展表计校验试验，因 35kV Ⅱ段隔离开关未拉开，导致试验电源串入 TV 二次回路反送电。

6.5.4.4 对于无人值班的厂站，在第二种工作票不需要值班人员现场办理安全措施时，可使用电话许可的方式。

6.5.4.5 持已许可的线路工作票或分组工作派工单进入厂站工作，厂站值班人员应先得到调度许可人同意，并与工作负责人明确工作地点及相关安全注意事项，在备注栏填写调度许可人姓名后由厂站值班人员和工作负责人双方签名，方可进行工作。

6.5.4.6 厂站内的检修工作，工作许可人在完成施工作业现场的安全措施后，应与工作负责人手持工作票共同到作业现场进行安全交代，完成以下许可手续后，工作班组方可开始工作：

a) 会同工作负责人到现场再次检查所做的安全措施与工作要求的安全措施相符。

b) 在设备已进行停电、验电和装设接地线，确认安全措施布置完毕后，工作许可人应根据本规程规定，以手触试检修设备，证明检修设备确无电压。

c) 对工作负责人指明工作地点保留的带电设备部位和其他安全注意事项。

d) 确认安全措施满足要求后，会同工作负责人在工作票上分别确认、签名。

 【条款说明】(6.5.4.4～6.5.4.6合并说明)

6.5.4.4 按照"在确保安全第一的前提下兼顾效率"的原则和实际情况，明确在无人值班的厂站使用第二种工作票进行不需要值班人员现场办理安全措施的工作时，可电话许可。许可时，工作负责人应将工作班自装自拆的标示牌、遮栏（如红布）情况向工作许可人汇报，经确认后方可许可。对于无人值班的厂站，在第三种工作票不需要值班人员现场办理安全措施时，可使用电话许可的方式，但不适用于承包商或外委服务等外单位。电话许可的工作票，工作间断、变更、延期和终结也可采用电话方式。

6.5.4.5 明确了持线路工作票或线路分组派工单进行厂站工作时，厂站的相关要求。如：若线路两侧厂站距离较远，一侧厂站由线路工作票负责人办理进站和签名手续，另一侧可由线路工作票的分组派工单负责人办理进站和签名手续，如线路核相工作。

6.5.4.6 明确了工作许可前应履行的工作，强调了"以手触试"的要求。

【事故案例】

2006年，某供电局电气公司线路二班，在10kV某线水厂支30号杆处进行西安射击场第二电源T接线搭头工作。供电站临时负责人误下操作指令，停错支线开关。作业人员在感觉线路可能有电时，工作许可人在未核实情况下说"开关已拉开，不可能有电"，致使作业人员再次登杆，带电挂地线触电身亡。

6.5.4.7 已许可的工作票，一份应保存在工作地点并由工作负责人收执，另一份由工作许可人收执和按值移交。

【条款说明】

明确执行中的工作票保管和移交要求，同时明确工作负责人所持工作票应留存在工作地点。

6.5.5 高压线路工作许可

6.5.5.1 高压线路工作票许可分为调度直接许可和调度间接许可两种许可方式。调度直接许可是调度许可人直接对工作负责人许可；调度间接许可是调度许可人通过一级或二级间接许可人（线路运行单位指定的许可人）对工作负责人许可。直接与工作负责人联系的许可人也称末级许可人。

a) 调度直接许可时，确认本调度应负责的安全措施已布置完成，直接通知工作负责人线路具备开工条件，允许开工。

b) 调度间接许可时（非末级许可人不得直接对工作负责人许可）：

1）调度许可人确认并通知一级间接许可人，调度检修申请单所列本级调度应负责的安全措施已布置完成。

2）若有二级间接许可人时，一级间接许可人应通知二级间接许可人，调度检修申请单所列调度负责的安全措施已布置完成；二级间接许可人确认工作票所列调度应负责的安全措施已布置完成，通知工作负责人线路具备开工条件，允许开工。

3）若无二级间接许可人时，一级间接许可人应确认工作票所列调度应负责的安全措施已布置完成，通知工作负责人，线路具备开工条件，允许开工。

【条款说明】

①对线路许可提出了明确的统一要求，即"谁调度，谁许可；谁运行，谁许可"，避免出现人员责任真空，具体体现在：第一，明确了调度直接许可和间接许可两种许可方式；第二，间接许可时，提出了调度许可人、一级、二级和末级许可人的概念；第三，明确了不同许可情况时，各级许可人员的作业要求；第四，明确工作负责人只接收唯一末级许可人许可。②若线路工作存在间接许可的情况，在工作票的许可人栏应只填写末级许可人姓名；非末级许可人姓名可不记录在工作票上，但上、下一级许可人姓名需要记录在检修申请单（或者其他更为合适的文件）上，确保每一级许可人之间都应有明确的记录，以便可以通过工作票逐级向上追溯责任。

6.5.5.2 填用线路第一种工作票的工作，工作负责人应在得到工作许可人的许可后，方可开始工作。

【条款说明】

线路工作许可未采纳 GB 26859—2011《电力安全工作规程 电力线路部分》中"全部工作许可人"的说法，而是沿用公司原有工作票许可要求，要求工作负责人只接受唯一工作许可人的许可，如一张工作票所列安全措施涉及多个调度管辖单位完成的，仍由其中一个单位协调其他单位完成工作票上所列安全措施后，再对工作负责人许可。

【事故案例】

2011 年，某农村 10kV 线路某分支线 18 号杆 A 相绝缘子被雷击，导线断落。供电所主任龚某（工作负责人）带领李某三人处理故障。到达现场后，工作负责人未找到村电工办理工作许可手续，就安排李某登上分支 15 号杆进行验电接地。李某身体位于杆上两低压线中间，对 10kV 线路验电接地时，低压线突然来电，导致触电身亡。

6.5.5.3 线路停电检修，工作许可人应核实线路可能来电的各方面都已停电、合上（装设）接地刀闸（接地线）等所有调度负责的安全措施后，方能许可工作。

【条款说明】

以上措施是为了确保不会向检修线路误送电、反送电，防止检修线路有感应电，保证线路工作的安全。

【事故案例】

2004 年，某送变电工程公司第一工程处在承包 10kV 某线 16～18 号区段支线换线改造工程施工中，停电工作票安全技术措施不完善，停电的 380V 导线未短路接地，用于低压侧返送电，作业人员触电身亡。线路工作票许可前，工作许可人未核实线路各侧接地情况，是事故发生的间接原因。

6.5.5.4　末级工作许可人在向工作负责人发出许可工作的命令前，应将工作班组名称、工作负责人姓名、工作地点、工作任务和联系电话做好记录。

6.5.5.5　若停电线路作业还涉及其他单位配合停电的线路，工作负责人应确认配合停电的线路已停电及做好相应措施，并与线路相应的所辖调度办理工作许可手续后，方可开始工作。

【条款说明】

对于停电线路作业还涉及本单位其他线路或其他单位管辖线路配合停电的，有两种处理办法（可视情况选择其中一种）：①共用一张停电工作票（如配合停电线路是本单位管辖线路，且配合线路只需停电、接地时）；②由另一负责人办理另一张工作票（如停电线路与配合停电线路存在不同管辖单位、不同工期，或停电线路有其他作业时）。

若高压停电线路下方配合停电的低压线路不属调度机构管辖，应按照"谁调度，谁许可；谁运行，谁许可"的原则，由运维单位许可。

【事故案例】

2003 年，某供电局工程处对运行中的 35kV 某线路升压改造为 110kV 线路。其中一组工作人员在未经许可、未验电、未装设接地线情况下，进行登杆作业，导致人身触电重伤。多小组工作未使用工作任务单，未进行统一指挥，是本次事故发生的间接原因。

6.5.5.6　对于需要停用线路重合闸装置或再启动功能的第二种工作票的工作，每天工作前工作负责人应得到工作许可人许可后方可组织开展工作，工作结束后应及时与工作许可人联系，恢复线路重合闸装置或再启动功能。在此期间线路跳闸后，工作许可人未与工作负责人取得联系前不得强送电。

【技术原理说明】

停用重合闸可防止带电作业引出的故障使断路器跳闸后重合，造成人身和设备损害而扩大事故。根据这样的目的，凡是带电作业引出的故障可使断路器跳闸的都应向调度部门申请退出重合闸，强调断路器跳闸后，不得强送电。例如：中性点直接接地系统可能引起单项接地的作业；中性点不接地或经消弧线圈接地的系统可能引起相间短路的作业；实际工作中存在的工作负责人和监护人认为可能引起断路器跳闸的作业。对可能发生以上情况时的作业均应由工作负责人向调度部门申请将重合闸停用。

为了保障现场人身、设备安全，线路跳闸后，未与工作负责人取得联系前不得强送电。

【事故案例】

2001 年，某电业局带电班张某持线路工作票申请停用 110kV 某线路重合闸，工作任务是 212 号杆上更换耐张串单片零位绝缘子，作业要求退出该 110kV 某线路重合闸。值班调度员将退重合闸命令下达变电站，由于变电站值班员正交接班，交接值班员凭印象人为该线路重合闸未投，汇报调度重合闸退出。线路工作人员张某在更换绝缘子时，动作过大，身体与带电提安全距离不够，造成线路接地，断路器跳闸，线路重合再次跳闸，工作人员张某被二次烧伤。

6.5.5.7 用户侧设备检修，需电网侧设备配合停电时，应得到用户停、送电联系人的书面申请，经批准后方可停电。在电网侧设备停电措施实施后，由电网侧设备运维单位或调度许可人负责向用户停、送电联系人许可。

6.5.5.8 在用户设备上工作，许可工作前，工作负责人应检查确认用户设备的运行状态、安全措施符合作业的安全要求。作业前检查多电源和有自备电源的用户，应已采取机械或电气联锁等防反送电的强制性技术措施。

6.5.6 低压配电网工作许可

6.5.6.1 低压配电网的停电工作时，工作许可人应按工作票所列的安全措施落实完备后与工作负责人办理工作许可手续。

6.5.6.2 线路工作时，工作负责人办理完成工作许可手续，在工作地段各端装设好接地线，落实现场其他所需安全措施后，方可开始工作。

6.6 工作监护

6.6.1 工作票签发人或工作负责人应根据现场安全条件、施工范围、工作需要等具体情况设置专责监护人，并确定监护内容和被监护人员。

【事故案例】

2010 年，某供电公司送电工区带电班，在带电的 66kV 某线安装防绕击避雷针作业中，工作签发人王某在登塔过程中触电坠落身亡。工作票许可后，工作负责人杨某负责监护，郑某、陈某负责塔上安装防绕击避雷针，其他 5 人地面配合工作，王某为送电工区检修专工，是工作签发人。随后，郑某、陈某两人在 56 号塔上安装防绕击避雷针过程中，安装机出现异常。工作负责人杨某指定王某作为临时监护人，并要求王某与他一起登塔查看安装机异常原因。在对安装机进行调试过程中，突然听到放电声，看到王某由 56 号塔高处坠落地面，经抢救无效身亡。这起事故，监护人与监护内容未明确，监护人没有制止非工作班成员登塔作业，是本次事故的间接原因。

6.6.2 在工作期间，工作票应始终保留在工作负责人手中。一个工作负责人不得同时执行两张及以上工作票。

【条款说明】

工作负责人是执行工作票各项工作任务的组织者和监督者。为了兼顾安全和效率，工作负责人所持工作票间断期间可以但不建议执行另外一张工作票，但同一时间内，一位工作负责人只能执行一张工作票，不能分散注意力。

6.6.3 若一张工作票设多个分组工作，分组工作负责人即为该分组的监护人。

【条款说明】

明确分组工作负责人的工作定位和职责，分组工作负责人对全体分组成员的安全负责。对于复杂的分组工作任务，分组中可视情况增设专职监护人。

【事故案例】

2007年，辽宁某电业局送电工区安排对66kV南石线81基杆进行带电登杆检查，现场工作负责人指定仓库管理员靳某担任小组负责人，作业人员未与设备带电部位保持足够安全距离，触电坠落身亡。随意指定小组工作负责人，小组工作负责人未履行监护责任，是造成本次事故的重要原因。

6.6.4 工作负责人、专责监护人应始终在作业现场，对工作班人员的作业安全情况进行监护，监督落实各项安全防范措施，及时纠正不安全的行为。

【条款说明】

工作负责人、专责监护人应始终在作业现场，对工作班人员的作业安全情况进行监护，监督落实各项安全防范措施，及时纠正不安全的行为。

6.6.5 专责监护人不得兼做其他工作。专责监护人临时离开时，应通知被监护人员停止工作或撤离工作现场，待专责监护人回来后方可恢复工作。

【条款说明】

明确工作班成员的工作不能没有监护，保障作业人员的安全。

6.6.6 在可能存在有交叉、间歇带电的设备上作业，或在一个电气连接部分进行多专业协同作业时，工作负责人应专职监护，不得参与作业。

【条款说明】

工作负责人是执行工作票各项工作任务的组织者和监督者。在风险比较高、技术比较复杂、各工作面需要协调的作业面上，如果工作负责人参加工作班作业，会分散其精力，所以工作负责人应专心履行监护职责。

6.6.7 设备停电作业时，工作负责人在确保监护工作不受影响，且班组人员确无触电等危险的条件下，可以参加工作班工作。

【条款说明】

明确工作负责人在风险比较低（设备停电作业时，工作负责人在确保监护工作不受影响，且班组人员确无触电等危险的条件下）情况下才能参与工作。

【事故案例】

2002年，某供电公司开展35kV某变电站10kV罗屯线456断路器消缺，变电检修室安排工作负责人焦某、工作班成员叶某、刘某到达某变电站处理缺陷。更换完跳闸线圈后，经过反复调试，10kV某线456断路器仍然机构卡涩，合不上。随后，在焦某、叶某两人在开关柜前研究进一步解决机构卡涩问题的方案时，刘某擅自从开关柜前柜门取下后柜门的解锁钥匙，移开围栏，打开后柜门欲向机构连杆处加注机油，当场触电倒地，经抢救无效身亡。在焦某在开关柜前研究进一步解决机构卡涩问题的方案时，注意力分散，造成刘某失去监护，是造成此次事故的主要原因。

6.6.8 厂站内作业时，工作票中的任何工作人员应在有人监护的情况下，方可进入高压室、阀厅内和室外高压设备区内。

【条款说明】

此条款明确了工作班成员现场作业的监护要求，明确工作班成员不得单独逗留、进入高压室、阀厅内和室外高压设备区内，否则在无人监护的情况下，单人容易误入带电区域。

【事故案例】

2010年，某超高压分公司变电检修人员在220kV某变电站按检修计划开展28114、28122、28113三个间隔断路器预试、电流互感器预试、热工仪表校验、隔离开关检查、保护定检工作。在未经工作指派和工作许可情况下，李某擅自进入带电28101断路器间隔，造成电弧灼伤，坠落在28101断路器下部。伤者李某在未经工作指派和工作许可的情况下，擅自扩大工作范围，进行相邻带电的28101间隔，造成人身电弧灼伤。

6.7　工作间断

6.7.1　一般规定

6.7.1.1　室外工作，如遇雷、雨、风等恶劣天气或其他可能危及作业人员安全的情况时，工作负责人或专责监护人根据实际情况，有权决定临时停止工作。

 【条款说明】

此条款明确了工作负责人或专责监护人在遇到危及人员安全时，有临时停止工作的权利。

 【事故案例】

2005 年，某供电公司某 35kV 变电站受强对流天气影响，变电站内变压器遭遇雷击无法正常运行，造成某市某区某部分居民用户无法正常用电。某供电公司了解到情况后，相关部室迅速组织抢修小组冒雨前往现场，开展事故抢修。抢修工程中，突然一阵白光落在抢修人员张某处，同时伴随着巨大的响声。张某被雷击中从高处坠落，全身烧伤，经抢救无效死亡。

6.7.1.2　作业人员离开工作现场，工作票所列安全措施不变，宜办理工作间断，但每次复工前应检查安全措施正确完好。

 【条款说明】

站内可能每日有多张工作票同时执行，有多个作业面，所以作业人员离开工作现场应办理工作间断，间断工作后将票交回运行人员。在间断期间，运行方式、现场安全措施变化等情况可能有变化，所以每次复工前应检查并确保安全措施正确完好。

6.7.1.3　工作间断时，工作班人员应从工作现场撤出，所有安全措施可保持不变；但复工前应派人检查，确认安全措施完备后，方可开始工作。

6.7.1.4　电话许可的工作间断时，工作票可不交回工作许可人，但要与工作许可人电话确认，并在工作票上做好记录。

6.7.1.5　使用多天工作的带电作业工作票，每日必须办理工作间断手续；次日复工前应与工作许可人联系，办理复工手续。

 【条款说明】

不管带电作业工作票是否需要退出重合闸装置或停用再启动功能，次日复工前均应与工作许可人联系，办理复工手续，防止带电作业过程中出现操作过电压、强送电等情况，造成作业人员受到伤害。

 【事故案例】

2001 年，某电业局检修人员进行 110kV 某变电站 10kV Ⅱ 段母线设备年检。上午，变运行人员罗某许可工作开工，检修工作负责人谭某对刚某等 9 名工作人员进行班前"三交"后作业开始。晚上，检修工作负责人谭某办理工作票间断手续。运行人员王某、李某对现场进行巡视，移动现场安全围栏，但离开时忘记恢复。次日，刚某失去监护误入带电的 3X24TV 开关柜间隔，卸下 3X24TV 开关柜后柜门螺丝，并打开后柜门进行清扫工作时，触及 3X24TV 开关柜内带电母排，发生触电，送医院抢救无效死亡。

6.7.2 厂站工作间断

6.7.2.1 若属多天工作且每天间断时，应清理现场，办理工作间断手续并将工作票交回工作许可人持存；复工时，应由工作负责人和工作许可人办理工作许可手续。

 【条款说明】

不管带电作业工作票是否需要退出重合闸装置或停用再启动功能，次日复工前均应与工作许可人联系，办理复工手续，防止带电作业过程中出现操作过电压、强送电等情况，造成作业人员受到伤害。

6.7.2.2 工作间断期间，若有紧急需要，工作许可人可在工作票未收回的情况下协调设备送电，但应事先通知工作负责人，在得到工作班人员已全部撤离工作地点、可以送电的答复，并采取以下必要措施后方可执行：

a）拆除临时遮栏、接地线和标示牌，恢复常设遮栏，换挂"止步，高压危险！"的标示牌。

b）在所有道路派专人守候，确保所有人员不能进入送电现场。守候人员在工作票未交回以前，不得离开守候地点。

 【条款说明】

明确工作间断期间，紧急情况下，设备送电的相关要求。否则，可能造成人员未撤离就已送电导致人身伤害的风险。

 【事故案例】

2005 年，某电力工程有限公司在供电线路改造施工过程中，发生一起人身触电事故。施工前，施工人员接到通知线路 7 时就已经停电，验电时也没发现线路上有电。但是，王某（死者）与程某登塔后，随着"啪"的一声巨响，王某与程某触电，造成一死一伤的人身伤亡事故。经调查，某电业局在未核实现场情况下对线路进行强行送电，是事故发生的主要原因。

6.7.2.3 检修工作结束以前，若需将设备试加工作电压，应满足以下条件方可由运行人员进行加压试验。

a）全体作业人员撤离工作地点。

b）收回所有相关设备的工作票，拆除临时遮栏、接地线和标示牌，恢复常设遮栏。

c）工作负责人和工作许可人全面检查无误。

【条款说明】

明确试验加压的相关要求。否则，可能造成人员未撤离就已送电导致人身伤害的风险。

6.7.3 高压线路工作间断

6.7.3.1 工作间断时，工作地点的全部接地线可保留不动。工作班人员需暂时离开工作地点，必须采取安全措施，必要时派人看守。复工前，应检查各项安全措施的完整性。

【事故案例】

某变电站开展停电检修工作，10kV母线试验工作开工后，在区域的工作票未间断，未通知工作负责人，未让其余检修人员撤离现场的情况下，对10kV母线进线加压试验。加压时，10kV母线上还有2名检修人员在工作，造成2名检修人员触电，经抢救无效身亡。

6.7.3.2 填用数日内有效的线路第一种工作票，每日收工时若将工作地点所装设的接地线拆除，次日恢复工作前应重新验电、接地。

【条款说明】

"日停夜送"的情况应办理间断手续，次日复工前应与工作许可人联系，办理复工手续。因为地线拆除后，次日重新挂装，不重新验电、接地，可能线路已带电导致人身风险。

【事故案例】

某电业局开展35kV某线路检修工作，工作负责人朱某在工作地点验电、装设接地线后，组织工作人员李某等5人开展工作。晚上，因线路需要恢复送电，朱某组织拆除接地线并办理工作间断。次日上午，朱某认为线路已停电，遂让李某与另外一名工作人员装设接地线。李某未验电即开展接地线装设，且手部触及接地线导电部位，在线路、接地线、人体间形成回路，李某触电经抢救无效身亡。

6.7.4 低压配电网工作间断低压配电网工作需要间断时，应重新办理工作票，并在备注栏注明。

6.8 工作转移

6.8.1 使用同一张厂站工作票依次在几个工作地点转移工作时，工作负责人应向作业人员交代不同工作地点的带电范围、安全措施和注意事项。

【条款说明】

明确工作地点变更时，工作负责人应重新向作业人员进行安全交代，避免工作班成员因不熟悉相带电范围、安全措施和注意事项导致不安全事件的发生。

【事故案例】

2002年，某供电公司变电运行工区35kV断路器停电消缺检查工作。10时15分，郑某（工作负责人）工作开工，与李某、马某在35kV 362断路器开展工作。11时30分，35kV 362断路器工作完成后，3人一同转移到35kV 361断路器处继续进行工作。因备品不足，郑某安排李某返回库房取备品。在郑某整理现场工具时，马某误登相邻的351断路器带电间隔，触电从架构上坠落，经抢救无效死亡。工作人员马某擅自跨越安全围栏，工作负责人李某在转移工作地点后未向工作人员马某交代不同工作地点的带电范围、安全措施和注意事项，是事故发生的重要原因。

6.8.2 使用一张工作票并在检修状态下的一条高压线路分区段工作，工作班自行装设的接地线等安全措施可分段执行。工作票上应填写使用的接地线编号、位置等随工作区段转移情况。

【事故案例】

2010年，某供电局市区电力局对10kV 3号开关站线路进行停电消缺工作。13时35分工作结束，15时17分送电联系人（现场许可人）前往城区变电站办理恢复送电手续。此时，现场工作许可人未将10kV 3号开关站线路和杜桥线路1号杆分别装设的接地线拆除。15时32分，城区变电站对3号开关站线路合闸送电时，3号开关站1号杆发生短路，断路器跳闸，造成带接地线合闸的误操作事故。

6.9 工作变更和延期

6.9.1 若需增加工作任务，无需变更安全措施的，应由工作负责人征得工作票签发人和工作许可人同意，在原工作票上增加工作项目，并签名确认；若需变更安全措施应重新办理工作票。

【条款说明】

①工作票需要签发人确认工作必要性和安全性，也需要许可人确认已布置的安全措施是否正确、完备，所以若需增加工作任务，应由工作负责人征得工作票签发人和工作许可人同意。②若需增加工作任务，并需变更安全措施应重新办理工作票。③若增加工作任务比较复杂，在安全措施不变的情况下，许可人认为必要时，可履行双签发手续，并在工作票备注栏中办理会签手续。

6.9.2 厂站工作时，一张工作票上所列的多个检修设备，若至预定送电时一部分工作尚未完成，需继续工作而不妨碍其他送电者，应办理相应的工作终结和新的工作票，方可继续工作。

6.9.3 工作许可后，工作负责人、工作许可人和值班人员任何一方不应擅自变更安全措施和运行方式。工作中如有试验等特殊情况需变更时，应事先取得工作许可人的同意并履行变更手续。

【事故案例】

2000年，某电厂进行110kV 4号母线清扫、115刀闸开关换油工作。电气主任李某擅自扩大工作范围，决定清扫115-4刀闸，不仅未办理工作票，而且错将梯子移至带电的114-4刀闸处，同时摘掉114-4刀闸处的"止步，高压危险"警示牌。作业人员到现场后，也未核对刀闸的编号，登上带电刀闸，电弧烧伤致死。

6.9.4 低压配电网工作票和紧急抢修工作票如需变更工作负责人，应重新办理工作票。其他工作票如需变更工作负责人，应经工作票签发人同意并通知工作许可人，在工作票上记录变更情况和签名，工作负责人允许变更一次。原工作负责人应将变更情况告知全体工作班人员，工作交接时应暂停现场作业并做好交接。

【条款说明】

若变更工作负责人时，许可人或签发人认为有必要，应履行双签发手续。

6.9.5 工作期间，工作负责人因故暂时离开工作现场时，应暂停工作或指定有资质的人员临时代替，并交代清楚工作任务、现场安全措施、工作班人员情况及其他注意事项，并告知工作许可人和工作班人员。原工作负责人返回工作现场时，也应履行同样的交接手续。

【条款说明】

有资质的人员宜为有工作负责人资质人员。

6.9.6 若专责监护人长时间离开工作现场时，应由工作负责人变更专责监护人，履行变更手续，现、原专责监护人对工作进行交接，并告知全体被监护人员。

【事故案例】

2001年，某电业局根据年度设备预试工作计划，由修试所高压班和开关班对城东变电站城西Ⅱ回线路042断路器、避雷器、TV、电容器进行预试及断路器做油试验工作。在做完断路器试验，并取出油样后，高压班人员将设备移到线路侧做避雷器及TV预试工作。此时，开关班人员发现城西Ⅱ回线路042三相断路器油位偏低，需加油。在准备工作中，开关班工作负责人（兼监护人）因上厕所短时离开工作现场。随后，开关班一临时工作人员走错间隔误入2号主变压器032断路器带电间隔，发生一起人身触电伤亡事件。

6.9.7 线路工作票及低压配电网工作票的工作人员变更时，工作负责人可不通知工作许可人，但需与工作票签发人办理变更手续。其他工作票工作班组人员变更时，工作负责人应确认变更人员是否合适，工作票有签发人的，应报签发人批准，将变更情况在工作票上注明并通知工作许可人。新加入的作业人员，工作负责人应对其进行安全交代。

【条款说明】

若工作班组人员变更时，许可人和签发人认为有必要，应履行双签发手续，并在工作票备注栏中办理会签手续。

6.9.8　工作需要延期时，应经工作许可人同意并办理工作延期手续。第一种工作票应在工作批准期限前 2h（特殊情况除外），由工作负责人向工作许可人申请办理延期手续。除紧急抢修工作票之外的只能延期一次。

【条款说明】

特殊情况指在第一种工作票在工作批准期限结束前 2h 内发生的突发情况，可不受 2h 要求限制，但必须依据要求办理工作延期手续。例如，工作批准期限前 1h 遭受雷雨天气导致工作不能按时完成，工作负责人可依据实际情况办理工作延期手续。除第一种工作票之外的应在工作批准期限前，由工作负责人向工作许可人申请办理延期手续。紧急抢修工作票如需延期，应重新办理工作票。

【发展过程】

DL 408—1991《电业安全工作规程（发电厂和变电所电气部分）》第 47 条要求：第一、第二种工作票的有效时间，以批准的检修期为限。第一种工作票至预定时间，工作尚未完成，应由工作负责人办理延期手续。延期手续应由工作负责人向值班负责人申请办理，主要设备检修延期要通过值长办理。工作票有破损不能继续使用时，应补填新的工作票。

《电气工作票技术规范（发电、变电部分）（2004 版）》第 5.12.1 条要求：工作负责人对工作票所列工作任务确认不能按批准期限完成，第一种工作票应在工作批准期限前 2h，由工作负责人向值班负责人申请办理延期手续。第 5.12.2 条要求：延期的工作票，由值班负责人填上延期的时限，经双方签名后生效。第 5.12.3 条要求：一份工作票，延续手续只能办理一次。如需再次办理，须将原工作票结束，重新办理工作票。

南网《安规》在行标《安规》基础上，结合原《电气工作票技术规范（发电、变电部分）（2004 版）》要求及现场实际工作情况，明确工作票延期的具体要求。

6.10　工作终结

6.10.1　一般规定

6.10.1.1　工作终结是指工作票的终结、调度检修申请单的终结或书面形式布置和记录的终结。

【条款说明】

为适应各种工作票、调度检修申请单或书面形式布置和记录之中的各种复杂情形的工作结束，设计了各种情况下的工作结束方式。总的原则是指一项完整的工作任务的结束，即工作终结。强调工作终结是以工作票内容的全部办理结束，闭环签字为标志性的节点。即以工作终结其中责任流程节点分段负责的次序性结束。

【发展过程】

本次安规中增加了调度检修申请单的终结或书面形式布置和记录的终结的概念。

a）厂站第一种工作票和以厂站许可模式使用的用于高压配电线路的线路第一种工作票的终结，分为工作负责人持有工作票的终结和工作许可人持有工作票的终结。

【条款说明】

厂站许可模式是指运行单位许可人确认调度端安全措施已完成，并组织完成自行安全措施后，向工作负责人办理许可手续的模式。

1）工作负责人持有工作票的作业终结即工作票的终结。

注：作业终结是指作业已完成，作业人员布置的安全措施已拆除并恢复至作业前状态，现场已清理，人员已撤离，工作负责人向工作许可人报告作业完工情况，双方办理相应的作业终结手续。

【条款说明】

工作负责人办理作业终结后即可再办理其他工作票从事其他作业。

2）工作许可人持有工作票的终结，包括对工作负责人所做的作业终结、工作许可人负责的临时遮栏已拆除，标示牌已取下，常设遮栏已恢复等非调度管辖的许可人措施的终结，及汇报调度负责的接地等安全措施状况。

【条款说明】

工作许可人持有工作票的终结，包括三个阶段：一是工作许可人与工作负责人办理完作业终结；二是工作许可人自行恢复运行人员布置的非调度管理的设备、围栏、标示牌等措施；三是工作许可人将调管设备的状态汇报调度。以上三个阶段结束后办理工作票终结。

b）调度检修申请单的终结包括申请单中对应所有现场工作票的终结（即调度检修申请单的调度作业终结）和调度负责安全措施的解除，并将设备恢复到调度检修申请单实施前的状态或检修申请单审核批复中指定的状态所办理的终结。

【条款说明】

a）和b）中，工作许可人持有工作票的终结，向调度汇报需包括三方面内容：①工作负责人作业已终结，自行布置安全措施已拆除；②工作许可人所做的标示牌、围栏等（包括许可人自装自拆的临时地线）已全部拆除；③调度管辖的接地刀闸（接地线）等安全措施状态交回调度。配网工作许可人汇报内容结合实际进行细化。

调度检修申请单的终结，包括两个阶段：一是该调度检修申请单所列全部厂站、线路等的分项工作所对应的工作票已办理工作票的终结；二是将设备恢复到调度检修申请单实施前状态，方可办理调度检修申请单的终结。"实施前状态"可指调度检修单实施前的设备的运行状态或检修申请单批复中指定的状态。

c) 除 a) 和 b) 以外的其他工作票和书面形式布置和记录，作业终结即工作票的终结或书面形式布置和记录的终结。

6.10.1.2 分组工作的工作票作业终结前，工作负责人应收到所有分组负责人作业已结束的汇报，方可办理作业终结。

6.10.1.3 全部作业结束，作业人员撤离现场后、办理作业终结前，任何人员未经工作负责人许可，不得进入工作现场。

【事故案例】

1998 年，某热电厂电气变电班班长安排工作负责人王某及成员沈某和李某对某开关（35kV）进行小修。工作结束后，工作负责人王某交代成员沈某和李某在现场等候，自己去办理工作票终结。王某离开后，沈某想起开关载流板螺丝还没紧固，遂擅自登上开关进行工作，但误登相邻的运行开关，因安全距离不满足要求触电身亡。工作成员沈某未经工作负责人许可，擅自返回检修现场开展工作，误登相邻的运行开关触电身亡，是事故发生的直接原因。

6.10.2 分类作业终结

6.10.2.1 工作许可人办理厂站工作票的作业终结前，应会同工作负责人赴作业现场，核实作业完成情况、工作票所列安全措施仍保持作业前的状态、有无存在问题等，无人值守变电站电话许可的工作票可电话核实上述信息后，方可办理作业终结手续。

6.10.2.2 末级工作许可人办理线路工作票的作业终结前，应与工作负责人当面或电话核实工作票人员信息无误，工作地点个人保安线、工具、材料等无遗留，全部作业人员已从杆塔上撤下，工作地段自行装设的接地线已全部拆除，有无存在问题等，方可办理作业终结手续。

【事故案例】（6.10.2.1、6.10.2.2合并案例）

2002 年，某供电局市区局保线站进行10kV茂公Ⅱ线渭阳支53号杆配电变压器架设工作。工作负责人在未得到所有小组负责人工作结束的汇报，工作班成员未全部离开工作现场情况下，即向工作许可人汇报工作全部结束，造成作业人员触电轻伤。

6.10.2.3 调度许可人办理调度检修申请单的作业终结前，应确认作业现场自行装设的接地线已全部拆除、人员已全部撤离、设备恢复到调度管辖安全措施实施后的初始状态，所有现场工作票已办理工作票的终结。若其中个别工作票因故已办理工作延期且不影响送电的，可办理本调度检修申请单的作业终结。

【条款说明】

工作票因故已办理工作延期且不影响送电的工作，延期的工作票在复工前应核实其安全措施是否满足工作需求。

【事故案例】

2000 年，某供电局市区电力局对 10kV 某 3 号开闭所线路进行停电消缺工作。工作结束后，现场工作许可人未拆除线路操作接地线即汇报工作结束，调度员未与工作许可人核实接地线已全部拆除、人员已全部撤离、设备恢复到调度管辖安全措施实施后的初始状态即安排送电，造成带地线合闸的误操作事件。

6.10.2.4　低压配电网工作票、带电作业工作票、紧急抢修工作票以及书面形式布置和记录的作业终结参照 6.10.2.1 和 6.10.2.2 并根据作业类别分类执行。

7　保证安全的技术措施

7.1　一般要求

7.1.1　在电气设备上工作时，应有停电、验电、接地、悬挂标示牌和装设遮栏（围栏）等保证安全的技术措施。

7.1.2　在电气设备上工作时，保证安全的技术措施由运行人员或有相应资格的人员执行，并应有监护人在场。

【条款说明】（7.1.1、7.1.2 合并说明）

保证安全的技术措施：指运用工程技术手段消除物的不安全因素，实现生产工艺和机械设备等生产条件本质安全的措施。

停电：指停止电力传送，使电器无法获取外部电源。

验电：通过验电可以确定停电设备是否无电压，以保证装设接地线人员的安全和防止带电装设接地线或带电合接地开关等恶性事故的发生。

接地：指电力系统和电气装置的中性点、电气设备的外露导电部分和装置外导电部分经由导体和大地相连。

标示牌：具有标识、警示的作用，标示牌主要是通过视觉来表现它的作用。

保证安全的技术措施由运行人员或各单位根据实际情况批准的有权执行操作的人员执行。主要考虑运行人员和批准的有权执行操作的人员对现场的设备运行情况、工作内容、工作范围、邻近带电部分、危险源非常了解，能够正确快速地完全安全措施的执行，给检修工作提供有力的安全保障。

7.2　停电

7.2.1　一般要求

7.2.1.1　检修设备停电，包括以下措施：

a) 各方面的电源完全断开。任何运行中的星形接线设备的中性点，应视为带电设备。不应在只经断路器断开电源或只经换流器闭锁隔离电源的设备上工作。

b）拉开隔离开关，手车开关应拉至"试验"或"检修"位置，使停电设备的各端有明显的断开点。无明显断开点的，应有能反映设备运行状态的电气和机械等指示，无明显断开点且无电气、机械等指示时，应断开上一级电源。

c）与停电设备有关的变压器和电压互感器，应将其各侧断开。

 【技术原理说明】

停电是指对电气设备供电电源进行隔离操作的过程，是将需要停电设备与电源可靠隔离，包括工作线路和配合停电线路的停电操作。具体需要断开：发电厂、变电站（开闭所）等线路电源侧断路器（开关）、隔离开关（刀闸）；电力线路分段或分支断路器（开关）、隔离开关（刀闸）和熔断器；影响停电检修线路作业安全，需要配合停电线路的断路器（开关）、隔离开关（刀闸）和熔断器；可能从低压电源向高压线路返回高压电源的断路器（开关）、隔离开关（刀闸）和熔断器。手车开关应拉至"试验"或"检修"位置，使停电设备的各端有明显的断开点。无明显断开点的，应有能反映设备运行状态的电气和机械等指示，无明显断开点且无电气、机械等指示时，应断开上一级电源。

低压电源通过变压器或电压互感器等有改变电压功能的设备低压侧，向已停电的电力线路或设备送出高压电源。因此，与停电设备有关的变压器和电压互感器，应将其各侧断开。

为了保障作业人员的人身安全，在设备上开展检修工作需要将相关设备停电。

7.2.1.2 对停电设备的操动机构或部件，应采取以下措施：

a）可直接在地面操作的断路器、隔离开关的操动机构应加锁，有条件的隔离开关宜加检修隔离锁。

b）不能直接在地面操作的断路器、隔离开关应在操作部位悬挂标示牌。

c）对跌落式熔断器熔管，应摘下或在操作部位悬挂标示牌。

 【技术原理说明】

可直接在地面操作的设备是指作业人员不需要借助工器具，站在地面即可操作的设备，该类设备操作部位加挂机械锁是为了强制闭锁操作机构，以防止误操作；不能直接在地面操作的设备系指需要借助操作工具才能完成操作的设备，在该类设备可操作处悬挂标示牌，提醒操作人员该设备不得擅自操作，以防向停电检修设备或工作区域送电，导致人身触电。

跌落式熔断器停电操作需要将保险管拉开，同时因跌落式熔断器安装松动或熔断器熔断都会造成保险管跌落（与拉开结果相同），将跌落式熔断器的保险管摘下或悬挂标示牌，防止停电检修中其他人员误认为跌落式熔断器保险管自跌落而误送电。

7.2.2 厂站设备停电

7.2.2.1 符合以下情况之一的，厂站设备应停电：

a）需要停电检修的设备。

b）人员工作中与 10kV 及以下带电设备的距离大于 0.35m 小于 0.7m，同时无绝缘隔板、安全遮栏等措施的。

c) 人员工作中与 35kV（20kV）带电设备的距离大于 0.6m 小于 1.0m，同时无绝缘隔板、安全遮栏等措施的。

d) 除 b)、c) 情况外，其他与作业人员在进行工作中正常活动范围的距离小于表 1 对作业安全距离的规定，同时无其他可靠安全措施的。

e) 有可能向检修设备反送电的设备。

f) 其他需要停电的设备。

 【数据说明】

要确保作业人员的人身安全，正常工作、活动时不会触电，检修的设备及工作人员与周围设备带电部分距离小于表 1 规定的设备应停电。其他有些与安全距离无关的工作（如二次系统上的工作），需要将设备停电。

在 35kV 及以下的设备上或附近工作，工作人员与周围设备带电部分的距离：10kV，大于 0.35m；20kV、35kV，大于 0.6m，小于 1.0m。如工作地点和周围带电部分加装绝缘隔板或安全措施后，该设备可以不停电。

因作业人员工作中往往只注意保持与正面带电设备的安全距离，如果带电设备在作业人员的后面、两侧、上下，即使与作业人员之间的距离大于表 1 的规定，也应采取安全、可靠的措施与该设备隔离，后面、侧面可用遮栏隔离。否则，应将这些设备停电。

对于设备不停电时的安全距离，其中 500kV 及以下交流部分数据是采用 DL 408—1991《电业安全工作规程（发电厂和变电所电气部分）》表 1 中设备不停电时的安全距离；其中交流 750kV/1000kV 和直流 ±500kV 以上的设备，仅考虑人员巡视，在安全净距 A1 值的基础上增加 1.2m 的安全裕度。

 【事故案例】

2015 年 1 月 7 日，某供电局所属某供电公司变电运行巡维中心人员在抄录 35kV 某站变电设备铭牌信息时，将竹梯搭在 35kV 某线路的避雷器上，攀爬过程中右手向上伸时，避雷器带电部位对该巡维中心人员放电，右手—躯体—右脚—槽钢—大地形成放电通道。该巡维中心人员触电坠落地面，安全帽右侧帽舌先着地，帽舌受到强大冲击力变形，卡销松脱，安全帽壳与帽箍脱离。

事故发生后，临近事地点进行预试工作的检修人员立即对触电人员进行现场急救，同时拨打 120 急救电话，触电人员送往医院后经抢救无效死亡。

7.2.2.2 应断开停电设备各侧断路器、隔离开关的控制电源和合闸能源，闭锁隔离开关的操动机构。对不能做到与电源完全拉开的检修设备，可以拆除设备与电源之间的电气一次连接。

 【技术原理说明】

为确保检修设备上作业人员的人身安全，应断开检修设备的控制电源和合闸能源，弹簧、油压、气动操作机构应释放储能或关闭有关阀门，以防意外分、合闸伤害在设备上工作的人员。可能来电侧的断路器（开关）、隔离开关（刀闸），也应断开控制电源和合闸能源，操作机构应泄压或关闭有关阀门；对一经合闸就可能送电到检修设备的隔离开关操作把手应锁住，以确保不会向检修设备误送电。

【事故案例】

2002 年，某电业局检修公司对 220kV 某变电站 1 号站用变压器 316 断路器、316 保护仪表进行预试检验工作。在对 316 断路器进行检修工作时，工作负责人和工作班成员共同将 316 开关柜上层柜门打开，工作班成员进入 10kV 带电母线及 3161 隔离开关柜内时导致放电短路（工作票已注明"3161 隔离开关靠 10kV 母线侧带 10kV 电压"，不属于本次工作范围），造成了人身重伤事故和主变压器低压侧断路器跳闸。

7.2.2.3 高压开关柜的手车开关应拉至"试验"或"检修"位置。高压开关柜相邻间隔没有可靠隔离的，工作时应同时停电。电气设备直接连接在母线或引线上的，设备检修时应将母线或引线停电。

【技术原理说明】

当高压开关柜的手车拉出时，如其活动隔离挡板卡住或脱落会造成带电静触头直接暴露在作业人员面前，通常情况，10kV 开关柜静触头与挡板间距离为 125mm 左右，35kV 开关柜静触头与挡板间距离为 300mm 左右，极易造成人员触电。因此，手车开关拉出后，应观察其隔离挡板实际位置是否可靠封闭。

【事故案例】

2019 年 7 月 25 日，某供电局发生一起变电检修人员触电事故，造成 1 人死亡。事故当日，该局变电管理所检修班人员（周某，工作负责人）和 4 名厂家人员（工作班成员）在 35kV 某变电站开展"更换 35kV Ⅰ 段母线电压互感器柜穿柜套管；35kV Ⅰ 段母线电压互感器柜清扫"工作。工作临近结束前，周某走至旁边 35kV 某线 305 断路器间隔内，用手试挪动挡板位置时，发生 B 相触电，送医院经抢救无效死亡。

7.2.3 高压线路停电

7.2.3.1 符合以下情况之一的，高压线路应停电：

a）在带电线路杆塔上工作时，人体或材料与带电导线最小距离小于表 1 规定的作业安全距离，同时无其他可靠安全措施的。

b）邻近或交叉其他电力架空线路的工作时，人体或材料与带电线路的安全距离小于表 16 的规定，同时无其他可靠安全措施的。

c）电缆线路及附属设备检修或试验工作需线路停电的。

d）可能向工作地点反送电的线路或设备。

e）其他需要停电的线路或设备。

【技术原理说明】

停电是指对电气设备供电电源进行隔离操作的过程，是将需要停电设备与电源可靠隔离，包括工作线路和配合停电线路的停电操作。具体需要断开：发电厂、变电站（开闭所）等线路电源侧断路器（开关）、隔离开关（刀闸）；电力线路分段或分支断路器（开关）、隔离开关（刀闸）和熔断器；影响停电检修线路作业安全，需要配合停电线路的断路器（开关）、隔离开关（刀闸）和熔断器；可能从低压电源向高压线路返回高压电源的断路器（开关）、隔离开关（刀闸）和熔断器。

当人体或材料与带电导线最小距离小于表1规定的作业安全距离，或者邻近或交叉其他电力架空线路的工作时，人体或材料与带电线路的安全距离小于表16的规定时，同时无其他可靠安全措施的，相关设备应停电。

可能向工作地点反送电的线路或设备是指低压电源通过变压器或电压互感器等有改变电压功能的设备低压侧，向已停电的电力线路或设备送出高压电源。

 【事故案例】

2017年7月30日，某供电局输电管理所运维人员在500kV某线路故障后巡线、砍伐清理树障时，在导线与桉树安全距离严重不足的情况下，开展树障处理，未报告，未采取线路停电等安全措施，未设法用绳索控制桉树的倒向，未采用定向倒树的方法，造成桉树向导线侧倾倒，带电导线对桉树放电，电弧灼伤了正在砍树的两名运维人员，造成1人重伤、1人轻伤。

7.2.3.2 线路停电工作前，应采取以下停电措施：

a）断开厂站和用户设备等的线路断路器和隔离开关。

b）断开工作线路上需要操作的各端（含分支）断路器、隔离开关和熔断器。

c）断开危及线路停电作业且不能采取措施的交叉跨越、平行和同杆塔架设线路（包括用户线路）的断路器、隔离开关和熔断器。

d）断开可能反送电的低压电源断路器、隔离开关和熔断器。

e）高压配电线路上对无法通过设备操作使得检修线路、设备与电源之间有明显断开点的，可采取带电作业方式拆除其与电源之间的电气连接。禁止在只经断路器断开电源且未接地的高压配电线路或设备上工作。

f）两台及以上配电变压器低压侧共用一个接地引下线时，其中任一台配电变压器停电检修，其他配电变压器也应停电。

 【技术原理说明】

停电是指对电气设备供电电源进行隔离操作的过程，是将需要停电设备与电源可靠隔离，包括工作线路和配合停电线路的停电操作。具体需要断开：发电厂、变电站（开闭所）等线路电源侧断路器（开关）、隔离开关（刀闸）；电力线路中间分段或分支线断路器（开关）、隔离开关（刀闸）和熔断器；影响停电检修线路作业安全，需要配合停电线路的断路器（开关）、隔离开关（刀闸）和熔断器；可能从低压电源向高压线路返回高压电源的断路器（开关）、隔离开关（刀闸）和熔断器。

可能返电的低压电源（即可能从低压电源侧向高压侧返送电）是指低压电源通过变压器或电压互感器等有改变电压功能的设备低压侧，向已停电的电力线路或设备送出高压电源。主要原因是用户从多个电源系统获取电源、有自备发电机等，当主供电源停电后，未将用户系统与供电系统断开，低压电源从变压器或电压互感器低压侧向停电设备送出高压电源。

为了保障作业人员的人身安全，在设备上开展检修工作需要将相关线路停电。

【事故案例】

2018年7月至8月上旬，云南某地区连续降雨，大量10kV及0.4kV线路受损。工作负责人周某到现场开展抢修工作，在未系安全带、未戴安全帽，上到与10kV引下线静态距离仅0.8m的低压出线横担上方作业时，未对有关设备采取相应的停电、验电、装设接地线等安全措施，无工作票、无操作票冒险作业，导致在作业移位过程中，左后背与10kV引下线安全距离不足发生触电坠落，经抢修无效死亡。

7.2.4　低压配电网停电

7.2.4.1　符合以下情况之一的，低压配电网应停电：

a) 检修的低压配电线路或设备。

b) 危及线路停电作业安全且不能采取相应安全措施的交叉跨越、平行或同杆塔架设线路。

c) 工作地段内有可能反送电的各分支线。

d) 其他需要停电的低压配电线路或设备。

7.2.4.2　低压配电网停电工作前，应采取以下停电措施：断开所有可能来电的电源（包括解开电源侧和用户侧连接线），对工作中有可能触碰的相邻带电线路、设备应采取停电或绝缘遮蔽措施。

a) 检修的低压配电线路或设备。

b) 危及线路停电作业安全且不能采取相应安全措施的交叉跨越、平行或同杆塔架设线路。

c) 工作地段内有可能反送电的各分支线。

d) 其他需要停电的低压配电线路或设备。

7.3　验电

7.3.1　在停电的电气设备上接地（装设接地线或合接地刀闸）前，应先验电，验明电气设备确无电压。高压验电时应戴绝缘手套并有专人监护。

7.3.2　验电前，应先在相应电压的带电设备上确证验电器良好，后立即在停电设备上实施验电。无法在带电设备上进行试验时，可用工频高压发生器等确证验电器良好。

7.3.3　直接验电时，应使用相应电压等级的验电器在设备的预接地处逐相（直流线路逐极）验电。

【技术原理说明】（7.3.1～7.3.3合并说明）

验电器是检测电气设备上是否存在工作电压的工器具，应对各相分别验电，以防可能出现一相、两相带电的情况。只有确认三相全部无电后，才能装设接地线或合接地开关（装置）。验电时应使用相应电压等级（即验电器的工作电压应与被测设备的电压相同）、接触式的验电器，使用前应对验电器进行检查。

声光验电器是按照检验50Hz正弦交流电杂散电容电流的电容型验电器，目前，绝大部分验电器的"自检按钮"都只能检测部分回路，即不能检测全回路。因此，不能以验电器"自检按钮"，发出"声""光"信号作为验电器完好的唯一依据。只有在有电设备上进行试验，确证验电器是否良好才是最可靠的。当无法在有电设备上进行试验时，可采用工频高压发生器（即50Hz、正弦波的高压发生器）确证验电器良好，工频发生器与电容器验电器工作原理及使用环境一致，不得采用中频、高频信号发生器确认验电器的良好。

为了保障作业人员的人身安全，在设备上开展验电操作，应严格按照上述要求执行。

【事故案例】

1999年7月25日，某供电局线路二班，在10kV某线30号杆处进行某射击场第二电源T接线搭头工作。供电站临时负责人误下操作指令停错支线开关，工作班成员王某登杆装设接地线前未验电、未接接地端，挂地线时感觉线路有电，即下杆告诉工作负责人李某。工作负责人李某询问王某，王某在未核实情况下答复开关已拉开，不可能有电。工作班成员王某再次登杆时仍未验电，在挂完A相接地线准备挂第二相时，带电挂地线触电死亡。

7.3.4 验电器的伸缩式绝缘棒长度应拉足，保证绝缘棒的有效绝缘长度符合表3的规定，验电时手应握在手柄处，不应超过护环。

7.3.5 验电时人体与被验电设备的距离应大于表1的作业安全距离。

7.3.6 雨雪天气时不应使用常规验电器进行室外直接验电，可采用雨雪型验电器验电。

【技术原理说明】（7.3.4～7.3.6合并说明）

验电时，为保证验电时的人身安全，伸缩式绝缘棒验电器的绝缘杆应全部拉出，以保证达到足够的安全距离，手应握在验电器的手柄处不得超过护环，人体与被验电设备应保持相应的安全距离。另外，为了防止泄漏电流对人体的危害，验电人员对高压设备进行验电时必须佩戴绝缘手套。

雨雪天气时，对户外电气设备验电，绝缘杆受潮不均，对地电容会发生变化，可能发生"不均匀湿闪"，对验电人员造成伤害。因此，规定不得使用常规验电器进行直接验电。

【事故案例】

2011年，某供电公司220kV变电站的110kV 190断路器及线路检修。当值值班员进行相关操作，当进行到190-5隔离开关（出线隔离开关）断路器侧验明无电压，合上接地开关；在190-5隔离开关线路侧验明无电压，合上接地开关时（当时线路还有电），造成带电合接地开关的恶性误操作事故。经查，虽用验电器验电，但验电器自带电池无电，使用前没经过检测，导致事故发生。

7.3.7 以下情况可采用间接验电：

    a）在恶劣气象条件时的户外设备。

    b）厂站内330kV及以上的电气设备。

    c）其他无法直接验电的设备。

7.3.8 间接验电时，应有两个及以上非同样原理或非同源的指示且均已同时发生对应变化，才能确认该设备已无电；但如果任一指示有电，则禁止在该设备上工作。

    注：间接验电即通过设备的机械指示位置、电气指示、带电显示装置、仪表及各种遥测、遥信等指示的变化来判断。

【技术原理说明】（7.3.7、7.3.8合并说明）

对GIS（组合电器）或具有"五防"功能的高压开关柜、环网柜等电气设备、高压直流输电设备，无法进行直接验电，雨雪天气时对户外设备直接验电不安全，而这些设备在合接地开关（装置）、装设接地线前也应验电，此时，只能采用间接验电方式。

间接验电是通过设备的机械指示位置、电气指示、带电显示装置、电压表、ZnO避雷器在线监测的电流表及各种遥测、遥信等信号的变化，且所有指示均已同时发生对应变化，才能确认该设备已无电。任何一个信号未发生对应变化均应停止操作，查明原因，否则不能作为验明无电的依据。间接验电作为一些设备或特定条件时的验电方式，应具体写入操作票内。

对于330kV、500kV、750kV、1000kV等电气设备的直接验电，验电器过于笨重，操作不便，有的还没有成熟的产品，此时可采用间接验电方法进行验电。

【事故案例】

2001年，某变电站运行值班人员根据地调命令"将10kV 1号电容器961断路器由热备用转冷备用。"操作人员在操作"拉开1号电容器961隔离开关"后，检查隔离开关操作手把和隔离开关分合闸指示均在分闸位置，但未检查隔离开关实际位置（由于9611隔离开关传动轴变形，分合闸不到位），即向地调汇报操作完成。随后，在合1号电容器96110接地开关时，发现有卡涩现象，但未核实9611隔离开关事迹位置即开展后续操作，导致三相接地短路，2号主变差动保护动作，10kVⅡ段母线失压。

7.3.9 对高压直流线路和330kV及以上的交流线路，可使用合格的绝缘棒或专用的绝缘绳验电。验电时，绝缘棒的验电部分应逐渐接近导线，根据有无放电声和火花的方式，判断线路是否有电。

【技术原理说明】

使用带金属部分的绝缘杆或绝缘绳代替验电器验电时，绝缘杆和绝缘绳的最小有效绝缘长度应符合表3绝缘工具最小有效长度的要求，绝缘杆和绝缘绳应按带电作业工器具进行保管。

验电时，绝缘棒或绝缘绳的金属部分慢慢接近带电导体，当接近到一定距离，听到"吱吱"声音，即说明导体带电。如果一直到操作杆碰到导体，既没声音也没有火花，说明导体不带电（仅对高压）。

7.3.10 对同杆塔架设的多层、同一横担多回线路验电时，应先验低压、后验高压，先验下层、后验上层，先验近侧、后验远侧。禁止作业人员越过未经验电、接地的线路对上层、远侧线路验电。

7.3.11 线路中检修联络用的断路器、隔离开关或其组合时，应在其两侧分别验电。

【技术原理说明】（7.3.10、7.3.11合并说明）

先低后高、先下后上、先近后远的验电顺序，是按照同杆塔架设的多层导线分布形式以及作业时确保人体与未验明无电导线的安全距离来确定的，以防止验电中发生人身触电。

10kV及以下线路的相间距离较小，作业人员穿越未采取措施（如经验电、接地的10kV线路或采取绝缘隔离措施的低压线路）时存在人身触电的危险。因此，10kV及以下电压等级的带电线路禁止穿越。

逐相验电可防止由于断路器（开关）不能将三相可靠拉开，导致线路带电或由于线路平行、邻近、交叉跨越等时，可能出现导线碰触造成线路一相或三相带电。

联络用断路器（开关）和隔离开关（刀闸）或其组合断开后，其两侧即变成电气上互不相连的两个电气连接部分，因此验电应在其两侧分别进行。

【事故案例】

2016年6月20日，某供电局某供电所配电运维人员在10kV某线5号杆T接某水泥厂支线开关开展装设接地线工作。检修人员为了缩短操作时间，独自一人穿戴好安全带，并将吊绳（低压绝缘导线）系在安全带上，在未戴安全帽的情况下，使用登高板登上10kV某线5号杆分支线侧电杆上，当站在距离地面4.66m的上面一块登高板上发现距离挂接地线点距离不够时，继续向上攀登到分支线开关斜撑支架抱箍的位置，在未挂好安全带安全绳的情况下，伸右手模拟挂接地线时，右手与带电的柱上分支线开关主线侧C相裸露的线夹安全距离不足，发生触电，并坠落至地面，抢救无效死亡。

7.3.12 低压配电网设备停电后，检修或装表接电前，应在与停电检修部位或表计电气上直接相连的可验电部位验电。

7.4　接地

7.4.1　一般要求

7.4.1.1 验明设备确无电压后，应立即将检修设备接地并三相短路。电缆及电容器接地前应逐相充分放电。

【技术原理说明】

在验明设备确无电压后应立即装设三相短路式接地线或合上接地开关（装置）。接地用于防止检修设备突然来电，消除邻近高压带电设备的感应电，还可以放尽断电设备的剩余电荷。当发生检修设备突然来电时，短路电流使送电侧继电保护动作，断路器快速跳闸切断电源、三相短路使残压降到最低程度，以确保检修设备上作业人员的人身安全。在需接地处验电，确认无电后应立即接地，如果间隔时间过长，就可能发生意外的情况（如停电设备突然来电）而造成事故。此外，验电后装设接地线或合接地开关（装置）前操作人员不得去其他地点或做其他事情。否则，应重新验电。

停电后，电缆及电容器仍有较多电荷，应逐相充分放电后再短路接地。停电的星形接线电容器即使已充分放电及短路接地，由于其三相电容不可能完全相同，中性点仍存在一定电位。所以，星形接线电容器的中性点应另外接地。与整组电容器脱离的电容器（熔断器熔断）和串联电容器无法通过放电装置一次性放尽剩余电荷，因此应逐个多次放电。装在绝缘支架上的电容器外壳会感应到一定的电位，绝缘支架无放电通道，也应单独放电。

【事故案例】

2012年，某供电分公司某中心站操作人员在进行35kV某变电站2号主变压器检修停电操作中，在进行2号主变压器两侧挂接地线操作的过程中，操作人员在验明某3511进线电缆头上无电后，未用放电棒对电缆头进行放电，即进入电缆间隔爬上梯子准备在电缆头上挂接地线。监护人员未及时制止纠正其未经放电就爬上梯子人体靠近电缆头这一违章行为。此时该操作人员右手掌触碰到某3511线路电缆头导体处，左大腿后侧碰到铁网门上，发生电缆剩余电荷触电，随即从梯上滑下。监护人员对该操作人员进行心肺复苏抢救，后送医院抢救无效死亡。

7.4.1.2 装拆接地线应有人监护。

【技术原理说明】

装设接地线是在高压设备上进行的工作，但此时保证安全的技术措施尚未全部完成，因此装设接地线应由两人进行，一人操作，一人监护，以确保装设地点、操作方法的正确性，防止因错挂、漏挂而发生误操作事故。

【事故案例】

2009年，某供电局线路检修班组进行35kV某变电站10kV 912线路0号杆引流线更换工作，工作负责人让甲、乙两人去10kV 912线路做安全措施。两人到现场后发现没有带验电器，而且接地线没有接地棒，乙便在甲的安排下离开现场到老百姓家借钢筋做接地棒，乙走后，甲便在无人监护的情况下，擅自登杆，在未验电的情况下开始装设接地线，在1挂上第一根接地线时发生了触电事故。

7.4.1.3 人体不应碰触未接地的导线。

 【事故案例】

见7.4.1.5~7.4.1.8条。

7.4.1.4 工作地段有邻近、平行、交叉跨越及同杆塔线路，需要接触或接近停电线路的导线工作时，应装设接地线或使用个人保安线。

 【技术原理说明】

使用个人保安线是防止作业人员感应电触电的措施。为防止感应电对作业人员造成触电伤害，工作中需要接触或接近导线应先装设个人保安线。110kV（66kV）及以上电压等级线路由于线间距离相对较大，作业中难以同时接触相邻相，个人保安线可使用单相式。35kV及以下线路由于相间距离比较小，作业过程中容易接近或碰触两相或者三相导线，个人保安线一般使用三相式。

7.4.1.5 装设接地线、个人保安线时，应先装接地端，后装导体（线）端，拆除接地线的顺序与此相反。

7.4.1.6 接地线或个人保安线应接触良好、连接可靠。

7.4.1.7 装拆接地线导体端应使用绝缘棒或专用的绝缘绳，人体不应碰触接地线。带接地线拆设备接头时，应采取防止接地线脱落的措施。

7.4.1.8 在厂站、高压配电线路和低压配电网装拆接地线时，应戴绝缘手套。

 【技术原理说明】（7.4.1.5~7.4.1.8合并说明）

装设接地线时应先接接地端，后接导体端；拆除接地线时应先拆导体端，后拆接地端，整个过程中，应确保接地线始终处于安全的"地电位"。

接地线接触不良，接触电阻增大，当线路突然来电时，将会使接地线残压升高，发热烧断，从而使作业人员失去保护。装、拆接地线应使用绝缘棒，以保证装拆人员的人身安全。装、拆过程中，由于可能发生突然来电或在有电设备上误挂接地线、停电设备有剩余电荷、邻近高压带电设备对停电设备产生感应等情况，因此人体不得触碰接地线或未接地的导线。为加强人身安全防护，装、拆接地线应戴绝缘手套。任何时候都要防止接地线脱落，若接地线脱落，该设备处于不接地状态，可能使作业人员触电，尤其带接地线拆设备接头时，应采取防止接地线脱落的措施。

 【事故案例】

1999年，某工区检修一班承担处理与330kV某线10号同杆架设的未运行空线路，在装设接地线时，罗某被指派上10号塔上相横担挂接地线。李某开始装设第一根接地线，按照规定的程序在挂好第一根接地线后，发现接地线的接地端未连接好，擅自用手将已挂好接地线接地端拆下，此时该线路的感应电压由接地线导体端的线夹通过某双手、腿部对横担放电，导致双手被烧伤，腿部被烧伤。

7.4.1.9 不应采用缠绕的方法进行接地或短路。接地线应使用专用的线夹固定在导体上。

 【数据说明】

接地线采取多股软铜线，因为铜线导电性好，软铜线由多股细铜线绞织而成，既柔软又不易折断，使接地线操作、携带较为方便。禁止使用其他导线作接地线或短路线。软铜线外包塑料护套，具备对机械、化学损伤的防护能力；采用透明护套，以便观测软铜线的受腐蚀情况或软铜线表面的损坏迹象。

接地线是保护作业人员人身安全的一道防线，发生突然来电时，接地线将流过短路电流，因此除应满足装设地点短路电流的要求外，还应满足机械强度的要求，$25mm^2$ 截面的接地线只是规定的最小截面。当接地线悬挂处的短路电流超过它的熔化电流时，突然来电的短路电流将熔断接地线，使检修设备失去接地保护。

携带型短路接地线的截面可采用奥迪道克公式验算，接地线为铜绞线，熔化温度取 1083℃。

（1）若环境温度为 40℃，则接地线熔化电流为

$$I_m = 283.6 S / \sqrt{t}$$

式中 I_m——熔化电流，A；

　　　　S——携带型短路接地线的截面，mm^2；

　　　　t——接地线承受额定短路电流的时间，s。

携带型短路接地线的截面为

$$S = I_m \sqrt{t} / 283.6$$

因 $I_m > (1.08 \sim 1.15)I$，可以得到

$$S \geq I \sqrt{t} / (262.6 \sim 246.6)$$

式中 I——接地线承受的额定短路电流，A。

（2）若环境温度为 0℃，则接地线熔化电流为

$$I_m = 297.6 S / \sqrt{t}$$

携带型短路接地线的截面为

$$S = I_m \sqrt{t} / 297.6 \geq I \sqrt{t} / (275.5 \sim 258.8)$$

从上述计算结果可看成，携带型短路接地线的截面与温度变化关系不大，主要取决于接地线承受的短路电流和时间。

接地线承受额定短路电流的时间 t 可取主保护动作时间加断路器（开关）固有动作时间。应根据装设地点的短路容量计算 I，再对 S 进行验算，验算时可不考虑合环运行方式下的最大短路容量。

一组接地线中，短路线和接地线的截面积不得小于 $25mm^2$。对于直接接地系统，接

地线应该与相连的短接线具有相同的截面；对于非直接接地系统，接地线的截面积可小于短路线的截面。

接地线的两端线夹应保证接地线与导体和接地装置接触良好、拆装方便，有足够的机械强度，在大短路电流通过时不致松动。

用缠绕的方法进行接地或短路时，一是接触不良，在流过短路电流时会造成过早的烧毁；二是接触电阻大，在流过短路电流时会产生较大的残压；三是缠绕不牢固，易脱落。

【事故案例】

1993年8月8日，某供电分局某在10kV配电变压器上进行停电检修作业时，采用缠绕的方法对所挂的接地线进行三相短路接地，由于该线路有较长线段与带电线路同杆架设，导致杆上作业人员因感应电触电轻伤。

7.4.1.10　作业现场装设的工作接地线应列入工作票，工作负责人应确认所有工作接地线均已装设完成后，方可开工。若线路工作中使用分组派工单分组工作时，每个分组各自工作接地线均已装设完成，经工作负责人核实同意后，该分组可开始工作。

【技术原理说明】

接地可防止检修、设备突然来电；消除邻近高压带电线路、设备的感应电；还可以放尽断电线路、设备的剩余电荷。三相短路的作用是：当发生检修线路、设备突然来电时，短路电流使送电侧继电保护动作，断路器（开关）快速跳闸切断电源；同时，使残压降到最低程度，以确保检修线路、设备上作业人员的人身安全。此外，在需接地处验电，确认接地设备和接地部位无电后应立即接地，如果间隔时间过长，就可能发生意外的情况（如停电设备突然来电）而造成事故。

各工作班工作地段和工作地段内有可能返送电的分支线装设接地线，目的是保证作业人员始终在接地线保护范围内工作。

三相短路不接地时，虽然继电保护装置能够正确动作，但不能保证工作线路在地电位。三相接地不短路时由于接地点的电位差可能导致人员触电。

配合停电的线路处于检修状态下，为防止其误送电或感应电伤害，可以只在工作地点附近装设一处工作接地线。

为了保证接地前正确验电和装设位置正确，装设接地线时应设监护人加以监督。

由于各班组的工作进度不同，且线路作业工作地段相对较长，为防止本班组人员失去接地线保护或感应电伤害，各工作组在工作地段两端应分别装设接地线。工作负责人在接到所有工作小组汇报后才能确认工作地段在接地线保护中，此时宣布开工，可防止作业人员意外触电事故。

7.4.1.11　工作人员不应擅自变更工作票中指定的接地线位置。如需变更，厂站工作时应由工作负责人征得工作许可人同意，线路工作时应由工作负责人征得工作票签发人同意，并在工作票上注明变更情况。

【技术原理说明】

擅自变更接地线位置，将造成接地线位置与工作票要求不一致，工作终结时工作负责人按工作票进行现场接地线核对时，易出现漏拆接地线的情况，从而导致带接地线误送电事故的发生。工作过程中擅自变更接地线位置，将导致检修人员失去接地线保护。

工作签发人对现场的安全措施负责，变更接地线时通知工作票签发人是增加一层对现场安全措施的把关环节。

7.4.1.12　成套接地线应由有透明护套的多股软铜线和专用线夹组成。接地线截面不应小于 $25mm^2$，并应满足装设地点短路电流的要求。

【技术原理说明】

见 7.4.1.9 条。

7.4.1.13　每组接地线均应编号，并存放在固定地点。存放位置亦应编号，接地线号码与存放位置号码应一致。

【技术原理说明】

实行接地线的定置管理，可有效防止发生带接地线合闸的恶性误操作事故，还可提高安全工器具的管理水平。每组接地线应编号，存放在固定的地点，存放位置亦应编号，两者应一致，便于检查和核实，以掌握接地线的使用和拆装情况。同一存放处的接地线编号不得重复。

接地线管理混乱，现场与记录不一致，极易造成带电误挂接地线事件的发生。

7.4.1.14　已装设的接地线发生摆动，其与带电部分的距离不符合安全距离要求时，应采取相应措施。

【技术原理说明】

装、拆接地线过程中或装设接地线后，接地线尾线由于摆动接近其他带电部分，可造成人身伤亡和设备跳闸。因此，应注意控制接地线的尾线或采取其他措施，防止接地线摆动接近带电部分至表 1 规定的距离以内。

7.4.1.15　作业人员应在接地线的保护范围内作业。禁止在无接地线或接地线装设不齐全的情况下进行停电检修作业。

7.4.1.16　厂站设备、高压配电线路、低压配电网接地时，接地线应采用三相短路式接地线，若使用分相式接地线时，应设置三相合一的接地端。在高压输电线路杆塔或横担接地良好的条件下装设接地线或个人保安线时，接地线或个人保安线可单独或合并后接到杆塔上。

【技术原理说明】（7.4.1.15、7.4.1.16合并说明）

在验明设备确无电压后应立即装设三相短路式接地线或合上接地开关（装置）。接地用于防止检修设备突然来电，消除邻近高压带电设备的感应电，还可以放尽断电设备的剩余电荷。当发生检修设备突然来电时，短路电流使送电侧继电保护动作，断路器快速跳闸切断电源、三相短路使残压降到最低程度，以确保检修设备上作业人员的人身安全。在需接地处验电，确认无电后应立即接地，如果间隔时间过长，就可能发生意外的情况（如停电设备突然来电）而造成事故。此外，验电后装设接地线或合接地开关（装置）前操作人员不得去其他地点或做其他事情。否则，应重新验电。

7.4.2 厂站设备接地

7.4.2.1 装、拆接地线时，应做好记录，交接班时应交代清楚。

【技术原理说明】

装、拆接地线，都应做好记录，应填入操作票的相关栏目。装设的接地线应在工作票中标明接地线的编号。在模拟图中装设接地线的位置标明已装设接地线的符号与编号，拆除接地线后，在模拟图中取下已拆除接地线的符号。

接地线管理混乱，现场与记录不一致，极易造成带电误挂接地线事件的发生。

7.4.2.2 星形接线电容器的中性点应接地。串联电容器及与整组电容器脱离的电容器应逐个多次放电，装在绝缘支架上的电容器外壳也应放电。

【技术原理说明】

停电的星形接线电容器即使已充分放电及短路接地，由于其三相电容不可能完全相同，中性点仍存在一定电位，所以星形接线电容器的中性点应另外接地。与整组电容器脱离的电容器（熔断器熔断）和串联电容器无法通过放电装置一次性放尽剩余电荷，因此应逐个多次放电。装在绝缘支架上的电容器外壳会感应到一定的电位，绝缘支架无放电通道，也应单独放电。

若不对停电的星型接线电容器逐个多次放电，工作人员可能会因设备残留的电压而触电。

7.4.2.3 对于可能送电至停电设备的各侧，都应装设接地线或合上接地刀闸。

【技术原理说明】

装设接地线或合接地开关（装置），最重要的是用于防止检修设备突然来电，因此对所有可能送电至停电设备的各方面都应装设接地线或合接地开关（装置），保证作业人员始终在接地的保护范围内工作。

对有可能产生感应电压的设备也应视为电源设备，应视情况适当增加接地线。若断开有感应电压的连接部件，在断开前应断开点两侧各装设一组接地线。

7.4.2.4 检修母线时，应根据母线的长短和有无感应电压等实际情况确定接地线数量。检修10m及以下的母线，可以只装设一组接地线。

7.4.2.5 在门型构架的线路侧停电检修，工作地点在厂站接地点外侧，应在线路侧装设接地线。

 【数据说明】（7.4.2.4、7.4.2.5合并说明）

作业人员应在接地的保护范围内工作，门型架构的线路侧或母线停电检修，如工作地点与所装设接地线或线路接地开关之间的距离小于10m（10m为电气距离，不是平面距离，这个数字是从人体通过最大致命电流的经验值得来的），如在线路避雷器上工作，工作地点虽在接地线或线路接地开关外侧，但与接地线或线路接地开关的电气距离小于10m可不装设接地线。发生突然来电时，在接地线或线路接地开关外侧，10m处的残压仍是人体可承受的，前提是接地线装设应可靠。

7.4.2.6 工作人员不应擅自移动或拆除接地线。高压回路上，需要拆除全部或一部分接地线后方能开始进行的工作，应征得运行人员或值班调度员的许可。工作完毕后立即恢复。

 【技术原理说明】

擅自变更接地线位置，将造成接地线位置与工作票要求不一致，工作终结时工作负责人按工作票进行现场接地线核对时，易出现漏拆接地线的情况，从而导致带接地线误送电事故的发生。工作过程中擅自变更接地线位置，将导致检修人员失去接地线保护。

工作签发人对现场的安全措施负责，变更接地线时通知工作票签发人是增加一层对现场安全措施的把关环节。

7.4.2.7 接地线、接地刀闸与检修设备之间不应连有断路器或熔断器。

 【技术原理说明】

检修设备应在接地线、接地开关的保护范围内，如检修设备与接地线、接地开关之间连有断路器（开关）或熔断器，发生误动、误碰等情况将使断路器或熔断器断开，检修设备失去接地线、接地开关的保护。因此，接地线、接地开关与检修设备之间不得连有断路器（开关）或熔断器。

7.4.2.8 检修部分若分为几个在电气上不相连接的部分（如分段母线以隔离开关或断路器隔开分成几段），则各段应分别验电接地短路。厂站全部停电时，应将各个可能来电侧的部分接地短路，其余部分不必每段都装设接地线或合上接地刀闸。

 【技术原理说明】

见7.4.2.3条。

7.4.2.9 在室内配电装置上，接地线应装在该装置导电部分的规定地点，应刮去这些地点的油漆，并划有黑色标记。

【技术原理说明】

接地线接地端固定在与接地网可靠连接的专用接地桩上或用专用的夹具固定在接地电阻合格的接地体上，并保证其接触良好。不得把接地端线夹接在表面油漆过的金属架构或金属板上，虽然金属构架或金属板与接地网相连，但油漆表面使接地回路不同或接触电阻过大，失去保护作用。

7.4.2.10 厂站线路侧设备上的停电作业，对侧线路（及有关支线）应接地。

【技术原理说明】

见 7.4.2.3 条。

7.4.3 电力线路接地

7.4.3.1 杆塔接地电阻和接地通道应良好，杆塔与接地线连接部分应清除油漆。

7.4.3.2 绝缘导线的接地线应装设在验电接地环上或裸露的导电部分。

【技术原理说明】（7.4.3.1、7.4.3.2 合并说明）

接地线接地端固定在与接地网可靠连接的专用接地桩上或用专用的夹具固定在接地电阻合格的接地体上，并保证其接触良好。不得把接地端线夹接在表面油漆过的金属架构或金属板上，虽然金属构架或金属板与接地网相连，但油漆表面使接地回路不同或接触电阻过大，失去保护作用。

7.4.3.3 无接地引下线的杆塔，可采用临时接地体。临时接地体的截面积不应小于 190mm² （如 ϕ16mm 圆钢）、埋深不应小于 0.6m。对于土壤电阻率较高地区，应采取增加接地体根数、长度、截面积或埋地深度等措施改善接地电阻。

【技术原理说明】

无法通过杆塔接地引下线和接地极连接时可采用临时接地体接地，临时接地体埋设的截面积和深度与其接地电阻值直接相关，减少接地体电阻可减少在导线上存在残压的电压值。

当土壤电阻率过高时，可采取增加临时接地体与土壤接触面积等措施来提高电流泄放速度。

城市道路旁边的杆塔，为保证需要使用临时接地体时能够有效接地，应在线路建设时设立相应的临时接地体，以便于停电检修时装设接地线。

7.4.3.4 线路停电作业装设接地线应遵守以下规定：

a）工作地段各端以及可能送电到检修线路工作地段的分支线都应装设接地线。

b）直流接地极线路上的作业点两端应装设接地线。

c）配合停电的线路，可只在工作地点附近装设一处接地线。

【技术原理说明】

各工作班工作地段和工作地段内有可能返送电的分支线装设接地线，目的是保证作业人员始终在接地线保护范围内工作。

直流接地极线路检修时，与换流站侧与接地极侧的隔离开关拉开，线路电气上形成独立的区段，该区段可能通过其他直流系统返送电或相邻线路感应电，因此直流接地极线路上的作业点两端应装设接地线。

配合停电的线路处于检修状态下，为防止其误送电或感应电伤害，可以只在工作地点附近装设一处工作接地线。

7.4.3.5 工作中，需要断开耐张杆塔引线（连接线）或拉开断路器、隔离开关时，应先在其两侧装设接地线。

【技术原理说明】

断开耐张杆塔引线或工作中拉开断路器（开关）后，线路电气上分成不相关联的两个区段，如果该区段内有分支线等就可能返送电或感应电存在，因此，断开前应在断开点两侧装设接地线。

7.4.3.6 在同杆塔架设的多回线路上装设接地线时，应先装低压、后装高压，先装下层、后装上层，先装近侧、后装远侧。不应越过未经接地的线路对上层、远侧线路验电接地。拆除时次序相反。

7.4.3.7 在同杆塔多回路部分线路停电作业装设接地线时，应采取防止接地线摆动的措施，并满足表1对作业安全距离的规定。

【技术原理说明】（7.4.3.6、7.4.3.7合并说明）

先低后高、先下后上、先近后远的接地顺序，是按照同杆塔架设的多层导线分布形式以及作业时确保人体与未验明无电导线的安全距离来确定的，以防止接地中发生人身触电。

10kV及以下线路的相间距离较小，作业人员穿越未采取措施（如经验电、接地的10kV线路或采取绝缘隔离措施的低压线路）时存在人身触电的危险。因此，10kV及以下电压等级的带电线路禁止穿越。

在同杆塔架设多回线路的杆塔上装、拆接地线过程中，接地线尾线由于摆动接近其他带电部分，可造成人身伤亡和设备跳闸。因此，应注意控制接地线的尾线或采取其他措施，防止接地线摆动接近带电部分至表1规定的距离以内。

7.4.3.8 当验明检修的低压配电网确已无电压后，至少应采取以下措施之一防止反送电：

　　a) 所有相线和零线接地并短路。

　　b) 绝缘遮蔽。

　　c) 在断开点加锁、悬挂"禁止合闸，有人工作!"或"禁止合闸，线路有人工作!"

的标示牌。现场确实无法加锁的，应在断开点派专人现场看守。

7.4.3.9 线路工作装拆接地线时应填写"线路工作接地线使用登记管理表"（见附录 E），并作为工作票的附件保存。

【技术原理说明】

装、拆接地线，都应做好记录，线路工作装拆接地线时应填写"线路工作接地线使用登记管理表"。装设的接地线应在工作票中标明接地线的编号。拆除接地线后，也要在《线路工作接地线使用登记管理表》填写相应的拆除记录。

7.4.4 个人保安线

7.4.4.1 个人保安线应在杆塔上接触或接近导线的作业开始前装设，作业结束且人体脱离导线后拆除。

7.4.4.2 个人保安线应使用有透明护套的多股软铜线，截面积不应小于 $16mm^2$，且应带有绝缘手柄或绝缘部件。

【技术原理说明】

个人保安线主要用于泄放感应电流而不是短路电流，因此个人保安线截面积可以相对较小，为满足热稳定和机械性能要求，个人保安线的截面积不小于 $16mm^2$，使用带有绝缘柄和绝缘部件的保安线，是为了满足安全距离，防止感应电伤人。个人保安线截面选择时未考虑承受短路电流能力，因此不能代替接地线使用。

7.4.4.3 在工作地段有感应电伤害风险时，应在作业地点装设个人保安线。

7.4.4.4 在 110kV 及以上线路上工作使用个人保安线时，可在工作相（极）装设单根个人保安线。

【技术原理说明】（7.4.4.3、7.4.4.4合并说明）

个人保安线应在人体接触、接近导线前装设，脱离导线后拆除，以防止作业人员受到感应电伤害。先接接地端后接导体端，确保它及时发挥保护作用。接触良好、连接可靠，目的是减少接触电阻和防止脱落，由操作者自装自拆是明确责任，防止漏装、漏拆。

使用个人保安线是防止作业人员感应电触电的措施。为防止感应电对作业人员造成触电伤害，工作中需要接触或接近导线应先装设个人保安线。110kV（66kV）及以上电压等级线路由于线间距离相对较大，作业中难以同时接触相邻相，个人保安线可使用单相式。35kV 及以下线路由于相间距离比较小，作业过程中容易接近或碰触两相或者三相导线，个人保安线一般使用三相式。

【事故案例】

1989 年 7 月 5 日，某供电局送电处检修一班，在邻近电气化铁路的 110kV 某回线路停电检修中，37 号杆上工作人员某，未先装设个人保安线，即用双手抓住横担下导线，脚踩导线时发生感应电触电，因未系安全带，从13m高处坠落，造成某某左胯脱臼，右小腿骨折。

7.4.4.5 禁止用个人保安线代替接地线。

【技术原理说明】

见7.4.4.2条。

7.5 悬挂标示牌和装设遮栏（围栏）

7.5.1 在一经合闸即可送电到工作地点的以下情况，应悬挂相应的标示牌：

a）厂站工作时的隔离开关或断路器操作把手、电压互感器低压侧空气开关（熔断器）操作处，应悬挂"禁止合闸，有人工作！"的标示牌。

b）线路工作时，厂站侧或线路上的隔离开关或断路器的操作把手、电压互感器低压侧空气开关（熔断器）操作处、配电机构箱的操作把手及跌落式熔断器的操作处，应悬挂"禁止合闸，线路有人工作！"标示牌。

c）通过计算机监控系统进行操作的隔离开关或断路器，在其监控显示屏上的相应操作处，应设置相应标示。

【条款说明】

在断路器和隔离开关的操作把手上悬挂"禁止合闸，有人工作！"的标示牌，是禁止任何人员在这些设备上操作，因这些设备一经合闸可能误送电到工作地点。当线路有人工作时，则应在线路断路器和隔离开关的操作把手上悬挂"禁止合闸，线路有人工作！"标示牌。禁止任何人在这些设备上操作，以向有人工作的线路误送电。

若在显示屏上进行操作，则在有关断路器和隔离开关的操作处均应相应设置"禁止合闸，有人工作！"或"禁止合闸，线路有人工作！"的标记，禁止在这些设备上操作。

【事故案例】

2009年，某厂变电站交接班时，站内工作任务为110kV某断路器检修。交接班后，检修工作负责人提出申请结束检修工作，而值班长临时提出要试合一下断路器上方的母线侧隔离开关，检查该开关贴合情况。于是，值班长在没有拆除开关与母线侧隔离开关之间接地线的情况下，擅自摘下了隔离开关操作把手上的"禁止合闸，有人工作！"标示牌和挂锁进行合闸操作，发生带接地线合闸的恶性误操作事故。

7.5.2 部分停电的工作，距离小于表1规定的非作业安全距离的未停电设备，应装设临时遮栏。临时遮栏与带电部分的距离，不应小于表1对作业安全距离的规定（10kV及以下为0.35m，20kV及35kV为0.6m）。临时遮栏应装设牢固，并悬挂"止步，高压危险！"标示牌。35kV及以下设备的临时遮栏可用与带电部分直接接触的绝缘隔板代替临时遮栏。

【技术原理说明】

部分停电的工作，为防止作业人员接近周围的带电部分，对距离小于表1规定安全距离的未停电设备，应在工作地点和带电部分之间装设临时遮栏（围栏）。遮栏上悬挂"止步，高压危险！"标示牌。临时遮栏与带电部分之间距离不得小于表1规定的数值。临时遮栏的形式有固定式遮栏、伸缩式围栏和围网等。围栏用干燥木材、橡胶、玻璃钢或有绝缘性能的材料做成，围网用锦纶、维纶、涤纶等材料做成。临时遮栏装设应牢固。

对于35kV及以下的带电设备，有时因需要绝缘隔板将工作地点和带电部分之间隔开，绝缘挡板可与带电部分直接接触。该绝缘隔板的绝缘性能和机械强度应符合要求，并安装牢固，作业人员不得直接碰触绝缘隔板，装、拆绝缘隔板时应使用绝缘工具。绝缘隔板只允许在35kV及以下的电气设备上使用，绝缘隔板使用前应检查。绝缘隔板平时应放置在干燥、通风的支架上。

工作人员误碰运行设备，将可能导致人身触电事故的发生。

【事故案例】

2010年，按检修计划，变电修试公司在110kV某变电站进行326电容器间隔的检修工作。某电力维操队许可变电修试公司对326电容器间隔断路器、电缆、电容器、电抗器小修预试以及保护校验，并交代"10kV母线带电，326间隔后上网门10kV母线带电"。变电修试公司检修人员在326开关柜后进行电缆试验，电缆未解头带TA进行试验时，发现C相泄漏电流偏大，随即将电缆解头重新试验，泄漏电流正常。试验完毕后，检修人员某某听到326开关柜内有响声，便独自去326开关柜前检查，并擅自违章将柜内静触头挡板顶起，工作中不慎触电倒在326小车柜内，经抢救无效死亡。

7.5.3 在室内高压设备上工作时，应在工作地点两旁及对侧运行设备间隔的遮栏（围栏）上和禁止通行的过道遮栏（围栏）上悬挂"止步，高压危险！"标示牌。

【条款说明】

在室内高压设备上工作时，由于室内设备布置较为紧凑，为防止人员误入带电间隔或误碰运行设备，应在工作地点的两旁间隔和对面运行设备间隔和禁止通行的过道上设置遮栏（围栏），并在遮栏（围栏）悬挂"止步，高压危险！"标示牌，警告工作人员不得靠近运行设备或禁止通行。

工作人员误入带电间隔或误碰运行设备，将可能导致人身触电事故的发生。

【事故案例】

2002年，某变电站开展某线226断路器、电流互感器高压试验和清扫工作。工作负责人李某让工作班成员忘外监护，自己登上226断路器拆引线。工作班成员在未与工作负责人李某联系情况下，准备自行拆除226电流互感器引线。与其相邻的是215电流互感器且运行人员在设置带"止步,高压危险!"标示牌围栏设置错误,工作班成员误认为 215 间隔是停电的 226 断路器间隔,直接登上 215 电流互感器架构,造成 A 相对其右手放电。

7.5.4 高压开关柜内手车开关拉出后,隔离带电部位的挡板封闭后不应开启,并设置"止步,高压危险!"标示牌。

【条款说明】

高压开关柜内手车开关拉出后,隔离带电部位的挡板应可靠封闭,因挡板与挡板后静触头带电部分的距离仅满足屋内配电装置带电部分至接地部分的安全净距,远小于不停电的安全距离,因此,该挡板封闭后是禁止开启的。设置"止步,高压危险!"标示牌,提示工作人员禁止开启挡板。

若无自动封闭开关静触头的挡板,应临时采用绝缘隔板将静触头封隔,并设标示牌,将检修设备和带电设备断开,不得随意拆除,严防工作人员在柜内工作时触电。

7.5.5 在室外高压设备上工作时,应在工作地点四周装设遮栏,遮栏上悬挂适当数量朝向里面的"止步,高压危险!"标示牌,遮栏出入口要围至临近道路旁边,并设有"从此进出!"标示牌。

7.5.6 若厂站大部分设备全停,但还留有个别设备带电,应在带电设备处四周装设遮栏,遮栏上悬挂适当数量朝向外面的"止步,高压危险!"标示牌;作业点必要时可局部装设遮栏,并悬挂"在此工作"标志牌。

【条款说明】(7.5.5、7.5.6 合并说明)

变电站室外设备太多没有固定的围栏,检修设备附近又有运行的带电设备,为限制作业人员的活动范围,应在工作地点四周装设围栏,其出入口要围至邻近道路旁边,并设有"从此进出!"标示牌。工作地点四周围栏上悬挂适当数量的"止步,高压危险!"标示牌,标示牌应朝向围栏里面。围栏应采用独立支柱,不得用带电设备的构架(如隔离开关的构架,隔离开关已拉开,但一侧带电)作为围栏的支柱。

若室外配电装置只有少量的带电设备,可以在带电设备四周装设全封闭围栏,围栏上悬挂适当数量的"止步,高压危险!"标示牌,标示牌应朝向围栏外面。围栏用来限制人员的活动范围,防护作业人员接近带电设备的一种安全防护用具,因此,严禁越过围栏,围栏所围部分的上方也不得越过。

工作人员误入带电间隔,将可能导致人身触电事故的发生。

【事故案例】

2004 年,某热电厂电气变电班开展某断路器(35kV)小修工作。工作票许可后,工作负责人李某安排自己清洁套管,工作班成员周某检修断路器机构。工作班成员周某返回库房取纱布,当返回检修现场后发现工作负责人李某已到与某断路器相邻并正在运行的某断路器(35kV)南侧准备攀登。周某突然听到一声沉闷的声音,发现李某已经触电摔落至地面，经抢救无效身亡。

7.5.7 在工作地点或检修的电气设备应设置"在此工作！"标示牌。

【条款说明】

根据工作票所指明的工作设备与地点，在检修设备及工作地点均应悬挂"在此工作！"标示牌。一张工作票若有几个工作地点，均应设备"在此工作！"标示牌；在交直流屏、保护屏、自动化屏等屏柜处工作时，应在屏柜前分别设置"在此工作！"标示牌。通过在设置"在此工作！"标示牌，明确工作位置，防止工作人员在无关设备上开展检修工作。

【事故案例】

2003年，某公司施工的500kV某变电站技改项目，进行500kV某变电站2号主变压器220kV侧2042断路器保护屏更换保护的工作。2042断路器保护屏没有"在此工作！"标示牌，且2041断路器保护屏运行设备和端子排没有设置红布帘或警示标志，工作人员没有核对保护屏的名称，错误地紧固2041断路器保护屏的端子排，工作中螺丝刀不慎短接2041断路器保护屏的端子，造成2041断路器保护TJR动作，装置三相跳动作出口，造成2041断路器误跳闸的事件。

7.5.8 在室外构架上工作，应在工作地点邻近带电部分的横梁上，悬挂"止步，高压危险！"标示牌。此项标示牌在值班人员的监护下，由工作人员悬挂。在工作人员上下的铁架或梯子上，应悬挂"从此上下！"标示牌。在邻近其他可能误登的带电构架上，应悬挂"禁止攀登，高压危险！"标示牌。

【条款说明】

室外构架上工作，为防止人员误登带电部分的横梁，在工作地点另外带电部分的横梁及其他可能误登的带电构架上悬挂"止步，高压危险！"标示牌。

运行人员一般不具备专业登高工具和熟练的登高技能，因此该标示牌可在运行人员监护下，由检修人员悬挂。

为防止工作人员误登带电架构，运行人员应在允许工作人员上下的铁架或梯子上，悬挂"禁止攀登，高压危险！"标示牌。

7.5.9 工作人员不应擅自移动或拆除遮栏（围栏）、标示牌，不应越过遮栏（围栏）工作。因工作原因必须短时移动或拆除遮栏（围栏）、标示牌时，应征得工作许可人同意，并在工作负责人的监护下进行，完毕后应立即恢复。

【条款说明】

临时遮栏、接地线、遮栏（围栏）、标示牌等，都是为保证工作人员的人身安全和设备的安全运行所做的安全措施，使工作地点与带电间隔隔开，防止工作人员误碰带电设备，禁止工作人员擅自移动或拆除。工作人员如因工作需要要求短时变动遮栏（围栏）、标示牌时，应征得工作许可人的同意，并在工作负责人的监护下进行。在完成工作后，应立即恢复原来状态并报告工作许可人。工作人员误入带电间隔，将可能导致人身触电事故的发生。

【事故案例】

2006 年，某公司变电三队接受工作任务，在 10kV 某开关站原某线开关柜内新安装真空断路器一台。工作负责人王某向工作班成员交代工作范围、内容和安全措施后，分组进行工作。随后，工作负责人王某在做断路器至隔离开关的连线时，为了量尺寸，擅自移开围栏，解开 10kV Ⅱ线 695 开关柜的防误装置进入间隔（此间隔作为某开关站的备用电源，断路器和隔离开关均在断开位置，6953 隔离开关出线侧带电），导致人身触电事故。

7.5.10 低压开关（熔丝）拉开（取下）后，应在操作把手上悬挂"禁止合闸，有人工作！"或"禁止合闸，线路有人工作！"标示牌。

【事故案例】

见 7.5.1 条。

7.5.11 标示牌式样见附录 H。

8 设备巡视

8.1 一般要求

8.1.1 高压设备符合以下条件者，可实行单人值班：

a）室内高压设备的隔离室设有高度为 1.7m 以上的遮栏，安装牢固并在遮栏通道门加锁。

b）对室内高压断路器的操动机构，用墙或金属板与该断路器（开关）隔离，或装有远方操动机构。

【条款说明】

为防止单人值班人员在生产工作活动范围发生误碰高压带电部分或误入带电间隔造成触电事故，对涉及室内高压设备的隔离室，依据 DL/T 5352—2006《高压配电装置设计技术规程》中第 8.4.0 条规定，应装设安装牢固、高度在 1.7m 以上的遮栏，并且进出遮栏的各进出通道门均应用锁具锁上，从而限制单人值班的活动范围，防止单人值班发生误碰高压带电部分或误入带电间隔造成触电事故。

因室内高压断路器设备结构原因，其操动机构与断路器本体距离较近，如高压断路器操动机构与该断路器之间没有有效的物理隔离措施，一旦高压断路器发生爆炸，容易伤及人员。为了单人值班人员在进行巡视时的人身安全，单人值班的室内高压断路器操动机构应用墙或金属板与该断路器进行隔离。如果室内高压断路器操动机构与该断路器之间无有效隔离措施，该高压断路器必须有实施远方遥控操作的远方操动机构。

8.1.2 值班人员应熟悉电气设备。单独值班人员和值班负责人还应有实际工作经验。单人值班时，不应单独从事修理工作。

 【条款说明】

单人值班是一种在没有监护下的运行值班模式，单人值班人员在日常生产活动中要单独负责完成电气设备的监视、巡视检查以及独立应对突发异常事故的情况判断、分析、检查、汇报等方面工作。因此，单人值班人员除应具备相关岗位技能要求，而且应具备一定的实际工作经验。值班负责人是本值安全运行的第一责任人，应具备一定的实际工作经验，具备组织、协调等方面工作的能力。

8.1.3 经本单位批准允许单独巡视高压设备的人员，巡视高压设备时，不应进行其他工作，不应移开或越过遮栏。

 【条款说明】

在电气设备周围设置遮栏的目的是限制人员靠近或进入，是防止人员误碰高压带电部分或误入带电间隔造成触电事故的一项安全措施，无监护下单独移开或越过遮栏进行工作，容易发生触电。

8.1.4 不论高压设备带电与否，值班人员不应单独移开或越过遮栏进行工作；若有必要移开遮栏时，应有监护人在场。设备不停电时，人员在现场应符合表1对非作业安全距离的规定。

 【条款说明】

遮栏内的高压设备即使处在非运行状态或不带电，但可能由于特殊运行方式或发生异常情况等各种原因，遮栏内的高压设备会随时有突然带电的危险。若有特殊情况需要移开遮栏时，应有监护人在场，同时，工作人员的活动范围应与高压设备保持符合表1的安全距离。

8.1.5 工作人员禁止擅自开启直接封闭带电部分的高压设备柜门、箱盖、封板等。

 【条款说明】

以上措施为了防止人员因和高压带电部位安全距离不足放电或误触电。

 【事故案例】

2006年，某市供电有限公司为配合35kV某变技改工作，需将某一级水电站10kV某线电流互感器进行更换。某市供电公司生产技术部以"工程施工委托单"的形式委托某公司进行，并要求在 3 月 16 日前完成更换工作。2 月 27 日 8 时 40 分，某公司电气修试所主任寇某安排试验班班长陈某带领张某到某一级水电站进行施工前现场查勘工作。在未办理"外单位工作任务许可单"、未与运行单位主管部门联系的情况下，陈某、张某前往现场查勘。2 月 27 日 12 时 45 分，陈某、张某到达某一级电站，并在高压室门口向电站值班员孔某说明了身份和来意。因事先没有接到通知，孔某交代 2 人在门外等待，然后用手机打电话向有关人员核实。此时孔某站在高压室门外走廊打电话（背对着陈某、张某），张某在高压室门外面向生活区方向低头翻阅手机短信。就在此刻，陈某在孔某、张某未察觉的情况下，独自一人擅自进入 10kV 高压室。13 时 1 分，孔某、张某听到值班室内有响声，孔某立即进入值班室，看到 10kV 某线 063 断路器开关柜（GG - 1A 开关柜"前无闭锁，后面裸露，上不封顶"）柜门被打开，陈某倒在开关柜前的绝缘胶垫上。孔某立即上前检查，发现陈某右手指、右手手臂有电弧烧伤痕迹，且已失去知觉。

8.1.6　火灾、地震、台风、冰雪、洪水、泥石流、沙尘暴等灾害发生时，如需对设备进行巡视，应制定必要的安全措施，巡视人员应得到设备运维单位批准，至少两人一组，巡视人员还应与派出部门之间保持通信联络。

【条款说明】

　　灾害发生时，巡视的工作环境和安全状况会变得复杂危险。若需在灾害发生时对设备进行巡视时，巡视工作前应了解灾情发展情况，充分考虑各种可能会发生的情况巡视人员构成的危害，制订相应的安全措施，才可以开展巡视。

8.1.7　低压配电网巡视时，禁止触碰裸露带电部位。

【条款说明】

　　配电装置的人行过道或作业区是巡视或作业活动的区域，因此配电装置的裸露部分在跨越人行过道或作业区时，应充分考虑人员在巡视或作业时的安全距离。同时，低压配电网巡视时，禁止触碰裸露带电部位。

【事故案例】

　　2002 年，某局工作负责人张某安排其下属阳某负责新马路低压线路展放的配网基建施工工作。7 时 30 分，张某组织站班会，仅交代了工作任务后就安排开展新马路线路展放的工作。站班会后阳某带领班员阳某、张某等一行 5 人进行低压线路展放工作。10 时 20 分左右，完成新马路低压线路展放后，张某离开了工作现场，阳某为保护展放的低压线及便于接线，打算先将低压导线挂在计划拆除的副杆抱箍上，于是安排张某挂接展放的线路。在断开新马路变台高低压开关后，张某利用竹梯登上变台副杆，挂好安全带，接着开始拉线，在挂接导线过程中，张某突然向带电侧转身，由于右手摆动过大，误碰到变压器台架带电的高压 C 相引下线，造成触电。

8.2　室内巡视

8.2.1　巡视电气设备，进出高压室应随手关门。

【条款说明】

为防止人员未经许可擅自进入电气设备室，导致误动、误碰电气设备造成人身、设备损坏事故，同时也为了防止小动物窜入设备室，巡视电气设备，进出高压室应随手关门。

8.2.2　高压室的钥匙至少应有三把，由值班人员或运维人员负责保管，按值移交。一把专供紧急时使用，一把专供值班人员或运维人员使用，其他可以借给经批准的巡视高压电气设备人员和工作负责人使用，但应登记签名，巡视完毕或当日工作结束后交还。

【条款说明】

为避免高压电气设备室的钥匙在使用中遗失或非有关工作人员擅自使用进入电气设备室，可能导致误动、误碰电气设备造成人身、设备损坏等事故，高压室门锁的钥匙应由运行人员负责保管，借用时需按要求登记。

8.2.3　换流站阀厅未转接地前，人员不应进入作业（巡视通道除外）。

【技术原理说明】

阀厅内运行中的换流变套管、导线及换流阀在设计时主要考虑设备对地、设备之间的电气距离，阀厅运行时，若人员从地面进入阀厅，人和设备之间的距离不能满足安全距离要求，容易造成人员触电危险。另外，阀厅停运后未转检修前，阀厅内的设备储存的能量未被释放，存在感应电。因此，换流站阀厅未转接地前，人员不应进入作业。巡视通道是位于阀厅安全处，设计采用全封闭结构且充分考虑到巡视通道的安全距离。因此，换流站阀厅未转接地前，人员可以应进巡视通道。

8.3　室外巡视

8.3.1　恶劣气象条件下巡线和事故巡线时，应依据实际情况配备必要的防护用具、自救器具和药品。雷雨天气巡视厂站内室外高压设备时，应穿绝缘靴，不应使用伞具，不应靠近避雷器和避雷针。

【技术原理说明】

当雷电发生时避雷器或避雷针会流过大量的雷电流，雷电流在避雷器或避雷针及其引下线和接地网的不同点上产生跨步电压。为防止该跨步电压对运行人员造成伤害，雷雨天气巡视设备时应穿绝缘靴。另外，在雷击过电压泄放大电流时避雷器也可能发生爆炸，所以雷雨天气巡视有关设备时，巡视人员不得靠近避雷器和避雷针。

8.3.2　室外巡视工作应由有工作经验的人担任。未经批准的人员不得一人单独巡视。偏僻山区、夜间、事故、恶劣天气巡视应由两人进行。暑天、大雪天或必要时，应由两人进行。

【发展过程】

若需在夜间、事故、恶劣天气时对设备进行巡视时，巡视工作前应了解灾情发展情况，充分考虑各种可能会发生的情况或次生灾情对巡视人员构成不确定的危害，制订相应的安全措施。巡视应该至少两人一组。

8.3.3 单人巡视时，不应攀登杆塔或台架。

【发展过程】

攀登杆塔或台架应至少由两人进行，以便在作业时有人提醒纠正和监护，且遇到意外情况还可及时得到帮助和救护。

8.3.4 线路夜间巡线时，应沿线路外侧进行，应携带足够的照明用具。
8.3.5 大风时，巡线应沿线路上风侧进行。

【技术原理说明】（8.3.4、8.3.5 合并说明）

线路夜间巡线时，为防止光线不足情况下输电线路上有物体坠落导致巡线人员受伤害，巡线应沿线路外侧进行，而且为了防止其他伤害，巡线人员应携带足够的照明用具。为了避免大风吹来的沙尘等异物入巡线人员的眼睛和进入呼吸道，大风时，巡线应沿线路上风侧进行。

8.3.6 事故巡视应始终认为线路、设备带电，即使明知该线路、设备已停电，亦应认为线路、设备随时有恢复送电的可能。

【条款说明】

事故停电后，因可能试送、强送，线路、设备随时都有突然来电的可能，应始终认为线路、设备带电。

8.3.7 巡视人员发现导线断落地面或悬吊空中，应设法防止行人靠近断线地点 8m 以内，并迅速报告上级。

【条款说明】

本条款引用自 DL 409—1991《电业安全工作规程（电力线路部分）》第 2.1.3 条。当导线断落地面或悬吊空中时，电流就会从导线的落地点向大地流散，于是地面上以导线落地点为中心，形成了一个电势分布区域，离落地点越远，电流越分散，地面电势也越低。如果人站在距离电线落地点 8m 以内，就可能发生触电，这种触电叫作跨步电压触电。

8.3.8 高压直流系统运行中的直流场中性区域设备、接地极线路、接地极及站内临时接地极均应视为带电体。

【技术原理说明】

　　高压直流输电大地回线包括高压直流系统直流场中性区域设备、接地极线路、接地极及站内临时接地极。当双极运行时，由于换流变压器阻抗和触发角等偏差，两极电流不是绝对相等，流经中性区域和接地极设备的电流较小但不为零，此时电压也不为零。当单极大地回线运行时，入地电流就是极电流，数值非常大，最大可达到几千安。所以，高压直流系统直流场中性区域设备、接地极线路、接地极在运行时是带电的，可能造成人身伤害。站内临时接地极是备用接地极，当站外接地极发生故障时，站内临时接地极将作为接地极使用。所以，站内临时接地极也应视为带电体。

8.4　线路直升机巡视

8.4.1　在恶劣气候下进行直升机巡视作业时，应针对现场气候和工作条件，制订专门安全措施，经本单位及通航公司主管负责人批准后方可进行。

8.4.2　巡视作业时，直升机应与高压线保持足够安全距离，直升机驾驶员必须始终能看到作业线路，并清楚线路的走向，若看不清架空输电线路应立即上升高度，退出后重新进入。

8.4.3　巡视作业时如错过观察点，直升机应向线路外侧转弯，重新进入，严禁倒飞。当直升机悬停时，应顶风悬停，而不应正对塔、线悬停。

8.4.4　巡视作业时，若需要直升机转到线路另一侧，必须从塔上飞过，严禁从档中横穿。

8.4.5　严禁直升机在厂站上方低空穿越。

8.4.6　直升机在相邻两回线路区域作业时，应按照DL/T 288—2012的要求执行。

8.4.7　严禁在水库、江河等水域上方悬停作业，必须经过水域时直升机飞行高度应不低于50m且快速通过。

8.4.8　开展直升机巡视作业的输电线路宜装有标志，标志应依据DL/T 289—2012的规定制作、安装。

【事故案例】（8.4.1～8.4.8合并案例）

　　国内有研究机构对1970—2015年间国内民用航空发生的61起直升机飞行事故的事故原因进行简单分类，分为航空器故障、操纵错误、违反规定、可控撞击和机组资源管理五大类。其中航空器故障16起，占26.23%；操纵错误29起，占47.54%；违反规定18起，占29.51%；可控撞击22起，占36.07%；机组资源管理23起，占37.70%。在所有的61起事故中，存在违反规定的有18起，占到了近30%，可见违反规定是国内直升机飞行事故的"幕后推手"，其"推波助澜"的作用不可小觑。在"五花八门"的违规飞行中：违反目视飞行规定，在不具备目视飞行条件下飞行的有5起，由此造成的撞山、坠地等，危害极大，基本皆为机毁人亡；低于规定"安全"高度飞行的有5起，造成坠水、挂线等，后果也颇为严重，再一次印证了直升机飞行必须保证高度；超出空域范围刮碰障碍物的有2起。

9 设备操作

9.1 操作方式

9.1.1 设备操作包括调度员命令或现场值班负责人指令下达，监护人对操作人发布操作指令完成电气操作的两个环节。

【条款说明】

命令仅用于调度端下达操作任务的使用形式，在不存在危及人身安全的前提下应无条件执行。

指令是用于现场端落实调度命令操作和现场端自行管辖设备操作的使用形式，体现在现场端值班负责人对监护人，或监护人对操作人下达操作任务。

两个环节，是指一般情况下，一个完整的操作任务始于调度端，去到现场端完成后，再回到调度端，这两个环节共同构成了一个闭环的完整任务。

9.1.2 调度员操作命令或现场值班负责人操作指令，应采用录音电话或专业信息系统两种方式。

【条款说明】

凡是调度命令的均应录音。

非调度值班负责人电话下达的指令应录音，现场当面下达的可不录音。

9.1.3 电气操作有就地操作、遥控操作和程序操作三种方式。遥控操作和程序操作的设备应满足有关技术条件。

【发展过程】

DL 408—1991《电业安全工作规程（发电厂和变电所电气部分）》未对电气操作的方式进行说明。GB 26860—2011《电力安全工作规程 发电厂和变电站电气部分》发布后，第7.3.2.1条对电气操作的方式进行明确：电气操作有就地操作、遥控操作和程序操作三种方式。南方电网公司编制南网《安规》时，承接国标安规的要求，并结合公司实际扩充此条款内容。

【条款说明】

就地操作是指在设备现场以电动或手动的方式进行的设备操作。

遥控操作是非就地以电动、RTU当地功能和计算机监控系统等方式进行的设备操作。

程序操作是指在计算机监控系统基础上以批处理方式进行的设备操作。所谓批处理可以是连贯的操作任务也可以是几个分别独立的操作任务。实施程序化操作，只需要根据操作要求选择一条程序化操作命令，操作的选择、执行和操作过程的校验由操作系统自动完成。

遥控操作、程序操作应满足倒闸操作基本要求，满足电网运行方式的需求，同时遥控操作、程序操作的设备应满足有关技术条件。遥控的断路器、隔离刀闸、接地刀闸（装置）应具有及时、准确反映设备三相实际位置的电气联锁或有遥控闭锁的微机防误装置。

9.2　操作分类

9.2.1　设备操作可分为监护操作和单人操作两类。

9.2.2　监护操作是指有人监护的操作。

a）监护人应由对系统、方式和设备较熟悉者担任。特别重要或复杂的操作，应由较熟练人员操作，值班负责人监护。

b）配电设备的监护操作可由该设备运行单位的运行人员或取得该单位相应资格的检修人员监护。

9.2.3　单人操作是指一人单独完成的操作。应满足以下要求：

a）实行单人操作的设备、项目和运行人员（调控人员）应经地市级及以上单位考核批准，并报调度部门备案。

b）单人操作的发令人和操作人的通话应录音。操作人受令时应复诵无误。

 【发展过程】（9.2.1～9.2.3合并说明）

DL 408—1991《电业安全工作规程（发电厂和变电所电气部分）》未对电气操作的方式进行说明。GB 26860—2011《电力安全工作规程　发电厂和变电站电气部分》发布后，第7.3.3条对电气操作的分类进行明确：监护操作是指有人监护的操作，单人操作是指一人进行的操作，程序操作是指应用可编程计算机进行的自动化操作。南方电网公司编制南网《安规》时，承接国标《安规》的要求，并结合公司实际扩充此条款内容。

 【条款说明】

监护操作是指由两人进行同一项的操作。监护操作时，其中一人对设备较为熟悉者作监护。特别重要和复杂的倒闸操作，由熟练的运行人员操作，运行值班负责人监护。

单人操作是指在没有监护下单独从事相关倒闸操作工作。因此，应对单人操作的项目、设备的生产条件、安全设施作出规定。同时也要对从事单人操作的运行人员的技能、经验进行考核、批准。实行单人操作的设备、项目及运行人员需经设备运行管理单位批准，人员应通过专项考核。

【事故案例】

2010年5月28日，某换流站在执行极1停电检修工作安全措施时，一名运行人员单人无监护操作断开极1换流变电压互感器二次电压空开操作任务，误走错至极2换流变电压互感器端子箱处，操作前未核对设备名称及编号，误断开极2换流变电压互感器二次电压空开，导致极2换流器星侧桥差保护动作跳闸，造成一起严重的人为责任误操作事件。

9.3　操作条件

9.3.1　发令人、受令人、值班负责人、监护人、操作人均应具备相应资格。

9.3.2　调度命令发令人名单应发文下达所辖调度或设备运行单位，调度命令受令人名单应在上级所辖调度机构备案。

【发展过程】

　　DL 408—1991《电业安全工作规程（发电厂和变电所电气部分）》、GB 26860—2011《电力安全工作规程　发电厂和变电站电气部分》未对电气操作的人员资质条件进行明确。此 5 类人是操作票中确保操作安全的少数关键责任人员。《中国南方电网有限责任公司电气操作票管理规定（2014 年版）》5.1 操作人和操作监护人（以下简称"操作人员"）资格管理中提出监护人、操作人的资质要求。《中国南方电网电力调度管理规程（2008 年版）》4.2.16 要求与调度机构值班调度员进行调度业务联系的调度系统运行值班人员必须经调度机构培训、考核并取得受令资格。《电气操作导则（2010 整合版）》4.1.6 要求禁止不具备资格的人员进行电气操作。并释义说明：各单位应对操作人、监护人、下令人、受令人、自停自送操作负责人等进行培训、考试，考试合格者具备电气操作资格。南方电网公司编制南网《安规》时，在公司以往实践经验基础上进一步规范与完善。

9.3.3　具有与现场设备和运行方式实际情况相符的一次系统模拟图或接线图。

9.3.4　操作设备应具有明显的标志，包括双重名称、分合指示、位置标示、旋转方向、切换位置的指示及设备相色等。

【条款说明】（9.3.3、9.3.4 合并说明）

　　倒闸操作开始前，应先在一次系统模拟图（包括各种具备模拟功能的电子接线图）上进行核对性模拟预演，以防止或纠正操作票的错误，避免误操作。模拟预演过程中发现问题，应立即停止，重新核对调度指令及操作任务和操作项目。若操作票存在问题，应重新填写操作票，为了确保模拟预演的正确。因此，要求一次系统模拟图（包括各种电子接线图）与设备实际位置始终保持一致。

　　设备标志是用以标明设备名称、编号等特定信息的标志，由文字和（或）图形及颜色构成。明显标志是指名称、符号足够醒目，含义唯一，安装位置合适。设备的命名、编号标志主要是防止操作人员误入设备间隔。设备相位标志主要便于操作人员正确辨识相序。设备的分合指示、旋转方向、切换位置标志主要是便于操作人员辨识设备操作方向、设备位置状态检查，以防止误操作。

【事故案例】

　　2016 年 9 月 4 日，500kV 某变电站在 220kV 某线间隔设备检修后的验收过程中，检修人员试合 20664 刀闸时，未核对设备名称编号错误走到 20663 刀闸处，使用短接线擅自野蛮解除闭锁回路，无视"禁止合闸，有人工作"标签随意强行合上刀闸，操作电机交流电源空开，并进行合闸操作，造成带接地线合刀闸的恶性误操作事件。

9.3.5 高压电气设备应具有防止误操作闭锁功能（装置），无防误闭锁功能（装置）或闭锁功能（装置）失灵的隔离开关或断路器应加挂机械锁。

【技术原理说明】

　　为防止电气误操作事故的发生，保障人身、电网和设备安全，高压电气设备应安装完善的防止电气误操作闭锁装置（以下简称防误装置）。防误装置包括微机防误装置、电气闭锁、电磁闭锁装置、机械闭锁装置、带电显示装置等。防误装置不得随意退出运行。特殊情况下，防误装置退出时应经相关人员批准，同时应尽量避免倒闸操作。必须进行的倒闸操作应有针对防误装置缺失的安全措施。

【事故案例】

　　2016 年 8 月 31 日，某供电局 220kV 某变电站运行人员在检修人员处理完 220kV××线 2731 刀闸辅助接点不能正常变位缺陷后，试合 2731 刀闸时，未经批准擅自解除 273 开关间隔联锁，在操作过程中，该运行人员未经核对设备编号，也未检查汇控柜内开关分合状态指示，直接动手误合 2732 刀闸，造成了带 27327 接地刀闸合 2732 刀闸的恶性电气误操作事件。

9.4　操作票

9.4.1　操作票所列人员安全责任

9.4.1.1　调度命令票所列人员的安全责任

　　a）操作人：

　　1）按照电网实时运行方式、调度检修申请单的有关方式和现场安全措施的要求正确完整地填写调度命令票。

　　2）按照调度命令票内容正确无误地进行操作。

　　3）随时掌握现场的实际操作情况与调度命令票要求一致。

　　b）审核人（监护人）：

　　1）审核操作人填写的调度命令票。

　　2）全程监护操作人正确无误地操作。

　　3）操作过程中出现疑问和异常，必要时及时汇报值班负责人。

　　c）值班负责人：

　　1）负责审批调度命令票。

　　2）负责操作过程管理及审查最终操作结果。

　　3）对操作中出现的重大异常情况及时协调处理。

　　d）受令人（回令人）：

　　1）正确无误地接受、理解调度命令和汇报执行情况。

　　2）正确无误地执行调度命令或将调度命令传递至操作任务的相关负责人。

3）当现场操作出现异常情况时，应及时汇报调度操作人并协调处理。

9.4.1.2　电气操作票所列人员的安全责任

　　a）操作人：

　　1）掌握操作任务，正确无误地填写操作票。

　　2）正确执行监护人的操作指令。

　　3）在操作过程中出现疑问及异常时，应立即停止操作，确认清楚后再继续操作。

　　b）监护人：

　　1）审核操作人填写的电气操作票。

　　2）按操作票顺序向操作人发布操作指令并监护执行。

　　3）在操作过程中出现的疑问及异常时汇报值班负责人。

　　c）值班负责人：

　　1）指派合适的操作人和监护人。

　　2）负责审批电气操作票。

　　3）负责操作过程管理及审查最终操作结果。

　　4）对操作中出现的异常情况及时协调处理。

　　d）发令人：

　　1）调度管辖设备操作时，与调度命令票操作人的职责一致。

　　2）集控中心发令人转达调度命令给现场操作人员发令时，应正确完整地传递调度命令，并随时掌握现场实际操作情况与操作命令要求一致。

　　3）厂站管辖设备操作时，根据工作安排正确完整地发布操作指令，并随时掌握现场实际操作情况与操作指令要求一致。

　　e）受令人：

　　1）调度管辖设备操作时，与调度命令票受令人的职责一致。

　　2）站管辖设备操作时，正确接受、理解操作指令和汇报执行情况；正确无误地执行操作指令或将操作指令传递至操作任务的相关负责人；当现场操作出现异常情况时，应及时汇报发令人并协调处理。

【发展过程】（9.4.1.1、9.4.1.2合并说明）

　　DL 408—1991《电业安全工作规程（发电厂和变电所电气部分)》、GB 26860—2011《电力安全工作规程　发电厂和变电站电气部分》未对调度命令票、电气操作票的人员安全责任进行明确。此5类人是操作票中确保操作安全的少数关键责任人员。

　　《中国南方电网电力调度管理规程（2008年版）》对调度命令票所列人员提出要求："4.2.10 操作应遵守以下规定：4.2.10.1 发、受调度操作指令，必须确认发、受令单位，互报姓名，受令人接令后应将全部指令复诵无误，发令人认可后方可执行。4.2.10.2 操作过程中如有临时变更，应按实际情况重新填写操作票后方可继续操作。受令人若有疑问，应及时向发令人报告，不得擅自更改操作票及操作顺序。4.2.10.3 操作过程中若发生异常或故障，厂站运行值班人员应根据现场规程处理并尽快汇报值班调度员。4.2.10.4

操作完毕后，受令人应立即向发令人汇报执行情况，不得延误。受令人汇报后，该项操作方可认为执行完毕。"

《电气操作导则（2010整合版）》对电气操作票所列人员提出要求："4.1.1 电气操作应根据调度指令进行。紧急情况下，为了迅速消除电气设备对人身和设备安全的直接威胁，或为了迅速处理事故、防止事故扩大、实施紧急避险等，允许不经调度许可执行操作，但事后应尽快向调度汇报，并说明操作的经过及原因。4.1.2 发布和接受操作任务时，必须互报单位、姓名，使用规范术语、双重命名，严格执行复诵制，双方录音。4.1.6 禁止不具备资格的人员进行电气操作。4.1.13 操作票实行'三审'制度：操作票填写人自审、监护人初审、值班负责人复审。三审后的操作票在取得正式操作令后执行。"

【条款说明】

a）中的"操作人"即附录中 F.1 和 F.2 调度操作票左下角中"操作人"，包括执行第一项操作项目的操作人和填写操作票的填票人。当操作人和填票人不为同一人时，按实际操作人负主要责任，填票人负连带责任的原则落实操作环节的责任。

a）3）调度操作人只需掌握现场调度管辖设备的状态。

【事故案例】

2008 年 10 月 21 日上午，某集控中心按照配调中心指令先后将某变电站某Ⅰ回 015 线路和某Ⅱ回 023 线路由运行转为线路检修状态。祝某赶到某变后，配调中心令：分别将某Ⅰ回 015 线路、006 线路由检修转运行（经听取调度录音表明，祝某接令时复诵正确）。13 时 11 分，祝某向配调中心汇报：合某Ⅱ回 023 线路开关时，开关跳闸。

经查，变电运行人员在记错配调指令的情况下，盲目将现场工作尚未完成的 10kV 某Ⅱ回 023 线路由检修转入运行状态，是造成带线路接地线合断路器的直接原因。

9.4.2　选用

9.4.2.1　设备操作，应根据操作要求选用以下相应的操作票或规范性书面记录：

a）调度逐项操作命令票（见附录 F.1）。

b）调度综合操作命令票（见附录 F.2）。

c）现场电气操作票（见附录 F.3）。

d）书面形式命令和记录（格式和内容自行拟定）。

e）新（改）建设备投产方案（操作步骤部分）。

【发展过程】

南网《安规》创建了调度端与现场端一体化的安规操作票体系。将原安规体系中的现场倒闸操作规定延伸到与其有直接因果关系的调度端操作，系统性地建立了"3+2"的操作票管理模式，这是系统性避免误操作的重要管理措施。

其中，"书面形式命令和记录"与"新（改）建设备投产方案"，是调度端和现场端都经常使用的，具有操作票组织特性的特点，因此与操作票同等对待与管理。

9.4.2.2 以下操作任务需选用调度逐项操作命令票：

a）凡涉及两个及以上厂站共同配合，并按逻辑关系需逐项进行的一个操作任务。

b）只涉及一个单位，但对系统运行方式有较大影响或较复杂的，或涉及两处及以上操作地点，需逐项进行的一个操作任务。

【条款说明】

对于有逻辑顺序要求的配电设备操作，配调值班调度员应使用调度逐项操作命令票，此类系统性操作，可一次性下达操作任务，现场操作逻辑顺序由现场操作值班负责人负责具体指挥和监督操作。

9.4.2.3 以下操作任务适用调度综合操作命令票：

a）只涉及一个厂站将一个或一组设备，由一个状态转换为另一个状态，无需其他厂站配合，连续完成的一个操作任务。

b）对线路操作权委托的停、送电操作，上级值班调度员可对下级值班调度员发布综合令。

【条款说明】

9.4.2.4 中"适用"区别于 9.4.2.3"需选用"，是指满足综合令操作条件的操作任务，可选用综合操作命令票，也可选用逐项操作命令票，并不限制只使用综合操作命令票。

9.4.2.4 以下操作需选用电气操作票：根据操作任务和调度命令或现场值班负责人指令，完成电气设备操作的一个操作任务。

9.4.2.5 其他特殊选票情况：

a）事故紧急处理、程序操作或单一操作，以及拉开全站仅有的一组接地刀闸或拆除仅有的一组接地线时，可不填用操作票，但应填写书面形式命令或记录。

注：单一操作是指对断路器、压板、熔断器、阀门等设备进行单一步骤的操作，不再有其他相关联的操作。

b）新（改）建设备投产操作，宜根据启动方案使用操作票。对情况复杂且不具备使用操作票的，需经同级运行单位负责人批准，可用启动方案代替操作票，但在启动方案操作步骤内容的空白处，应完整准确记录涉及的发令人、操作人和操作时间。

【条款说明】（9.4.2.4、9.4.2.5 合并说明）

b）条款"……宜根据启动方案使用操作票……"中的"宜"，是引导无论调度端还是现场端，最好根据启动方案编制操作票进行操作。"对于情况复杂且不具备使用操作票的"是指如操作中客观存在不确定因素等情况，允许启动方案代替操作票进行操作，但要满足条款中的两个前提条件。

"同级运行单位负责人"：调度端是指调度部门负责人；现场端由地县级运行单位负责人结合实际自行指定的人员。

9.4.2.6 涉及一个或多个厂站，可按照一定逻辑关系和工作需要，将逐项操作项目与综合操作项目进行组合操作时，其中任何一个综合操作项目可作为"调度逐项操作命令票"中的一项操作项目，与其他逐项操作项目组合下达的一个较大的操作任务。

【条款说明】

该条款的主要用于大型复杂的操作，调度端既要控制整体操作过程中的关键单项操作，又要对现场下放一个完整的、独立的综合操作任务，且单独项与综合项在整个任务中具有严格的逻辑顺序要求。该释义也适用于第 9.4.2.2 条配网的使用情况。

9.4.3 填写

9.4.3.1 操作票由操作人填写。

【发展过程】

南网《安规》结合公司实际情况增加本条款。

《电气操作导则（2010 整合版）》要求："6.1.16　变电操作票由操作人填写，填写前应根据调度指令明确操作任务，了解现场工作内容和要求，并充分考虑此项操作对其管辖范围内设备的运行方式、继电保护、安全自动装置、通信及调度自动化的影响是否满足有关要求。"

【条款说明】

操作票是进行倒闸操作的书面依据。操作人员填写操作票的过程也是熟悉倒闸操作内容和操作顺序的过程，这对防止误操作是一个重要措施。此外，操作人员是倒闸操作的执行者，操作票的正确与否对其自身的人身安全有着重要作用，因此，倒闸操作应由操作人员填用操作票。

9.4.3.2 一份操作票只能填写一个操作任务。一项连续操作任务不得拆分成若干单项任务而进行单项操作。

【条款说明】

一个操作任务定义的关键是："同一个操作目的""相互关联""依次"和"连续"。一个设备的多个保护需要同时退出相应保护时，可以作为一个操作任务对待。若在 220kV 线路停电检修时，调度逐项下令，其中就有单一断开关的操作，调度的合理拆分不违规。

9.4.3.3 操作票填写应实行"三对照"：对照操作任务、运行方式和安全措施要求，对照系统、设备和"五防"装置的模拟图，对照设备名称和编号。

【发展过程】

《电气操作导则（2010整合版）》要求："6.3.6 倒闸操作应坚持操作之前'三对照'（对照操作任务和运行方式填写操作票、对照模拟图审查操作票并预演、对照设备名称和编号无误后再操作）；操作之中'三禁止'（禁止监护人直接操作、禁止有疑问时盲目操作、禁止边操作边做其他无关事项）；操作之后'三检查'（检查操作质量、检查运行方式、检查设备状况）。"

【技术原理说明】

倒闸操作开始前，应先在一次系统模拟图（包括各种具备模拟功能的电子接线图）上进行核对性模拟预演，以防止或纠正操作票的错误，避免误操作。模拟预演过程中发现问题，应立即停止，重新核对调度指令及操作任务和操作项目，若操作票存在问题，应重新填写操作票。为了确保模拟预演的正确，因此，要求一次系统模拟图（包括各种电子接线图）与设备实际位置始终保持一致。

设备标志是用以标明设备名称、编号等特定信息的标志，由文字和（或）图形及颜色构成。明显标志是指名称、符号足够醒目，含义唯一，安装位置合适。设备的命名、编号标志主要是防止操作人员误入设备间隔。设备相位标志主要便于操作人员正确辨识相序。设备的分合指示，旋转方向、切换位置标志主要是便于操作人员辨识设备操作方向、设备位置状态检查，以防止误操作。

【事故案例】

2001年，某公司负责施工的某街3号开关房加装电流互感器及零序配置分裂式电流互感器等工作。加装电流互感器工作完毕，监护人王某和操作人何某开始执行送电操作，在拉开10kV天河F9南住9-2开关房至某街3号开关房电缆02头接地刀闸时，核对开关的名称及位置后，操作人何某发现未拿操作扳手，马上转身去工具箱拿操作扳手，拿到操作扳手转身回来操作时，未重新核对开关的名称、位置，凭印象对其中一个开关柜进行操作（此时监护人王某正低头填写操作票记录，失去监护），走错间隔误拉开了旁边的10kV某F9某街3号开关房至某市交通委员会箱变电缆01头接地刀闸（该柜接地刀闸原来处于合闸状态）。操作人何某认为已正确完成操作，而监护人王某又没有认真复核设备名称、位置。操作人何某、监护人王某继续按操作票逐项操作。当10kV某F9送电时，过流Ⅰ段保护动作跳闸。

9.4.3.4 涉及单一变电站或多个变电站，为完成一个操作任务，现场端的电气操作票与调度端的操作票，或现场与现场端间的电气操作票，在填写之前应相互沟通、协调与配合。

【条款说明】

对于一些有关联性的操作，如需不同厂站间线路的停复电需下令布置（解除）的安全措施，因涉及发令方式，需进行有效沟通方可使操作的逻辑顺序正确无误。

9.4.3.5 调度操作命令票和现场电气操作票操作项目的填写内容应根据现场实际操作要求填写，厂站现场操作票宜经防误系统校验正确后方可执行。以下项目应填入操作票：

a）通用：断（开）合（上）的断路器和拉合隔离开关，检查断路器和隔离开关的位置，验电、装拆接地线，检查接地线是否拆除，安装或拆除控制回路或电压互感器回路的熔断器，切换保护回路和检验是否确无电压等。

b）高压直流系统：启停系统、调节功率、转换状态、改变控制方式、转换主控站、投退控制保护系统、切换换流变压器冷却器及手动调节分接头、控制系统对断路器的锁定操作等。

【技术原理说明】

a）通用：断（开）合（上）的断路器和拉合隔离开关，检查断路器和隔离开关的位置，验电、装拆接地线，检查接地线是否拆除，安装或拆除控制回路或电压互感器回路的熔断器，切换保护回路和检验是否确无电压等。

倒闸操作的主要内容有：拉开或合上断路器和隔离刀闸、验电、放电、装设或拆除接地线、合上或拉开接地隔离刀闸、投入或退出继电保护及自动装置、改变继电保护和自动装置的运行方式或定值、安装或拆除控制回路或电压互感器回路的熔断器、改变有载调压的分接头、消弧线圈分接头位置、所用电源切换、断路器改非自动等一些特殊的操作。因此，这些内容应填入操作票内。

电气倒闸操作的设备位置检查项目是倒闸操作一项十分重要的步骤。为了保证操作安全、正确，防止设备操作后实际位置未到位或未全部到位时执行下一项操作而造成人为误操作事故，所以要求拉合设备断路器（开关）、隔离刀闸、接地刀闸（装置）等后检查设备的位置项目必须填入操作票内。

b）高压直流系统：启停系统、调节功率、转换状态、改变控制方式、转换主控站、投退控制保护系统、切换换流变压器冷却器及手动调节分接头、控制系统对断路器的锁定操作等。

上述操作项目是直接影响到换流站的运行方式及设备的运行状态，因此必须填入操作票内。

9.4.4 审核

9.4.4.1 调度操作命令票和现场电气操作票实行"三审签字"制度，即：操作票操作人自审、监护人审核、值班负责人审批并分别签名。

【发展过程】

南网《安规》结合公司实际情况增加本条款。

《电气操作导则（2010整合版）》要求："4.1.13 操作票实行'三审'制度：操作票填写人自审、监护人初审、值班负责人复审。三审后的操作票在取得正式操作令后执行。"

操作票操作人自审，包括自填自审和他人代填自审两种情况。

【事故案例】

2011年5月9日，某中调下令将220kVⅠ母由运行转检修，进行220kV某线2051隔离开关检修工作，在220kV某线2051刀闸靠母线侧、开关侧各装设了一组接地线。考虑到将陆续进行220kVⅠ母上刀闸更换工作，值班人员经调度同意在14日某线2051刀闸更换工作结束后，保留了220kV某线2051刀闸靠母线侧所装设的一组接地线。

工作完成后，某中调下达"将变220kV线207开关由220kV旁路270开关代路运行恢复至本开关运行"的综合令，文某受令后指派正值黄某、副值姚某执行操作。姚某自己填写操作票审核认为无误后交黄某，黄某审核认为正确后电话与文某确认。文某在仅审核操作任务正确、未对操作步骤进行审核的情况下就下令操作。随后，黄某监护姚某操作合上220kV线2073线开关、220kV线207断路器时，发生了220kVⅠ母带地线合开关的恶性误操作事故。

9.4.4.2 书面形式命令和记录以及不使用操作票的新（改）设备启动方案，在操作前，应经值班负责人确认并同意。

【条款说明】

以上情况是一种特殊处理方法，书面形式在本安规格式上没有强制执行的形式，但需要有效的管控，必须告知值班负责人，防止人为的无监护操作；对于启动方案不启用操作票的形式，也必须告知值班负责人才能实施启动操作。

9.4.5 执行

9.4.5.1 监护操作必须由两人执行，一人操作，一人监护。操作人在操作过程中不准有任何未经监护人同意的操作行为。

【条款说明】

进行有效的监护是不发生人为误操作的保障措施，监护人在监护操作过程中可以有效制止不安全行为，监视设备操作质量情况等。

【事故案例】

2007年5月22日晚，某变电站2号主变有载调压开关出现不能遥控调节挡位故障需处理。蔡某、陈某两人在没有开操作票情况下，执行2号主变由运行转冷备用的操作任务。在断开2号主变低、高压侧开关（1002、1102）后，进入10kV配电室准备拉开2号主变10kV隔离刀闸（10024）时，两值班人员错误地走至1号主变10kV侧开关柜间隔。在没有认真核对设备双重编号，没有执行复诵制的情况下，值班员陈某操作拉1号主变10kV开关母线侧刀闸（10011），由于机械闭锁无法正常用力将手柄旋至"分断闭锁"位置，误认为是机械卡涩，于是便人为强力将手柄旋至"分断闭锁"位置后，将正在运行的1号主变10kV开关母线侧隔离刀闸（10011）强行带负荷拉开。瞬时一声巨响，弧光短路引起 1 号主变 10kV 侧过电流时限Ⅰ、Ⅱ段的保护动作，分别跳开 10kV 分段开关（1003）、1 号主变 10kV 侧开关（1001），某站 10kV 母线全部失压。所幸无人员受伤。

9.4.5.2　远方操作一次设备前，宜及时提醒现场人员远离操作设备。

【条款说明】

　　进行远方操作设备时，一是带电的设备进行操作，有可能在操作过程中出现操作过电压，对设备造成较大的冲击，严重的将使电气电力设备发生爆炸的危险，危及投运设备旁作业的人员；二是远方操作设备时容易使作业人员受到外力的打击，造成人身伤亡。

　　"宜"对厂站生产区域的可控范围，要求做到"应"；对配网设备区域广泛、情况复杂的，只能要求尽量做到。

【事故案例】

　　1998 年，某电厂在完成 1 号炉 D、F 磨煤机 FC 开关试验工作后，丁某将 1 号炉磨煤机 E 开关 61A20 由仓内试验位置移至开关小车上，高压试验前，丁某将 61A20 开关的进线、出线侧三相用专用短接线短接，高压试验结束后，丁某仅拆除了 61A20 开关出线侧三相触头上的短接线，未将装设在 61A20 开关进线侧三相熔断器上的试验短接线拆除。

　　复电过程中，值长陈某审核无误后签发操作票，监护人周某和操作人王某和接令复诵后，两人均携带操作防护面罩、绝缘手套赴现场进行操作，2011 届新员工林某（电气专业毕业，学习人员）跟随进行现场学习。在进行"1 号炉磨煤机 E 开关 61A20 由冷备用转热备用"操作中，开关进线侧发生三相短路，造成在现场的 3 名电厂运行人员电弧灼伤及 1 号机组停运。

9.4.5.3　执行操作票操作中应做到"三禁止"：禁止监护人直接操作、禁止有疑问时盲目操作、禁止边操作边做其他无关事项；操作后应"三检查"：检查操作质量、检查运行方式、检查设备状况。

【事故案例】

　　2005 年 7 月 21 日，某地调下令将保九线 1111 开关由运行转检修状态。8 时 19 分，由该变电站正值龙某监护，副值黄某开始在后台监控电脑上进行断开 1111 开关操作时，电脑发出操作超时信号，远方操作无效。操作人黄某准备再次操作时，电话响，两人都想去接电话，此时鼠标被带动，移动到 1 号主变 1101 开关上。在接电话后，龙某、黄某没有确认鼠标指向的开关不是 1111 开关的情况下进行了操作，操作完后，发现 1 号主变 1101 开关跳闸，龙某、黄某意识到发生了误操作，立即上报地调。经地调下令，8 时 24 分重新合上 1 号主变 1101 开关，1 号主变恢复送电。经查，值班员责任心不强，思想麻痹，不认真执行安规和电气操作导则，操作时接电话，导致鼠标移动到 1 号主变 1101 开关上，在操作间断后再次操作时，不唱票、不复诵、不核对、监护不到位，是这起误操作事故的主要原因。

9.4.5.4　执行操作票应逐项进行，严禁跳项、漏项、越项操作。

【事故案例】

10月13日，某中心站运行人员监护人吕某、操作人辛某按照调度命令，持有110kV某站操作任务为"将2号主变压器由检修转运行"的操作票开始操作。当操作完地线拆除项目后，返回高压室操作，监护人吕某将操作票顺手放在工具柜上，两人徒手前往10kV开关柜前进行后续项目的操作，操作中，遗漏了第20项"将2号主变变低502A1小车刀闸摇至工作位置"和第21项"检查2号主变变低502A1刀闸确在工作位置"的两项操作。并随手将这两项漏操作项目在操作票上打"√"标记。当两人继续操作合2号主变变低502开关时，两人也未通过检查两台主变并列后的负荷分配和电流指示变化，而及时发现漏项操作。随后，两人继续操作完成了"断开10kV分断500开关"的操作项目，造成了10kVⅡ、Ⅲ段母线失压。至此，两人仍未发现10kVⅡ、Ⅲ段母线失压，而是继续往下操作，直至调度员从客户停电投诉信息得知，通知吕某、辛某现场检查，吕某、辛某才发现漏合502A1刀闸而进行后续操作。当调度员询问原因时，监护人吕某谎称502A1刀闸已经操作合上，可能是设备异常而接触不良、不到位所至，随后，在调度尚未发布恢复命令的情况下，两人于18分07擅自合上500开关，恢复了10kVⅡ、Ⅲ段供电，然后切502A开关，再合502A1刀闸，合502A开关，分500开关，全站恢复正常运行方式。

9.4.5.5 操作中发生疑问，应立即停止操作，并及时汇报，经查明问题并确认后，方可继续操作，不应擅自更改操作票。

 【条款说明】

操作中发生疑问时，应立即停止操作，重新核对操作步骤及设备编号的正确性，查明原因，并向值班调度员或值班负责人报告。在查明原因或排除故障后，经发令人同意许可，方可继续进行操作，不准擅自更改操作票，不准随意解除闭锁装置。若发现问题仍盲目进行操作，将带着故障操作设备，有人身伤亡、设备损坏的风险，极易导致人为责任事故事件的发生。

 【事故案例】

2008年12月17日，某站现场值班负责人邱某接到调度令后，布置操作人员进行操作，操作任务是将110kV某线160开关由检修转运行、110kV旁路190开关由运行转热备用，操作人是林某，监护人是吴某。在执行操作票的第一项"在模拟板上预演，核对设备名称、编号"时，操作人发现微机五防电脑屏幕黑屏，错误认为五防主机不能正常工作（事后经查实，是由于显示器的电源插座接触不良造成黑屏，主机工作正常），不能模拟操作，发现问题后，操作人没有及时汇报，仍跳项执行第二项操作。并在未经汇报许可的情况下，由值班负责人撕开现场解锁钥匙存放盒的封条，拿出解锁锁匙交给操作人，三人持票一起来到操作现场。

在准备就地手动拉开开关线路侧接地刀闸160C0时，操作人走错位置（160C0接地刀闸与16040接地刀闸为同一构支架背靠背安装），在没认真核对设备名称位置、唱票复诵不规范的情况下，误将16040接地刀闸当做160C0接地刀闸，用万能钥匙解锁，错误地合上 16040 线路接地刀闸，造成 110kV 揭某线带电合接地接地刀闸。随即，揭某站侧距离 Ⅱ 段保护动作，开关跳闸，重合不成功，导致线路对侧站点失压。事故未造成设备损坏和人员伤害。

9.4.5.6　操作中发生事故事件时，<u>应立即停止操作</u>，待处理告一段落后，经分析研究再决定是否继续操作。

【事故案例】

2007 年 3 月 12 日，110kV 某站改造需要在出线铁塔处跳通 110kV 金潘线和 110kV 良潘线。当日，220kV 某站监护人郑某、操作人邓某按照调度要求执行操作任务为"110kV 某线 1151 线路由检修转运行"的倒闸操作，在后台监控机执行第 18 项"合上 110kV 某线 1151 开关"的操作时，后台监控机发出操作超时信息并显示开关在分闸位置认为开关未合上，到 110kV 某线 1151 线路保护屏检查保护无异常后，断开控制电源并且重新送回，再到后台监控机试合 110kV 某线 1151 开关，但后台监控机仍显示开关在分闸位置。接着监护人郑某、操作人邓某到 110kV 某线 1151 开关间隔进行检查，检查过程中闻到焦味，即打开该开关液压机构箱进行检查，发现箱内合闸线圈已烧焦，同时发现信号缸位置指示在分闸，判断合闸线圈已烧坏未合上开关，即汇报地调当值调度。

当值调度要求将 110kV 某线 1151 开关由热备用转冷备用，并通知检修人员到站处理。操作人员因未吃晚饭，考虑到检修人员到站还需要一段时间，得到当值调度同意后外出吃饭。操作人员外出吃饭回到变电站，当值调度下达"110kV 某线 1151 开关由热备用转冷备用"的事故处理操作任务。将预先准备好的"110kV 某线 1151 开关由热备用转冷备用"操作票重新审核后，于 21 时 34 分开始操作；当操作到第 2 项"检查 110kV 金良线 1151 开关三相确在分闸位置"时，操作人对开关位置检查后认为开关在分闸位置。21 时 38 分，当操作第 4 项"拉开 110kV 某线线路侧 11514 刀闸"时，发生弧光响声，110kV 某线 11514 刀闸由 B、C 相间故障发展成 B、C 相间接地故障，金山站 110kV 某线 1151 保护动作，但因 1151 辅助开关在分闸位置，造成 1151 开关拒动。

9.4.5.7　操作临时变更时，应按实际情况重新填写操作票方可继续进行倒闸操作。

【条款说明】

见 9.4.5.5 条。

9.4.5.8　同一厂站、线路可有多组操作人员同时进行没有逻辑关系的倒闸操作任务，但应由同一值班负责人统筹协调。

【事故案例】

2019 年 5 月 11 日，某局某换流站在 500kV 某乙线山火紧急停电操作过程中，操作组织安排不当，值班负责人安排两组人员分别负责有逻辑关系的操作任务并同时完成操作票三审签名，且未明确操作先后顺序，导致操作顺序失去管控。在 500kV 第三串联络 5032

开关未在继保室远方操作断开情况下，主控室人员违反操作规程规定，先行断开500kV某乙线5031开关，调度指令顺序执行错误。

9.4.5.9 按新（改）建设备投产方案进行操作时，若操作中出现问题，应由方案审批人重新核准后，方可继续操作。

见9.4.5.5条。

9.4.5.10 禁止约时操作。

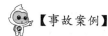

约时停电系指不履行工作许可手续，而是按计划停电时间或发现设备失去电压进行工作。约时送电系指不履行工作终结恢复送电手续，而是按计划送电时间合闸送电。

由于电网运行方式的改变，往往发生迟停或不停；工作班检修工作也有因路途和其他原因不能按时完成的情况，如果约时停送电就有可能造成人员伤亡和设备损坏事故。

【事故案例】

2005年，某检修班在执行一项10kV线路检修任务，该线路上一用户的电工知道消息后，便到调度找调度员，要求借这次停电机会干点高压活，调度员当时没有同意。但该用户的电工和调度班长关系挺好，便问班长行不行，班长考虑调度员都没同意，他自己也不好同意，就没有答应，但只说了："下午3点就得送电，来不及。"可是，反过来该用户电工却告诉调度员说："你们班长已经同意了，我下午2时30分前一定干完活，不会耽误你们送电"，但下午3时送电时，该用户电工发生触电事故。

9.4.6 结束

操作票的操作全部结束后，监护人应再次检查操作项目有无错误或遗漏，确认无误后，办理操作票结束手续，并向值班负责人汇报。

【事故案例】

2011年4月17日12时4分，南部监控中心220kV某变220kV××205断路器、母联210断路器事故跳闸报警，C相故障；LFP-901B、LFP-902B保护分别发××205断路器保护零序Ⅲ段、距离Ⅱ段动作；母差WMH-800充电保护动作；LFP-923C失灵启动母差信号。运行人员现场检查发现，××205断路器跳闸，重合闸未动。WMH-800充电保护动作红灯亮，××205断路器、母联210断路器在分闸位置。

经查，220kV某变220kV××线201断路器由冷备用转投入系统运行投运正常后，变电操作人员严重违反两票操作规定，在填写投入WMH-800母差保护压板项目时，操作人员操作时凭印象投压板，未认真核对压板的实际位置，监护人未对操作情况进行检查确认无误，错误的将"充电保护""充电保护速动"压板投上，是导致此次事故发生的主要原因。

9.5 操作要求

9.5.1 一般要求

9.5.1.1 停电操作应按照"断路器→负荷侧隔离开关→电源（母线）侧隔离开关"的顺序依次操作，送电操作顺序相反。

 【技术原理说明】

因为隔离刀闸没有灭弧装置，不具备拉、合较大电流的能力。拉、合负荷电流时产生的强烈电弧无法熄灭，可能引起事故。因此，停电拉闸操作应先拉开断路器（开关），禁止带负荷拉合隔离刀闸。先拉负荷侧隔离刀闸的目的是，若断路器实际上未断开，先拉负荷侧隔离刀闸，造成带负荷拉闸所引起的故障点在断路器的负荷侧，这样可由断路器保护动作切除故障，把事故影响缩小在最小范围。反之，先拉母线侧隔离刀闸，电弧所引起的故障点是在母线侧范围，将导致母线停电，扩大事故范围。另外，负荷侧隔离刀闸损坏后的检修，比母线侧隔离刀闸损坏后的检修影响停电范围要小。

9.5.1.2 调度下达命令和现场电气操作，严禁带负荷拉（合）隔离开关、带接地刀闸（接地线）合断路器（隔离开关）、带电合（挂）接地刀闸（接地线）、误分（合）断路器；现场操作严禁误入带电间隔。

 【技术原理说明】

电力系统恶性误操作包括以下几个方面：
（1）带电合接地刀闸。
（2）带接地刀闸合闸送电。
（3）误入带电间隔。
（4）带负荷拉、合刀闸。

电力系统的任何倒闸操作都应遵守电气五防，防止带负荷拉合刀闸，因为刀闸没有灭弧装置，如果线路带有大的负荷，容易造成三相弧光短路。防止带电挂接地线，会对地短路，损坏设备。

 【事故案例】

2006 年 11 月 2 日上午，某供电局 500kV 某站 500kV 某线 5021 开关液压机构渗油导致油位降至下限，运行人员临时向中调申请将 500kV 某线 5021 开关由运行转冷备用状态，对液压机构进行补油工作。10 时 46 分执行了中调 6503 号调度令（将 500kV 某线 5021 开关由运行转冷备用状态）。11 时 15 分，发出 500kV 某线 5021 开关机构补油工作票。12 时 30 分 5021 开关机构补油工作完成，检修人员要求值班人员在主控室试合 5021 开关，检查开关机构检修质量。值班员在未报告值班长，且没有监护人的情况下，于 12

时 32 分擅自用五防解锁钥匙解锁操作合上了 5021 开关；随后检修人员要求断开 5021 开关，12 时 34 分 50 秒，值班员未进行五防模拟操作，没有请示班站长及有关主管领导，再次擅自用五防解锁钥匙解锁操作，又未认真核对设备名称、编号、位置，导致误断开控制屏上与 5021 开关相邻的 500kV 某乙线 5031 开关，被发现后，立即于 12 时 35 分 21 秒合上 5031 开关。

9.5.1.3 发生人身触电时，可不经许可，应立即断开有关设备的电源，但事后应及时报告设备有关单位。

【条款说明】

当危及人身安全和发生人身触电事故时，应把保护人的生命放在第一位，运行人员可以不经调度许可，自行切断相关电源设备进行紧急处理，但事后应立即向调度（或设备运行管理单位）和上级部门报告。

9.5.1.4 雷电天气时，不宜进行电气操作，不应就地电气操作。刮风、下雨天气的设备操作，应根据气象情况和现场实际进行操作风险评估后，由值班负责人决定是否操作。

【技术原理说明】

雷雨天气室外电气设备容易被雷击，如果正好在操作的时候，雷击到电气设备上，对操作人员造成危险。

刮风、下雨天气的设备操作，值班负责人应根据气象情况和现场实际进行操作风险评估后，决定是否操作。

9.5.1.5 设备操作应尽可能避免在交接班期间进行，如必须在此期间进行的，应推迟交接班或操作告一段落后再进行交接班。

9.5.2 调度操作要求

9.5.2.1 调度操作应按调度管辖范围实行分级管理。下级调度未经上级调度许可不得操作上级调度管辖的设备。在危及人身、设备、电网安全的紧急情况下，上级调度可对下级调度管辖的设备进行操作，但事后应及时通知下级调度。

9.5.2.2 调度操作过程中，若现场操作人员汇报本操作可能危及人身安全时，应立即停止操作，待研究后再确定是否继续操作。

9.5.2.3 设备送电操作前，调度操作人应再次核实作业现场工作任务已结束，作业人员已全部撤离，现场所有临时措施已拆除，设备具备送电条件后方可操作。

9.5.3 现场电气操作要求

9.5.3.1 操作中禁止防误操作闭锁功能（装置）随意退出运行，若需解除闭锁功能（装置）应经运行单位按解锁技术流程批准。

【技术原理说明】

为防止电气误操作事故的发生，保障人身、电网和设备安全，高压电气设备应安装完善的防止电气误操作闭锁装置（以下简称防误装置）。防误装置包括微机防误装置、电气闭锁、电磁闭锁装置、机械闭锁装置、带电显示装置等。防误装置不得随意退出运行。特殊情况下，防误装置退出时应经相关人员批准，同时应尽量避免倒闸操作。必须进行的倒闸操作应有针对防误装置缺失的安全措施。

【事故案例】

2008年12月17日，220kV某变电站运行二班操作人陈某，监护人杨某，在执行"1号主变负荷由2号主变供电，1号主变由运行转冷备用"的倒闸操作过程中，准备操作第34项"拉开1号变低母线侧5011刀闸"时，两人走错间隔，没有核对设备名称、编号和位置，误走到10kV母联Ⅰ母线侧5121刀闸柜前操作，当按下该电磁锁的按钮时发现指示灯不亮（不满足解锁条件），怀疑电磁锁已坏。此时两人到已拉开的1号变低主变侧5014刀闸，以及处于热备用状态的5C1、5C2电容器组刀闸的电磁锁进行检查均发现指示灯亮（满足解锁条件），就误认为"1号变低母线侧5011刀闸"电磁锁已坏，决定解锁操作。然后，由操作人陈某返回主控室拿解锁钥匙，杨某在高压室等待。随后，两人再次错误走到10kV母联Ⅰ母侧5121刀闸柜前，还是没有认真核对5011刀闸的设备名称、编号和位置，对着操作票第34项"拉开1号变低母线侧5011刀闸"的内容唱票和复诵，错误地解开5121刀闸的电磁锁，并拉开正在运行的5121刀闸，构成10kV带负荷拉刀闸的恶性误操作事故。事故导致2号主变低后备保护过流Ⅰ段1时限保护动作跳开10kV母联512开关，10kVⅠ段母线失压。

9.5.3.2　电气设备变位操作后，应对位置变化进行核对并确认。无法观察实际位置时，可通过间接方式确认该设备已操作到位。

【技术原理说明】

电气设备操作后的位置检查是避免误操作事故的重要措施。为防止电气设备操作后发生漏检查、误判断而造成误操作事故。

电气设备操作后的位置检查应以电气设备现场实际位置为准，如敞开式三相的隔离刀闸、接地刀闸等，并将以上检查项目应作为检查项填写在操作票中。在无法看到设备实际位置时，可以依据间接指示（设备机械位置指示、电气指示、带电显示装置、仪器仪表、遥测、遥信等指示）来确定设备位置，为了防止一种或几种指示显示不正确等情况而造成误判断，操作后位置检查应检查两个及以上非同样原理或非同源的指示发生对应变化，且所有指示均已同时发生对应变化，才能确认该设备已操作到位。任何一个信号未发生对应变化均应停止操作查明原因，否则不能作为设备已操作到位的依据。

对应变化是指为了完成操作目的，设备操作前后的指示有了相应的变化。

9.5.3.3　单人操作时，不应进行登高或登杆操作。

【条款说明】

登高或登杆作业具有一定危险性，在没有监护的情况下禁止单人操作，及时发现作业过程中的不安全因素，并且在发生高处坠落、触电等事故后能够第一时间实施抢救，挽救受伤者的生命。

9.5.3.4 远方操作设备前，必要时应在现场增加位置检查人或监护人，现场人员应确保自身安全。

 【条款说明】

该条款中的检查人是指运维单位中熟悉设备的有经验运行人员。

9.5.3.5 电气设备停电，在未拉开有关隔离开关和做好安全措施前，不应触及设备或进入遮栏或围栏，以防突然来电。

 【条款说明】

电气设备停电后（包括事故停电）后，随时都有突然来电的可能，如果此时工作人员触及设备或进入遮栏工作，很可能发生人身触电事故。因此，电气设备停电后（包括事故停电）后，在未拉开有关隔离刀闸和做好相关安全措施前，不得触及设备或进入遮栏。

9.5.3.6 运行中的高压设备，其中性点应视作带电体，在运行中如需进行断开操作时，应先建立其他有效的接地才可继续进行。

 【技术原理说明】

运行中的高压设备其中性点接地系统是为保证电气设备在正常或发生故障情况下可靠的工作而采取的接线方式，包括变压器中性点直接接地或经小电阻接地。因导线排列不对称、相对地电容不相等以及负荷不对称等原因，中性点直接接地或经小电阻接地系统正常运行时，中性点也可能存在位移电压。在系统发生故障时，中性点电位会升高。故运行中的高压设备其中性点接地系统的中性点视为带电体。若运行的中性点接地点被断开，特别是又发生系统故障，其中性点接地点断开处将会形成较高电位差，危及现场作业人员安全。同时中性点直接接地的设备在中性点接地点断开后，中性点接地方式被改变，影响零序保护动作，从而不能迅速切除故障。

高压直流输电接地极是直流输电系统为实现以陆地或海水为回路，回流至换流站直流电压中性点，构成高压直流输电大地回线。高压直流输电大地回线包括高压直流系统直流场中性区域设备、站内临时接地极、接地极线路、接地极等设备。当双极运行时，由于换流变压器阻抗和触发角等偏差，两极电流不是绝对相等，流经中性区域和接地极设备的电流较小，但不为零。当单极大地回线运行时，入地电流就是极电流，数值非常大，最大可达到几千安培。高压直流系统直流场中性区域设备、接地极线路、接地极在正常运行中是带有电压的，可能造成人身伤害。站内临时接地极是备用接地极，当站外接地极发生故障时，站内临时接地极将随时投入使用。所以运行中的高压直流系统直流场中性区域设备、换流站内临时接地极、接地极线路及接地极均应视为带电体。

9.5.3.7　手动操作有机械传动的断路器或隔离开关时，应戴绝缘手套；手动操作没有机械传动的断路器或隔离开关时，应使用绝缘棒并戴绝缘手套和穿绝缘鞋。

【技术原理说明】

使用绝缘棒（杆）时人体应与带电设备保持足够的安全距离，并注意防止绝缘杆被人体或设备短接，以保持有效的绝缘长度。

绝缘棒受潮会产生较大的泄漏电流，危及操作人员的安全。绝缘棒加装防雨罩是为了阻断顺着绝缘棒流下的雨水，使其不致形成一个连续的水流柱而降低湿闪电压，确保一段干燥的爬电距离。考虑到操作人员可能在拉合隔离刀闸、高压熔断器或经传动机构拉合断路器（开关）和隔离刀闸时发生误操作、设备损坏等原因引起弧光短路接地，导致设备接地部分对地电位升高，此时操作人员容易受到接触电压、电弧伤害。因此，在用绝缘棒拉合隔离刀闸、高压熔断器或经传动机构拉合断路器（开关）和隔离刀闸时，均应戴绝缘手套。

接地网接地电阻不符合要求时，可能会产生较高的跨步电压。因此，即使晴天工作人员也应穿绝缘靴，以防遭到跨步电压的伤害。雷电时，设备遭受直击雷和感应雷的概率高，雷电过电压以及开合雷电流时，可能会对设备和人员安全造成危害。因此，禁止雷电时在就地进行倒闸操作。

9.5.3.8　装卸高压熔断器或跌落式熔断器时，应戴绝缘手套和穿绝缘鞋，应使用绝缘操作杆或绝缘夹钳。装卸高压熔断器时，还应戴护目镜，并站在绝缘物上。

9.5.3.9　更换配电变压器高压跌落式熔断器熔丝时，应拉开低压侧断路器和高压侧跌落式熔断器；摘挂跌落式熔断器的熔管时，应使用绝缘棒、穿绝缘靴和戴绝缘手套，并派人监护。

【技术原理说明】（9.5.3.8、9.5.3.9合并说明）

护目眼镜是一种能保护工作人员在作业时防止受电弧灼伤以及防止异物落入眼内的防护用具。

绝缘手套是防止操作时电弧伤人或设备故障原因造成电弧通过设备金属部件传递到操作人员手部造成伤害。

使用绝缘夹钳可使高压熔断器与操作人员保持安全距离。阴雨天气在户外设备上使用时，不得使用无绝缘伞罩的绝缘夹钳。

绝缘胶垫是用于加强操作人员对地绝缘的橡胶板。

操作高压熔断器多采用绝缘杆单相操作。分或合高压熔断器时，不允许带负荷。如发生误操作，产生的电弧会威胁人身及设备的安全。

为防止可能发生的弧光短路事故，高压熔断器的操作规程顺序为：拉开时应先拉中间相，后拉两边相（且应先拉下风相）合闸时应先合两边相（且应先合上风相），再合中间相。

为确保装卸高压熔断器作业人员的安全，作业时，应戴护目眼镜和绝缘手套，防止电弧灼伤、触电事故，如对负荷较大或离运行设备较近回路上装卸高压熔断器时，应使用绝缘夹钳，并站在绝缘垫或绝缘台上。

9.5.3.10　雨天操作室外高压设备时，应使用有防雨罩的绝缘棒，并穿绝缘靴、戴绝缘手套。

【技术原理说明】

　　见9.5.3.7条。

9.5.3.11　将高压开关柜的手车开关拉至"检修"位置后，应确认隔离挡板已封闭。

【技术原理说明】

　　当高压开关柜的手车拉出时，如其活动隔离挡板卡住或脱落会造成带电静触头直接暴露在作业人员面前，通常情况，10kV开关柜静触头与挡板间距离为125mm左右，35kV开关柜静触头与挡板间距离为300mm左右，极易造成人员触电。因此，手车开关拉出后，应观察其隔离挡板实际位置是否可靠封闭。

9.5.3.12　未纳入调度和现场生产使用，但仍属设备运行管理单位管理的设备，如需操作时，应使用操作票，并确保操作人员人身安全。

【条款说明】

　　对于现场未纳入或退出调度管辖范围且现场不再使用，但现场一经合闸无论是否带电的设备，操作时必须使用操作票，否则有误操作、导致人身触电的风险。

第2部分

常 规 作 业

10 单一类型作业

10.1 发电机和高压电动机作业

10.1.1 发电机和高压电动机的检修、维护应满足停电、验电、接地、悬挂标示牌等有关安全技术要求。

10.1.2 检修发电机应做好以下安全措施：

a）断开发电机、励磁装置（励磁变压器）的断路器和隔离开关；若发电机无出口断路器，应断开连接在出口母线上的各类变压器、电压互感器的各侧断路器、隔离开关、空气开关或熔断器。

b）待发电机完全停止后，在其操作把手、按钮和机组的启动装置、励磁装置、同期装置的操作把手上悬挂"禁止合闸，有人工作！"标示牌。

c）若本机尚可从其他电源获得励磁电流，则此项电源应断开，并悬挂"禁止合闸，有人工作！"的标示牌。

d）断开断路器、隔离开关、同期装置、盘车装置的操作电源及能源，并悬挂"禁止合闸，有人工作！"的标示牌。如调相机有启动用的电动机，还应断开此电动机的断路器和隔离开关并悬挂标示牌。

e）将电压互感器从高、低压两侧断开。

f）在发电机和断路器间或发电机定子三相出口处（引出线）验明无电压后，装设接地线。

g）检修机组中性点与其他发电机的中性点连在一起的，则在工作前应将检修发电机的中性点分开。

h）检修机组装有可以堵塞机内空气流通的自动闸板风门的，应采取措施保证使风门不能关闭，以防窒息。

i）检修机组装有二氧化碳或蒸汽灭火装置的，则在风道内工作前，应采取防止灭火装置误动的必要措施；在以上关闭的阀门和断开点处悬挂"禁止操作，有人工作！"标示牌。

j）蓄能机组应拉开换相刀闸、启动刀闸及拖动刀闸并在操作机构上将其锁在分闸位置；断开刀闸的动力、控制电源，在其操作把手上悬挂"禁止合闸，有人工作！"标示牌。

k）在人员进入发电机内部转动部分工作时，应做好防止转动的措施。

10.1.3 转动着的发电机即使未加励磁，亦应认为有电压。不应在转动着的发电机的回路上工作，或用手触摸高压绕组。不停机进行紧急检修时，应先将励磁回路切断，投入自动灭磁装置，然后将定子引出线与中性点短路接地。

10.1.4 测量轴电压和在转动着的发电机上用电压表测量转子绝缘的工作，应使用专用电刷，电刷上应装有 300mm 以上的绝缘柄。

10.1.5 不宜在转动着的电动机及其附属装置回路上进行工作。如必须在转动的电动机上工作时，作业人员应戴绝缘手套或使用有绝缘把手的工具，穿绝缘靴或站在绝缘垫上；防止衣服及擦拭材料被机器挂住。不应同时接触两极或一极与接地部分，不应两人同时进行工作。

10.1.6　检修高压电动机及其附属装置（如启动装置、变频装置）时，应做好以下安全措施：

　　a）断开断路器、隔离开关，经验明确无电压后装设接地线或在隔离开关间装绝缘隔板，手车开关应拉至试验或检修位置。

　　b）在断路器、隔离开关操作处悬挂"禁止合闸，有人工作！"标示牌。

　　c）拆开后的电缆头应三相短路接地。

　　d）做好防止被其带动的机械（如水泵、空气压缩机、引风机等）引起电动机转动的措施，并在阀门上悬挂"禁止合闸，有人工作！"标示牌。

10.1.7　电动机的引出线和电缆头以及外露的转动部分均应装设牢固的遮栏或护罩。

10.1.8　电动机及启动装置的外壳均应接地。不应在转动中的电动机的接地线上进行工作。

10.1.9　工作尚未全部终结，而需送电试验电动机及其启动装置、变频装置时，应在全部工作暂停后，方可送电。

10.2　六氟化硫电气设备作业

10.2.1　在六氟化硫（SF_6）电气设备上的工作内容包含操作、巡视、作业以及事故时防止 SF_6 泄漏应采取的安全措施，其具体的安全要求、措施等应遵照 GB/T 28537—2012、DL/T 639—1997 的规定执行。

【发展过程】

　　自 1900 年法国人首次用硫和氟气直接反应合成出 SF_6 气体后，人们逐渐发现 SF_6 除了具有不燃烧特性外，还具有优异的绝缘性能和灭弧性能。1937 年，法国首次将 SF_6 用于高压绝缘电气设备。1955 年，美国西屋电气公司制造了世界上第一台 SF_6 断路器。进入 20 世纪 60 年代后，SF_6 绝缘电气设备的优越性已为世人所公认，各国竞相研制开发该类设备。由于 SF_6 气体相对密度大（约为空气的 5 倍），可能在下部空间集聚引起缺氧窒息，且分解产物具有毒性和腐蚀性，与水分、空气（氧）、电极材料、设备材料等发生系列反应后危害程度更显著增加。因此，结合电气设备工作内容，包含操作、巡视、作业以及事故时防止 SF_6 泄漏应采取的安全措施，依据 IEC 480《电气设备中六氟化硫气体检测导则》和 GB 8905《六氟化硫电气设备中气体管理和检测导则》，1993 年电力工业部明确制定了 DL/T 639—1997《六氟化硫电气设备运行、试验及检修人员安全防护细则》，明确了系列安全防护措施。2008 年 IEC 针对高压 SF_6 开关设备气体的回收和处理又颁布了 IEC 62271-303：20084《高压开关设备和控制设备　第 303 部分：六氟化硫的使用和处理》，国内经起草修改，进一步编制了 GB/T 28537—2012《高压开关设备和控制设备中六氟化硫（SF_6）的使用和处理》，尤其细化了安装、回收等作业过程的各项措施。

10.2.2　装有 SF_6 设备的电气设备室和 SF_6 气体实验室，应装设强力通风装置，排风口应设置在室内墙壁底部。

【条款说明】

SF₆是一种窒息剂，在高浓度下会呼吸困难、喘息、皮肤和黏膜变蓝、全身痉挛，吸入 80% SF₆＋20% 的 O₂ 的混合气体几分钟后，人体会出现四肢麻木，甚至窒息死亡；同时由于 SF₆ 气体的密度是空气的 5 倍，如果发生 SF₆ 泄漏，SF₆ 气体将沉积在室内或容器的下部。另外 SF₆ 的分解产物 SO₂、H₂S、HF 等有毒，所以装有 SF₆ 设备的电气设备室和 SF₆ 气体实验室应装设强力通风装置，排风口应设置在室内墙壁底部，将泄露的 SF₆ 气体排出室外。

 【事故案例】

2005 年 4 月 8 日晚上 6 时左右，某电力公司一名工程师在维修机械时因 1 个零件掉落到电子加速器的气罐里，该工程师下去捡零件时立即昏倒，没有上来，正在值班的保安班长得知后下去救人也没有再上来。2 人被救上来时已死亡。气罐 2.3m 高，罐口直径约 1m，罐壁有梯子可下到罐底。气罐在检修前曾装满 SF₆ 绝缘气体，因气罐内缺氧导致窒息死亡。

10.2.3　在室内，设备充装 SF₆ 气体时，周围环境相对湿度应≤80%，同时应开启通风系统，并避免 SF₆ 气体泄漏到工作区。工作区空气中 SF₆ 气体含量不得超过 1000μL/L。

 【数据说明】

相对湿度指空气中水汽压与相同温度下饱和水汽压的百分比，或湿空气的绝对湿度与相同温度下可能达到的最大绝对湿度之比，也可表示为湿空气中水蒸气分压力与相同温度下水的饱和压力之比。如果空气中的相对湿度越高，在空气中的分压比越大，则与设备内的水蒸气分压差越大，水蒸气越容易扩散到设备内。水分是 SF₆ 设备产生毒害物质的一个条件，如果 SF₆ 气体中含有超过规定的水分，当其湿度发生变化时，就可能凝结在固体绝缘表面使该面变潮，这时设备的沿面放电电压将显著下降。SF₆ 气体在电弧和电晕作用下分解生成的低氟化合物气体，假如没有水分子这个外部条件是不会生成 SO₂、HF 及其他有害物质的，从而也就可以避免由它们产生的设备腐蚀。所以，SF₆ 设备在充装气体时，必须严密措施防止水分进入。SF₆ 气体质量比空气重，在没有与空气充分混合的情况下，SF₆ 气体有沉积于低处的倾向，如电缆沟、室内底层、容器的底部等。在这些可能有大量的 SF₆ 气体沉积的地方，容易缺氧，存在着使人窒息的危险。因此，大多数国家规定，运行维护的工作场所 SF₆ 气体的最大允许浓度为 1000μL/L。

10.2.4　新 SF₆ 气体按有关规定进行复核、检验，合格后方准使用。气瓶内存放半年以上的 SF₆ 气体，使用前应先检验其水分和空气含量。

 【技术原理说明】

通常空气中的相对湿度较高，水蒸气在空气中的分压比较大，与气瓶内的水蒸气分压差较大，水蒸气容易扩散、渗透到气瓶内，造成 SF_6 中含水量增高。水分是 SF_6 设备产生毒害物质的一个条件，如果 SF_6 气体中含有超过规定的水分，当其湿度发生变化时，就可能凝结在固体绝缘表面使该面变潮，这时设备的沿面放电电压将显著下降。SF_6 气体在电弧和电晕作用下分解生成的低氟化合物气体，假如没有水分子这个外部条件是不会生成 SO_2、HF 及其他有害物质的，从而也就可以避免由它们产生的设备腐蚀。

10.2.5 主控制室与 SF_6 电气设备室间要采取气密性隔离措施。SF_6 电气设备室与其下方电缆层、电缆隧道相通的孔洞都应封堵。SF_6 电气设备室及下方电缆层隧道的门上，应设置"注意通风"标志。

【条款说明】

SF_6 气体与 N_2、CO_2、CH_4、C_2H_2、Ne 等都是直接窒息性气体。其特点是自身浓度增大导致空气中含氧量降低而发生窒息。一般当空气中氧含量低于 18% 时，就会发生窒息事故。纯 SF_6 气体为无色、无味、无嗅的惰性气体，是不能仅凭感官判断相对封闭空间中 SF_6 是否超标的。当空气中氧浓度降低时，窒息性事故的发生往往没有明显的预兆。据资料记载，当工作空间中氧浓度小于 10% 时，可立即使人窒息死亡。所以 SF_6 电气设备室及下方电缆层隧道的门上，应设置"注意通风"标志，进入前先强制通风，将 SF_6 排出密闭受限空间，降低其空气中的含量。

【事故案例】

2018 年 11 月 26 日 9 时 6 分，宁波某工程公司在位于上海市化工区某化工企业乙烯装置检维修作业过程中，2 名员工不慎跌入压缩机出口罐，截至 9 时 58 分，2 名员工先后被救出并送往金山医院救治，经抢救无效死亡。该事故案例主要原因为含氧量不足导致人员窒息死亡，与本条款性质一致。

10.2.6 SF_6 电气设备室及其电缆层（隧道）的排风机电源开关应设置在门外。工作人员进入 SF_6 电气设备室及其电缆层（隧道）前，应先通风 15min，并用检漏仪检测 SF_6 气体含量合格。尽量避免一人进入 SF_6 电气设备室及其电缆层（隧道）进行巡视，不应一人进入从事检修工作。

【条款说明】

SF_6 气体与 N_2、CO_2、CH_4、C_2H_2、Ne 等都是直接窒息性气体。其特点是自身浓度增大导致空气中含氧量降低而发生窒息。一般当空气中氧含量低于 18% 时，就会发生窒息事故。纯 SF_6 气体为无色、无味、无嗅的惰性气体，是不能仅凭感官判断相对封闭空间中 SF_6 是否超标的。当空气中氧浓度降低时，窒息性事故的发生往往没有明显的预兆。据资料记载，当工作空间中氧浓度小于 10% 可立即使人窒息死亡。同时设备运行过程中会产生一些有毒气体如 SO_2、H_2S 等，如果泄漏出来容易导致人员中毒，所以 SF_6 电气设备室及下方电缆层隧道的门上，排风机电源开关应设置在门外，进入前先强制通风，并检测 SF$_6$ 气体含量合格。

10.2.7　工作人员不应在 SF$_6$ 设备防爆膜附近停留，SF$_6$ 设备防爆膜应有明显标志。

【技术原理说明】

防爆膜是装在压力容器上部来防止容器爆炸的金属薄膜，是一种安全装置。又称防爆片或爆破片。当容器内压力超过一定限度时，薄膜先被冲破，因而可以降低容器内的压力，避免爆炸，在压力容器中应用极广。当充 SF$_6$ 电气设备内部发生故障后，有可能因产生 2 倍于工作压力的高压而使防爆膜破碎，使含有 SO$_2$、HF、H$_2$S 等毒腐成分的故障气体以很高的冲力喷出，此时，如果工作人员停留在防爆膜附近，无疑将受到侵害甚至危及生命。因此，工作人员不应在 SF$_6$ 设备防爆膜附近停留，SF$_6$ 设备防爆膜应有明显标志提醒。

10.2.8　在 SF$_6$ 电气设备室低位区应安装能报警的氧量仪和 SF$_6$ 气体泄漏警报仪。这些仪器应定期试验，保证完好。进入 SF$_6$ 电气设备低位区或电缆沟工作，应先检测含氧量（不低于 18%）和 SF$_6$ 气体含量。

【事故案例】

1997 年 5 月 15 日上午 8 时，因操作失误，某电厂变压器绝缘开关内 SF$_6$ 气体泄漏，操作现场通风不良，现场工作人员 5 名，均不同程度吸入大量高浓度 SF$_6$ 及其分解产物，吸入时间 3～5min。送医院就诊，有 1 人出现窦性心律不齐伴肝功能损害，3 人出现肺功能减退，限制性通气障碍。设备现场未安装能报警的氧量仪和 SF$_6$ 气体泄漏警报仪。事故发生前开关内压力为 0.64MPa，事故发生后开关内压力为 0.1MPa，泄漏点离地面 160cm，SF$_6$ 空气中浓度因事后采取强制通风措施无法测得。

10.2.9　设备解体检修前，应对 SF$_6$ 气体进行检验。根据有毒气体的含量，采取安全防护措施。检修人员需着防护服并根据需要佩戴防毒面具。打开设备封盖后，现场所有人员应暂离现场 30min。取出吸附剂和清除粉尘时，检修人员应戴防毒面具和防护手套。

【技术原理说明】

充 SF$_6$ 设备在长期的运行过程中，在大电流开断时由于强烈的放电条件，SF$_6$ 会解离生成离子和原子团（基），而在放电过程终了时，其中大部分又会重新复合成 SF$_6$，但其中一部分会生成有害的低氟化物，会使得 SF$_6$ 分解使含有 SO$_2$、HF、H$_2$S、S$_2$F$_2$、S$_2$F$_{10}$等毒腐成分的气体，S$_2$F$_{10}$ 的毒性超过光气，破坏呼吸系统，美国和联邦德国曾规定在空气中的允许浓度为 0.025μL/L。如果工作人员吸入或接触上述气体，无疑将受到侵害甚至危及生命，因此工作人员应采取安全防护措施。检修人员需着防护服并根据需要佩戴防毒面具。设备内的吸附剂，吸收了运行过程中产生的水分和有毒气体，有的甚至已经达到饱和状态，如果直接接触，会通过皮肤和呼吸道进入人体，从而对人体产生危害。

10.2.10 设备内的 SF_6 气体不应向大气排放，应采取净化装置回收，经处理检测合格后方可再使用。回收时工作人员应站在上风侧。

 【技术原理说明】

我国现行国家标准 GB 8905—2012《六氟化硫电气设备中气体管理和检测导则》主要是依据 IEC 480 标准制定的，目前依据 IEC 60480 进行了修订。标准关注了 SF_6 气体的问世效应对环境的影响，提出气体再生、回收再利用的概念。由于 SF_6 气体在化学性能上极其稳定，它在大气中的寿命约为 3200 年，潜在的温室效应作用为 CO_2 的 239000 倍。联合国发起召开的全球气候变暖框架公约缔约国会议（FCCC）明确将其列为必须加以限制的具有温室效应的气体，并明确规定了各发达国家的排放量削减指标。

充 SF_6 设备在长期的运行过程中，在大电流开断时由于强烈的放电条件，SF_6 会解离生成离子和原子团（基），而在放电过程终了时，其中大部分又会重新复合成 SF_6，但其中一部分会生成有害的低氟化物，会使得 SF_6 分解使含有 SO_2、HF、H_2S 等有毒腐蚀性气体，因此需要净化处理合格后方可使用。

10.2.11 从 SF_6 气体钢瓶引出气体时，应使用减压阀降压。当瓶内压力降至 $9.8 \times 10^4 Pa$（1 个大气压）时，即停止引出气体，并关紧气瓶阀门，戴上瓶帽，防止气体泄漏。

 【技术原理说明】

气瓶要求留压有余气便于对可疑的气瓶在充装前进行介质检查和确认。如果气瓶内没有剩余压力的话，则在开启瓶阀或存放时，空气很可能进入瓶内。当下一次充气时就会降低 SF_6 的纯度，影响正常的使用。

10.2.12 进行 SF_6 气体采样和处理一般渗漏时，应戴防毒面具或正压式空气呼吸器，并进行通风。

 【条款说明】

在进行 SF_6 气体采集（如进行微水测量）和处理 SF_6 设备一般泄漏时，因可能有 SF_6 气体（可能含其有毒分解气体）逸出，为避免工作人员中毒或窒息，所以要戴防毒面具或正压式空气呼吸器，并保证工作场所通风良好。

10.2.13 SF_6 电气设备发生大量泄漏等紧急情况时，人员应迅速撤出现场，开启所有排风机进行排风。未佩戴隔离式防毒面具或正压式呼吸器人员禁止入内。

10.3 厂站低压设备作业

10.3.1 低压电气工作前，应用低压验电器检验检修设备、金属外壳和相邻设备是否有电。

 【条款说明】

在开展低压电气工作时，检修设备可能由于隔离不彻底、金属外壳可能会由于漏电、相邻设备可能由于安全距离不足引发触电事故；尤其是在低压屏（柜）内需要低压出线停电开展的工作时，由于低压出线电缆连接端情况不明，可能存在反送电情况，导致触电事故。

 【事故案例】

2013 年，某公司在承担某电力公司农网升级改造项目时，施工单位在未拆除低压侧主线且原低压侧出现未有效接地的情况下，安装低压负荷开关，导致人员触电，造成 1 人死亡。

10.3.2 低压屏（柜）内需要低压出线停电的工作，应断开相应出线空气开关，并在低压出线电缆头上验电、装设接地线，以防止向工作地点反送电。

【条款说明】

在开展低压屏（柜）内需要低压出线停电的工作时，出线空气开关作为与电源间的隔离设备，可能由于内部绝缘受损或功能异常，导致隔离不彻底，低压出线部位仍有可能带有电压，引发触电事故，因此应同时在低压出线电缆头上验电、装设接地线。

10.4 线路融冰作业

10.4.1 线路融冰作业组织模式，应采用工作组指挥模式或调度员指挥模式。

10.4.1.1 工作组指挥模式：是指将覆冰线路停电后，将线路两侧调度管辖的厂站接地刀闸（临时接地线）、融冰装置网侧断路器及相关接地刀闸的调度操作权，移交给融冰工作组自行负责并开展融冰作业。

10.4.1.2 调度员指挥模式：是指值班调度员根据现场融冰作业过程需要，具体负责指挥调度管辖范围设备的所有操作，包括线路停复电、融冰装置投切、接地刀闸（临时接地线）等安全措施的操作。现场侧由融冰工作负责人负责协调和开展具体融冰作业。

10.4.2 线路融冰作业的组织措施。

10.4.2.1 工作组指挥模式的组织措施：

a）设备运维单位应根据线路融冰情况，制定详细、科学、完整的融冰工作方案，包括组织措施、技术措施和必要的保障措施等，并应履行相应的审批手续。

b）融冰作业中若出现情况异常，与融冰工作方案不相符合时，应立即停止作业，待研究、处理并重新履行工作方案审批手续后，方可继续作业。

10.4.2.2 调度员指挥模式的组织措施：

a）导线或地线融冰作业应办理相应的第一种工作票。在线路上搭接、短接融冰装置或于末端短接作业，应办理线路第一种工作票；在厂站设备上搭接、短接融冰装置或线路末端短接作业，应办理厂站第一种工作票。

b）融冰作业前的搭接、短接工作及融冰作业后的拆除恢复工作，应分别办理第一种工作票。

c）地线分段融冰作业，应逐段按序办理线路第一种工作票。

【条款说明】

　　进行线路融冰作业时，应组织开展方案编制准备工作（包括方案编写、作业全程推演、作业风险评估），并严格履行各层级方案审批流程。如果方案审批未进行严格审批，可能造成方案内容存在严重不足（如融冰专业操作步骤、安全措施考虑不全面），所列组织机构组织关系不清晰、职责不健全，未明确工作过程中信息传递流程，所列原理示意图与方案附件中所列实际接线图不一致等问题。同时现场作业应严格执行融冰方案，如发现现场异常情况，应立即停止作业及时汇报，并履行方案变更手续，严禁未经许可擅自变更方案，否则可能存在融冰过程造成人员伤亡事故。

10.4.3　线路融冰作业的技术措施：应将待融冰线路进行停电；导线或地线搭接、短接等作业前，在待融冰段线路两端应分别验电；确认停电后合接地刀闸或挂接地线。

【事故案例】

　　2014 年，某供电公司在 500kV 线路开展地线融冰试验过程中，作业人员未经允许自行登塔作业，未严格执行验电、接地安全措施，导致人身触电事故。

10.4.4　线路融冰作业其他安全要求。

10.4.4.1　融冰作业前，应确认待融冰线路（含导线、地线、OPGW 光缆）及有关装置对塔身等接地体的距离满足融冰电压不击穿的安全要求。

10.4.4.2　融冰装置启动之前，应关闭电源侧高压室大门，禁止无关人员进入。

10.4.4.3　若待融冰的导线或地线位于杆塔同一侧垂直排列时，应先融上层，后融下层。

10.4.4.4　装设好导线与地线之间的连接线后，应拆除导线接地线，并拉开地线接地刀闸。

10.4.4.5　未合接地刀闸（挂接地线）前，不得徒手碰触架空地线引下线、连接电缆、接地刀闸、电缆头等裸露的电气部位。

10.4.4.6　操作杆塔上的接地刀闸或装、拆连接线时，应戴绝缘手套，使用绝缘操作杆。

10.4.4.7　裸露的连接线应盘卷放置在绝缘架上，用绝缘护套包好，悬空放置，不能与塔材接触。

【条款说明】

　　在开展线路融冰过程中，在导线或地线搭接、短接等作业前，如未执行验电、装设接地线程序，未履行装、拆除接地线时，应带绝缘子手套。装时先装接地端，后装导线端；拆时先拆导线端，后拆除接地端。绝缘架空地线应视为带电体。作业人员与架空地线距离小于 0.6m 时，装拆接线未戴绝缘手套，可能会在融冰过程中造成人员伤亡事故。

10.5　化学品作业

10.5.1　危险化学品从业人员应当接受安全教育和岗位技术培训，考核合格后上岗作业。

10.5.2　储存危险化学品的单位，应在其作业场所和安全设施、设备上设置明显的安全警示标志。

10.5.3 危险化学品应储存在专用场地或者专用储存室内。

10.5.4 装有药品的瓶子上应贴上明显的标签，并分类存放。严禁使用没有标签的药品。

【事故案例】

2007 年 8 月 9 日晚 8 时许，某高校实验室李某在准备处理一瓶四氢呋喃时，标签模糊不清且没有仔细核对，误将一瓶硝基甲烷当作四氢呋喃投到氢氧化钠中。约过了 1min，试剂瓶中冒出了白烟。李某立即将通风橱玻璃门拉下，此时瓶口的烟变成黑色泡沫状液体。李某叫来同实验室的一名博士后请教解决方法，随即发生了爆炸，玻璃碎片将二人的手臂割伤。

10.5.5 重复使用的危险化学品包装物、容器，重复使用前应当进行检查。

【事故案例】

见 10.5.4 条。

10.5.6 接触强酸、强碱等腐蚀性化学品的工作人员在作业时应穿戴耐酸、耐碱腐蚀的个人防护用品。

【事故案例】

2018 年 1 月 15 日，某化工厂卸货的工人不带防酸手套，有一桶氢氟酸盖子没盖紧，溅到了工人手上一点儿，当场用大量的水洗，然后被送到医院，尽管很及时，但被腐蚀得露出了骨头。

10.5.7 使用挥发性的药品时应戴口罩、防护眼镜及橡胶手套；操作时必须在通风柜内或通风良好的地方进行，并应远离火源；接触过的器皿应及时清洗干净。

【条款说明】

使用挥发性的药品时，由于药品有挥发性，使用者裸露部位如眼睛、口鼻以及双手在不采取防护措施时极有可能接触到药品，接触过的器皿表面也有可能有药品附着，导致人员中毒或腐蚀，因此操作时人员应佩戴必要的防护用具，接触过的器皿应及时清洗。同时，必须在通风良好的条件下操作，利于挥发性气体散去。

10.5.8 化验室应有自来水，急救箱，急救酸、碱伤害时中和用的溶液等物品。化验室应有良好的通风。

【条款说明】

为避免人员受伤时快速处置，化验室应有自来水、急救箱、急救酸碱伤害时中和用的溶液等物品。

10.5.9　严禁用口尝和正对瓶口用鼻嗅的方法鉴别性质不明的药品。

【事故案例】

2015 年 7 月 27 日晚，广东的赖某发现自己三个女儿状态不好，出现腹痛、呕吐等症状。经过反复询问，一女儿告诉赖某，他们尝了捡来的一瓶药。夫妻二人听后，急忙让女儿拿出药瓶，并将三个女儿送至顺德区妇幼保健院儿童医院就诊。"药瓶外观已经磨损，无法判断是什么药物。"据儿科主任医师邓某回忆，当晚患儿被送入医院时，已经出现抽搐、嗜睡症状。经过洗胃等紧急治疗，两名患儿转危为安，并于当晚出院。

化学药品可通过呼吸道、皮肤和消化道进入人体而发生中毒现象，因此严禁用口尝和正对瓶口用鼻嗅的方法鉴别性质不明的药品。

10.5.10　试管加热时不应将试管口朝向自己或别人，刚加热过的玻璃仪器不应接触皮肤及冷水。

【技术原理说明】

试管加热时，试管中的液体加热后会膨胀、沸腾，如果暴沸，会溅出伤人，所以试管口不能对着人。刚加热过的玻璃仪器，骤冷会使得玻璃炸裂，容易伤人。

10.6　防止客户侧反送电的措施

10.6.1　作业前，应检查双电源和有自备电源的客户已采取机械或电气联锁等防反送的强制性技术措施，确保有明显的断开点。

10.6.2　停电操作前，单位应提前通知双电源和有自备电源的用电客户断开并网点的线路断路器、隔离开关，并监督用户实施，确认设备状态后做好记录。

11　带电作业

11.1　一般要求

11.1.1　本规定适用于在海拔 1000m 及以下交流 $10\sim500kV$、直流 $\pm500\sim\pm800kV$ 的高压架空电力线路、厂站电气设备上，采用等电位、中间电位和地电位方式进行的带电作业。

11.1.2　在海拔 1000m 以上的带电作业，应根据作业区不同海拔高度，修正各类空气间隙距离与固体绝缘的有效绝缘长度、绝缘子片数等。

【条款说明】

在海拔 1000m 以上的带电作业，随着海拔的增加，气温、气压都将按一定趋势下降，空气绝缘亦随之下降。因此，人体与带电体的安全距离、绝缘工器具的有效长度、绝缘子的片数或有效长度等，应针对不同的海拔进行修正。

11.1.3 在交流 500kV 紧凑型线路上开展带电作业时，应按 DL/T 400—2010 要求执行。

11.1.4 带电作业应在良好天气下进行。如遇雷电、雪、雹、雨、雾等，不应进行带电作业。风力大于 5 级，或湿度大于 80% 时，不宜进行带电作业。

 【数据说明】

引用 GB/T 3608—2008《高处作业分级》4.2 规定。

 【技术原理说明】

大风使高处作业人员的平衡性大大降低，容易造成高处坠落；当湿度大于 80% 时，绝缘绳索的绝缘强度下降较为明显，放电电压降低，泄漏电流增大，易引起发热甚至冒烟着火。

11.1.5 对于比较复杂、难度较大的带电作业新项目和研制的新工具，应进行科学试验，确认安全可靠，编制操作工艺方案和安全措施，并经本单位批准后，方可进行作业和使用。

 【条款说明】

带电作业新项目和研制的新工具如不经过专家进行技术论证和鉴定，或者开展电气和机械性能等方面的试验，无法确保其安全可靠，将给带电作业带来较大安全隐患。

11.1.6 带电作业人员应经专门培训，并经考试合格取得资格、本单位书面批准后，方可参加相应的作业。带电作业工作票签发人和工作负责人、专责监护人应由具有带电作业实践经验的人员担任。工作负责人、专责监护人应具备带电作业资格。

 【条款说明】

作业人员经过培训后方可了解和掌握工具的构造、性能、规格、用途、使用范围和操作方法等基本知识，掌握行相关安全规程、现场操作规程和专业技术理论。如不参加培训贸然参加作业，将给作业人员带来极大安全隐患。

11.1.7 带电作业应设专责监护人。监护人不应直接操作，其监护的范围不应超过一个作业点。复杂的或高杆塔上的带电作业，应增设监护人。

【条款说明】

因带电作业过程中需严格控制各类安全距离，作业人员要集中精力去完成某项任务，可能兼顾不到与带电体的距离，造成人员触碰带电体，造成人员伤亡。在复杂杆塔作业时，因需控制的环节较多，需增设监护人，避免造成因监护不到位造成的人员伤亡。

【事故案例】

2018 年 3 月 11 日，某供电局先后两次接到客户报修电话反映 0.4kV 线路缺相，花椒烘干机无法使用。某供电所向所长杨某汇报情况，杨某安排汪某作为工作负责人，带领王某、罗某前去处理。汪某安排王某拆除变压器低压桩头计量箱，罗某在地面上负责配合，自己带上脚扣，登上台区 0.4kV 出线台架。在将脚扣挂在 0.4kV 出线台架后，汪某在 0.4kV 出线横担上开始拆除并更换破损的低压线路。因持续降雨，汪某担心绝缘杆受潮，便安排王某将绝缘操作杆送至附近居民家屋檐下避雨。缺少监护人的汪某独自作业，而汪某完成拱桥台区出线 A、B、C 三相导线更换、搭接后，为便于更换零线，汪某起身转移工作地点，在由变台上方台架靠 0.4kV 线路 A 相导线侧向零线侧转移过程中，后背靠左侧部位与 10kV 变台引下线安全距离不足，发生触电，汪某从横担坠落于 10kV 变台下死亡。

11.1.8 带电作业有以下情况之一者，应停用重合闸装置或退出再启动功能，并不应强送电，不应约时停用或恢复重合闸（直流再启动功能）：

  a) 中性点有效接地系统中可能引起单相接地的作业。

  b) 中性点非有效接地系统中可能引起相间短路的作业。

  c) 直流线路中可能引起单极接地或极间短路的作业。

  d) 工作票签发人或工作负责人认为需要停用重合闸装置或退出再启动功能的作业。

【技术原理说明】

上述情况，若重合闸（直流再启动功能）不退出，在带电作业中发生单相接地（相间短路、极间短路）故障，可能会造成作业人员和设备的二次过电压伤害。

11.1.9 在带电作业过程中如设备突然停电，作业人员应视设备仍然带电。设备运维单位或值班调度员未与工作负责人取得联系前，不应强行送电。

【条款说明】

在带电作业过程中如设备突然停电，因设备随时有来电的可能，如果不按照带电方式做，会造成人员触电后果。

【事故案例】

2015 年，某供电对 220kV 某线路进行带电作业更换自爆绝缘子。工作负责人为唐某，地电位为施某，等电位为许某和 3 位配合人员，共 6 人进行作业。唐某交代好作业注意事项后，各司其职开展作业。许某按照"跨二短三"作业方式通过绝缘子进入作业，更换作业完成后，拆卸工器具期间，突然线路停电，许某报告工作负责人唐某，唐某要求许某维持现状，待他汇报并确认情况，唐某打电话汇报过程中，许某等着有点不耐烦，擅自退出作业现场，并且自认为目前线路未带电，不需要按带电作业方式处理，在退出作业现场过程中，突然线路通电，由于导线-许某-铁塔组合间隙不够导线对铁塔放电，导致许某死亡。

11.1.10 在跨越处下方或邻近带电线路或其他弱电线路的挡内进行带电架、拆线的工作，应制定可靠的安全技术措施，经本单位批准后，方可进行。

【条款说明】

带电架、拆线的工作时，导线有触及处下方或邻近带电线路或其他弱电线路的可能性，如不采取停电、绝缘隔离等技术措施，不仅会造成线路故障还可能引起人员触电伤亡事件。

【事故案例】

2007年6月，某供电局计划对新建某线路3号杆到某线路1号杆进行放线。其中2号到1号杆中间需跨越一条用户产权的380V带电绝缘低压线路，工作负责人刘某带领李某、邓某、王某等共7人开展放线工作，刘某在现场施工时，指挥现场施工人员在380V低压用户线路上套了一段约0.67m长的PVC管。导线到位后，刘某使用安全带登上低压用户杆，负责过线。李某、邓某将在支线1号杆的导线转头拉至低压用户线下方（约50m），再从低压用户线PVC管的上方跨过。因导线两头受力过大，李某脱手，导线跑线，直接碰触低压用户线绝缘驳接点处并放电，导致拉线的李某和邓某触电，两人死亡。

11.2 一般安全技术措施

11.2.1 进行地电位带电作业时，人身与带电体间的安全距离不得小于表2的规定。35kV及以下的带电设备，不能满足表2的规定时，应采取可靠的绝缘隔离措施。

表2 带电作业时人身与带电体间的安全距离

电压等级 kV	10	35	63 (66)	110	220	500	±500	±800
距离 m	0.4	0.6	0.7	1.0	1.8 (1.6)[a]	3.4 (3.2)[b]	3.4	6.8[c]

注：表中数据是根据设备带电作业安全要求提出的。

[a] 220kV带电作业安全距离因受设备限制达不到1.8m时，经单位分管生产负责人或总工程师批准，并采取必要的措施后，可采用括号内1.6m的数值。

[b] 海拔500m以下，取3.2m，但不适用500kV紧凑型线路；海拔在500～1000m时，取3.4m。

[c] 不包括人体占位间隙。

【条款说明】

（1）交流10～500kV数据引用DL 409—1991《电业安全工作规程（电力线路部分）》

8.2.1 规定。

（2）±500kV 数据引用 DL/T 881—2004《±500kV 直流输电线路带电作业技术导则》5.1.1 规定。

（3）±800kV 数据引用 Q/GDW 302—2009《±800kV 直流输电线路带电作业技术导则》5.1.1 规定。

11.2.2　绝缘操作杆、绝缘承力工具和绝缘绳索（相地带电作业时）的有效绝缘长度不得小于表 3 的规定。

表 3　　　　　　　　　　　绝缘工具最小有效绝缘长度

电压等级 kV	有效绝缘长度 m		电压等级 kV	有效绝缘长度 m	
	绝缘操作杆	绝缘承力工具、绝缘绳索		绝缘操作杆	绝缘承力工具、绝缘绳索
10	0.7	0.4	220	2.1	1.8
20	0.8	0.5	500	4.0	3.7
35	0.9	0.6	±500	3.7	3.7
63（66）	1.0	0.7	±800	6.8	6.8
110	1.3	1.0			

【条款说明】

（1）交流 10～500kV 数据引用 DL 409—1991《电业安全工作规程（电力线路部分）》8.2.2 规定。

（2）±500kV 数据引用 DL/T 881—2004《±500kV 直流输电线路带电作业技术导则》5.1.2 规定。

（3）±800kV 数据引用 Q/GDW 302—2009《±800kV 直流输电线路带电作业技术导则》5.1.2 规定。

11.2.3　带电作业应使用绝缘绳索传递工具和材料等。绝缘绳索使用时，其安全系数应符合表 4 的要求。

表 4　　　　　　　　　　　绝缘绳索的安全系数

用　途	作控制绳索用	作传递绳索用	作主承力绳索用	作设备保护绳索用	作人身保安绳索用
安全系数	1.5	2	3	3	5

【条款说明】

非绝缘绳索在带电作业中使用时易引起作业人员触电伤害，故不准使用。带电作业中常用的绝缘绳索主要是蚕丝绳、锦纶长丝绝缘绳以及其他一些材料制作成的高强度绝缘绳等。

11.2.4 带电更换绝缘子或在绝缘子串上带电作业前，应检测绝缘子，良好绝缘子片数不得少于表 5 的规定。

表 5　　　　　　　　　　　带电作业中良好绝缘子最少片数

电压等级 kV	35	63（66）	110	220	500	±500	±800
片数	2	3	5	9	23	22ª	32ᵇ

a　单片高度 170mm。

b　海拔 1000m 以下时，±800kV 良好绝缘子的最少片数，应根据单片绝缘子高度按照良好绝缘子总长度不小于 6.2m 确定，由此确定（单片绝缘子高度为 195mm），良好绝缘子最少片数为 32 片。

【条款说明】

（1）交流 10～500kV 数据引用 DL 409—1991《电业安全工作规程（电力线路部分）》8.2.3 规定。

（2）±500kV 数据引用 DL/T 881—2004《±500kV 直流输电线路带电作业技术导则》5.2.4 规定。

（3）±800kV 数据引用 Q/GDW 302—2009《±800kV 直流输电线路带电作业技术导则》5.2.4 规定。

11.2.5 更换直线绝缘子串，移动或开断导线的作业，当采用单吊线装置时，应采取防止导线脱落的后备保护措施。开断高压配电线路导线时不得两相及以上同时进行，开断后应及时对开断的导线端部采取绝缘包裹等遮蔽措施。

11.2.6 在绝缘子串未脱离导线前，拆、装靠近横担的第一片绝缘子时，应采用专用短接线或穿屏蔽服方可直接进行操作。

【条款说明】

当绝缘子串尚未脱离导线前，绝缘子上都有一定的分布电压，并通过一定的泄漏电流，若作业人员未采取任何措施拆、装靠近横担的第一片绝缘子时，绝缘子串上的泄漏电流将从人体流过，造成作业人员触电。

11.2.7 在绝缘子串未脱离导线前，拆、装靠近横担的第一片绝缘子时，应采用专用短接线或穿屏蔽服方可直接进行操作。

【条款说明】

不同电位作业人员存在一定的电位差，如直接相互接触，将造成人员触电。

【事故案例】

2008 年 9 月，某线路班成员孙某、林某、陈某三人在某 220kV 线路上进行安装在线监控，孙某挂好传递绳后让林某、陈某将在线监控和工器具传上来，林某、陈某发现工器具没有工具包放置，为了图省事两人直接把工器具放置在线监控柜子里，上传过程中由于晃动，导致在线监控柜门打开，一把扳手直接打到林某头上，幸好林某戴着安全帽，只受轻伤。

11.2.8　高压配电线路带电作业时，作业区域带电导线、绝缘子等应采取相间、相对地的绝缘遮蔽及隔离措施。绝缘遮蔽、隔离措施的范围应比作业人员活动范围增加 0.4m 以上，绝缘遮蔽用具之间的接合处应重合 15cm 以上。

【条款说明】

不同电位作业人员存在一定的电位差，如直接相互接触，将造成人员触电。

11.2.9　高压线路带电作业时，作业人员不应同时接触两个非连通的带电导体或带电导体与接地导体。

【条款说明】

禁止同时接触两个非连通的带电导体或带电导体与接地导体以防止人体串入其中发生短路触电。

【事故案例】

2018 年 10 时 20 分左右，新建线路施工过程中，完成某台区低压线路展放后，现场负责人阳某为保护展放的低压线及便于接线，打算先将低压导线挂在计划拆除的副杆抱箍上，于是安排张某挂接展放的线路。在断开某变台高低压开关后，张某利用竹梯登上变台副杆，挂好安全带，接着开始拉线，在挂接导线过程中，张某突然向带电侧转身，由于右手摆动过大，误碰到变压器台架带电的高压 C 相引下线，造成触电，并挂在横担上。

11.2.10　高压配电线路带电作业实施绝缘隔离措施时，应按先近后远、先下后上的顺序进行，拆除时顺序相反。装、拆绝缘隔离措施时应逐相进行。不应同时拆除带电导线和地电位的绝缘隔离措施。

11.2.11　高压配电线路带电作业绝缘遮蔽或隔离用具有脱落的可能时，应采用可靠措施进行绑扎、固定。作业位置周围如有接地拉线和低压线等设施，不满足作业安全距离时，也应进行绝缘遮蔽或隔离。

11.2.12　高压配电线路带电、停电配合作业的项目，当带电、停电作业工序转换时，双方工作负责人应进行安全技术交接，确认无误后，方可开始工作。

11.2.13　采用绝缘手套作业法或绝缘操作杆作业法时，应根据作业方法选用人体绝缘防护用具，使用绝缘安全带、绝缘安全帽。必要时还应戴护目镜。作业人员转移相位工作前，应得到监护人的同意。

11.3　等电位作业

11.3.1　等电位作业一般在 66kV、±125kV 及以上电压等级的电气设备上进行。若须在

35kV 及以下电压等级进行等电位作业时，应采取可靠的绝缘隔离措施。20kV 及以下电压等级的电气设备上不应进行等电位作业。

 【技术原理说明】

（1）由于 66kV、±125kV 及以上电压等级的电力线路和电气设备的相间和对地电气间隙相对较大，故等电位作业一般在 66kV、±125kV 及以上电压等级的电力线路和电气设备上进行。

（2）35kV 电压等级的线路及设备相间和对地的电气间隙较小，若需在 35kV 电压等级进行等电位作业时，应采取可靠的绝缘隔离措施。

（3）20kV 及以下电压等级的电力线路和电气设备各类电气间隙过小，作业人员很难保证相关安全距离，故不准进行等电位作业。

11.3.2 等电位作业人员应穿着阻燃内衣，外面穿着全套屏蔽服，各部分应连接良好。不应通过屏蔽服断、接空载线路或耦合电容器的电容电流及接地电流。±800kV 等电位作业人员还应戴面罩。

 【技术原理说明】

屏蔽服是根据金属球置于强电场中，其内部电场为零的原理制成的，它像一个特殊的金属网罩，依靠它可以使人体表面的电场强度均匀并减至最小，使作业时流经人体的电流几乎全部从高压屏蔽服上流过，实现了对人身的电流保护。在发生事故的情况下，穿着高压屏蔽服保护人身安全，对减轻电弧烧伤面积也有一定作用。穿着阻燃内衣可以防止在发生事故的情况下，电弧烧伤屏蔽服后对人体的伤害。对于 ±800kV 等电位作业，因电压等级高，为防止火弧对脸部灼伤，人员还应戴面罩。

11.3.3 等电位作业人员对接地体距离应不小于表 2 的规定，对邻相导线的距离应不小于表 6 的规定。

表 6   绝缘绳索的安全系数

电压等级 kV	35	63（66）	110	220	500
距离 m	0.8	0.9	1.4	2.5	5.0

 【数据说明】

交流 10～500kV 数据引用 DL 409—1991《电业安全工作规程（电力线路部分）》8.3.3 规定。

11.3.4 等电位作业人员在绝缘梯上作业或者沿绝缘梯进入强电场时，其与接地体和带电体两部分间所组成的组合间隙不应小于表 7 的规定。

表 7　　　　　　　　　　　　　　　絶缘绳索的安全系数

电压等级 kV	35	63（66）	110	220	500	±500	±800
距离 m	0.7	0.8	1.2	2.1	3.9	3.8	6.7[a]

a　不包括人体占位间隙。

11.3.5 等电位作业人员沿绝缘子串进入强电场的作业，一般在 220kV 及以上电压等级的绝缘子串上进行。扣除人体短接的和零值的绝缘子片后，良好绝缘子片数不应小于表 5 的规定。其组合间隙不应小于表 7 的规定。若不满足表 7 的规定，应加装保护间隙。

【数据说明】（11.3.4、11.3.5 合并说明）

（1）交流 10～500kV 数据引用 DL 409—1991《电业安全工作规程（电力线路部分）》8.3.4 规定。

（2）±500kV 数据引用 DL/T 881—2004《±500kV 直流输电线路带电作业技术导则》5.3 规定。

（3）±800kV 数据引用 Q/GDW 302—2009《±800kV 直流输电线路带电作业技术导则》5.2.1 规定。

11.3.6 等电位工作人员在电位转移前，应得到工作负责人的许可。电位转移时，人体裸露部分与带电体的距离不应小于表 8 的规定。

表 8　　　　　　　　　　转移电位时人体裸露部分与带电体的最小距离

电压等级 kV	35、63（66）	110、220	500	±500	±800
距离 m	0.2	0.3	0.4	0.4	0.5

注：±800kV 等电位作业执行 11.3.2 条。

【数据说明】

（1）交流 10～500kV 数据引用 DL 409—1991《电业安全工作规程（电力线路部分）》8.3.6 规定。

（2）±500kV 数据引用 DL/T 881—2004《±500kV 直流输电线路带电作业技术导则》5.2.5 规定。

（3）±800kV 数据引用 Q/GDW 302—2009《±800kV 直流输电线路带电作业技术导则》5.5.1 规定。

11.3.7 等电位作业人员与地电位作业人员传递工具和材料时，应使用绝缘工具或绝缘绳索进行，其有效长度不应小于表 3 的规定。

【条款说明】

同 11.2.2 条。

11.3.8 沿导（地）线上悬挂的软、硬梯或导线飞车进入强电场的作业，应遵守以下规定：

a) 在连续挡距的导（地）线上挂梯（或导线飞车）时，其导（地）线的截面不得小于：钢芯铝绞线和铝合金绞线 120mm²，铜绞线 70mm²，钢绞线 50mm²。

【数据说明】

部分将已投入运行线路的地线改造成的光缆，由于设计时考虑原塔头的受力等因素，其强度可能达不到计算截面为 50mm² 及以上钢绞线的标准，在光缆上进行挂梯（或飞车）作业时，应对光缆强度进行验算，符合要求后方可进行。

b) 在孤立挡的导（地）线上的作业、在有断股的导（地）线上作业、在有锈蚀的地线上作业、在 11.3.8 a) 条规定以外的其他型号导（地）线上的作业、两人以上在同挡同一根导（地）线上的作业时，应经验算合格，并经地市级单位分管生产负责人或总工程师批准后方能进行。

【数据说明】

通过对导（地）线应力进行复核，核实是否满足人员出地线的条件，如不经过验算，可能导致人员坠落风险。

c) 在导（地）线上悬挂梯子、飞车进行等电位作业前，应检查本挡两端杆塔处导（地）线的紧固情况。挂梯载荷后，应保持地线及人体对下方带电导线的安全间距比表 2 中的数值增大 0.5m；带电导线及人体对被跨越的电力线路、通信线路和其他建筑物的安全距离应比表 2 中的数值增大 1m。

【数据说明】

在导、地线上悬挂梯子、飞车等电位作业前，应检查挂梯挡两端杆塔处导、地线的横担、金具紧固和绝缘子串的连接情，防止导、地线脱落。挂梯载荷后，导线弧垂变大，因此地线及人体与下方带电导线的安全间距应相应增加。

d) 在瓷横担线路上不应挂梯作业，在转动横担的线路上挂梯前应将横担固定。

【数据说明】

由于瓷横担在设计时未考虑挂梯作业的强度，如在瓷横担线路上挂梯作业可能会引起横担断裂等意外事故，因此在瓷横担线路上禁止挂梯作业。

在转动横担的线路上挂梯前应先将横担固定好，以免挂梯作业时横担转动造成安全距离不够，而引发意外事故。

11.3.9　等电位作业人员在作业中不应用酒精、汽油等易燃品擦拭带电体及绝缘部分，防止起火。

【数据说明】

　　酒精、汽油等属于易燃品，等电位作业处于强电场中，使用酒精、汽油等易燃品容易起火。

11.4　带电断、接引线

11.4.1　带电断、接空载线路，应遵守以下规定：

　　a) 带电断、接空载线路时，应确认需断、接线路的另一端断路器和隔离开关确已断开，接入线路侧的变压器、电压互感器确已退出运行后，方可进行。禁止带负荷断、接引线。

　　b) 带电断、接空载线路时，作业人员应戴护目镜，并应采取消弧措施。消弧工具的断流能力应与被断、接的空载线路电压等级及电容电流相适应。如使用消弧绳，则其断、接的空载线路的长度不应大于表 9 的规定，且作业人员与断开点应保持 4m 以上的距离。

表 9　　　　　　　　使用消弧绳断、接空载线路的最大长度

电压等级 kV	10	20 (35)	63 (66)	110	220
长度 km	50	30	20	10	3
注：线路长度包括分支在内，但不包括电缆线路。					

　　c) 在查明线路确无接地、绝缘良好、线路上无人工作且相位确定无误后，方可进行带电断、接引线。

　　d) 带电接引线时未接通相的导线及带电断引线时已断开相的导线，将因感应而带电。为防止电击，应采取措施后方可触及。

　　e) 不应同时接触未接通的或已断开的导线两个断头。

11.4.2　不应用断、接空载线路的方法使两电源解列或并列。

11.4.3　带电断、接耦合电容器时，应将其接地刀闸合上、停用高频保护和信号回路。被断开的电容器应立即对地放电。

11.4.4　带电断、接空载线路、耦合电容器、避雷器、阻波器等设备引线时，应采取防止引流线摆动的措施。

11.4.5　带电断、接空载电缆线路的连接引线应采取消弧措施，不应直接带电断、接。断、接电缆引线前应检查相序并做好标志。10kV 空载电缆长度不宜大于 3km。当空载电缆电容电流大于 0.1A 时，应使用消弧开关进行操作。

11.4.6　高压配电线路带电作业装、拆旁路引流线时，应在检查确认旁路引流线及原引流线通流正常后，方可拆除短接设备或旁路引流线。

11.5　带电短接设备

11.5.1　用分流线短接断路器、隔离开关等载流设备，应遵守以下规定：

a）短接前一定要核对相位。

b）组装分流线的导线处应清除氧化层，且线夹接触应牢固可靠。

c）35kV 及以下设备使用的绝缘分流线的绝缘水平应符合附录 K 的规定。

d）断路器应处于合闸位置，并取下跳闸回路熔断器，锁死跳闸机构后，方可短接。

e）分流线应支撑好，以防摆动造成接地或短路。

11.5.2 阻波器被短接前，严防等电位作业人员人体短接阻波器。

11.5.3 短接开关设备或阻波器的分流线截面和两端线夹的截流容量，应满足最大负荷电流的要求。

11.5.4 高压配电线路带电短接故障线路、设备前，应确认故障已隔离。

11.6 带电水冲洗

11.6.1 带电水冲洗一般应在良好天气进行。风力大于 4 级，气温低于 0℃，雨天、雪天、沙尘暴、雾天及雷电天气时不宜进行。

11.6.2 带电水冲洗前应掌握绝缘子的表面盐密情况，当超出表 10 数值时，不宜进行水冲洗。

表 10　　　　　　　　　　　　绝缘子水冲洗临界盐密值

绝缘子种类	厂站支柱绝缘子		线路绝缘子	
	普通型绝缘子	耐污型绝缘子	普通型绝缘子	耐污型绝缘子
爬电比距 mm/kV	14～16	20～31	14～16	20～31
临界盐密值 mg/cm²	0.12	0.20	0.15	0.22
注：本表内容适用于 220kV 及以下电压等级。				

11.6.3 带电水冲洗用水的电阻率不应低于 $1\times10^5\Omega\cdot cm$。每次冲洗前，都应使用合格的水阻表从水枪出口处取得水样测量其水电阻率。

11.6.4 以水柱为主绝缘的水枪喷嘴与带电体之间的水柱长度不应小于表 11 的规定，且应呈直柱状态。

表 11　　　　　　　　　喷嘴与带电体之间的水柱长度　　　　　　　　单位：m

电压等级 kV	喷嘴直径[a] mm			
	≤3	4～8	9～12	13～18
10～35	1.0	2.0	4.0	6
110	1.5	3.0	5.0	7
220	2.1	4.0	6.0	8
500	—	6.0[b]	8.0[b]	—
[a] 水冲喷嘴直径为 3mm 及以下者称小水冲；直径为 4～8mm 者称中水冲；直径为 9mm 及以上者称大水冲。				
[b] 为输电线路带电水冲洗数据，变电站带电水冲洗时参照执行。				

11.6.5 由水柱、绝缘杆、引水管（指有效绝缘部分）组成的小型水冲工具，其组合绝缘应满足以下要求：

  a）在工作状态下应能耐受附录 K 规定的试验电压。

  b）在最大工频过电压下流经操作人员人体的电流应不超过 1mA，试验时间不小于 5min。

11.6.6 小型水冲工具进行冲洗时，冲洗工具不应接触带电体。引水管的有效绝缘部分不应触及接地体。操作杆的使用和管理按带电作业工具的有关规定执行。

11.6.7 带电水冲洗前，应有效调整水压，确保水柱射程和水流密集。当水压不足时，不应将水枪对准被冲洗的带电设备。冲洗中不应断水或失压。

11.6.8 水冲洗操作人员，应穿防水服、绝缘靴，戴绝缘手套、防水安全帽等辅助安全措施。

11.6.9 冲洗绝缘子时应注意风向，应先冲下风侧，后冲上风侧。对于上、下层布置的绝缘子应先冲下层，后冲上层，还要注意冲洗角度，严防临近绝缘子在溅射的水雾中发生闪络。

11.7 带电清扫机械作业

11.7.1 进行带电清扫工作时，人身与带电体间的安全距离不应小于表 2 的规定。

11.7.2 在使用带电清扫机械进行清扫前，应确认清扫机械的电机及控制、软轴及传动等部分工况完好，绝缘部件无变形、脏污和损伤，毛刷转向正确，清扫机械已可靠接地。

11.7.3 带电清扫作业人员应站在上风侧位置作业，应戴口罩、护目镜。

11.7.4 作业时，作业人的双手应始终握持绝缘杆保护环以下部位，并保持带电清扫有关绝缘部件的清洁和干燥。

11.8 绝缘斗臂车作业

11.8.1 绝缘斗臂车的工作位置应选择适当，支撑应稳固可靠，并有防倾覆措施。使用前应在预定位置空斗试操作一次，确认液压传动、回转、升降、伸缩系统工作正常、操作灵活，制动装置可靠。

11.8.2 绝缘斗臂车操作人员应服从工作负责人的指挥，作业时应注意周围环境及操作速度。在作业过程中，绝缘斗臂车的发动机不准熄火。接近和离开带电部位时，应由绝缘斗中人员操作，但下部操作人员不准离开操作台。

11.8.3 绝缘臂的有效绝缘长度应大于表 12 的规定，并应在其下端装设泄漏电流监视装置。

表 12   **绝 缘 臂 的 最 小 长 度**

电压等级 kV	10	20	35～63 (66)	110	220
长度 m	1.0	1.2	1.5	2.0	3.0

11.8.4 绝缘臂下节的金属部分，在仰起回转过程中，对带电体的距离应按表 2 的规定值增加 0.5m。工作中车体应良好接地。

11.8.5 绝缘斗用于 10～35kV 带电作业时，其壁厚及层间绝缘水平应满足附录 K 耐受电压的规定。

11.8.6 绝缘斗上双人带电作业，禁止同时在不同相或不同电位作业。

11.8.7 高压配电线路带电作业时，不应使用绝缘斗支撑导线。

11.9 保护间隙

11.9.1 保护间隙的接地线应用多股软铜线。其截面应满足接地短路容量的要求，但最小不应小于 $25mm^2$。

【条款说明】

接地线截面不小于 $25mm^2$，主要考虑了间隙放电时继电保护动作较快，在跳闸的短时间内可以保证接地线不被烧断。

11.9.2 保护间隙的距离应按表 13 的规定进行整定。

表 13 保护间隙整定值

电压等级 kV	220	500
间隙距离 m	0.7～0.8	1.3
注：220kV 保护间隙提供的数据是圆弧形，500kV 及以上保护间隙提供的数据是球形。		

11.9.3 使用保护间隙时，应遵守以下规定：

a）悬挂保护间隙前，应与值班调度员联系停用重合闸装置或退出再启动功能。

b）悬挂保护间隙应先将其与接地网可靠接地，再将保护间隙挂在导线上，并使其接触良好。拆除时顺序相反。

c）保护间隙应挂在相邻杆塔的导线上，悬挂后，须派专人看守，在有人、畜通过的地区，还应增设围栏。

d）装、拆保护间隙的人员应穿全套屏蔽服。

11.10 带电检测绝缘子

11.10.1 交流 35kV 及以上电压等级使用火花间隙检测器检测绝缘子时，应遵守以下规定：

a）检测前，应对检测器进行检测，保证操作灵活、测量准确。

b）针式绝缘子及少于 3 片的悬式绝缘子不应使用火花间隙检测器进行检测。

【数据说明】

如使用火花间隙检测器对针式绝缘子进行测零，将造成线路直接接地故障。少于 3 片的悬式绝缘子，如果其中 1 片零值，在使用火花间隙检测器检测另 1 片时，也将造成线路接地故障。

c）检测 35kV 及以上电压等级的绝缘子串时，当发现同一串中的零值绝缘子片数达到表 14 的规定，应立即停止检测。如绝缘子串的总片数超过表 14 的规定时，零值绝缘子片数可相应增加。

【数据说明】

(1) 交流 10～500kV 数据引用 DL 409—1991《电业安全工作规程（电力线路部分）》8.12 规定。

(2) ±500kV 数据引用 DL/T 881—2004《±500kV 直流输电线路带电作业技术导则》7.8 规定。

(3) ±800kV 数据引用 Q/GDW 302—2009《±800kV 直流输电线路带电作业技术导则》6.9 规定。

【数据说明】

检测 35kV 及以上电压等级的绝缘子串时，当发现同一串中的零值绝缘子片数达到表中规定时，如继续测试，将可能造成绝缘子串闪络而引起线路跳闸。

d) 检测应在干燥天气进行。

表 14　　　　　　　　　　同一串中允许零值绝缘子片数

电压等级 kV	35	63（66）	110	220	500
绝缘子串片数	3	5	7	13	28
零值片数	1	2	3	5	6
注：如绝缘子串的片数超过表中规定时，零值绝缘子允许片数可相应增加。					

11.10.2 火花间隙检测器的火花电极应使用球-球电极，其直径为 $\phi 3 \sim \phi 5$。检测时其火花电极的间隙距离应按表 15 的规定进行调整。

表 15　　　　　　　　带电检测绝缘子火花电极的间隙距离

系统标称电压 kV	63	110	220	500
火花电极间隙距离 mm	0.4	0.5	0.6	0.6

11.10.3 不采用火花间隙法带电检测直流线路绝缘子。

【数据说明】

由于检测直流线路的绝缘子时，受绝缘子周围空间离子流和绝缘子表面电阻的影响很大。所以至今还未研发出专用检测工具。为保证作业人员的人身和设备安全，直流线路不采用带电检测绝缘子的检测方法。

11.11 高压配电电缆旁路带电作业

11.11.1 采用旁路作业方式进行电缆线路不停电作业前,应确认两侧备用间隔断路器及旁路断路器均在断开状态。

11.11.2 采用旁路作业方式进行电缆线路不停电作业时,旁路电缆两侧的环网柜等设备均应带断路器,并预留备用间隔。负荷电流应小于旁路系统额定电流。

11.11.3 旁路电缆终端与环网柜连接前应进行外观检查,绝缘部件表面应清洁、干燥、无绝缘缺陷,并确认环网柜柜体可靠接地;若选用螺栓式旁路电缆终端,应确认接入间隔的断路器已断开并接地。

11.11.4 电缆旁路作业,旁路电缆屏蔽层应在两终端处引出并可靠接地,接地线的截面积不宜小于 $25mm^2$。

11.11.5 旁路电缆使用前应进行试验,试验后应充分放电。

11.12 高压配电线路带电立、撤杆作业

11.12.1 作业前,应检查作业点两侧电杆、导线、绝缘子、金具及其他带电设备是否牢固,必要时应采取加固措施。

11.12.2 作业时,杆根作业人员应穿绝缘靴、戴绝缘手套。起重设备操作人员在作业过程中不得离开操作位置,且应穿绝缘靴。

11.12.3 立、撤杆时,起重工器具、电杆与带电设备应始终保持有效的绝缘遮蔽或隔离措施,并有防止起重工器具、电杆等的绝缘防护及遮蔽器具绝缘损坏或脱落的措施。

11.12.4 立、撤杆时,应使用绝缘绳索控制电杆的起立,其强度应符合表4的规定。

11.13 绝缘平台作业

11.13.1 绝缘平台绝缘部件的外表面应无裂纹、无损伤,作业前应清洁。

11.13.2 绝缘脚手架安装搭接过程中禁止与现场带电体接触。

11.13.3 踏板至地面超过 8m 的绝缘脚手架应进行稳固处理。

11.13.4 绝缘平台严禁超载。

11.13.5 绝缘平台金属支腿应装设接地线。

12 邻近带电体作业

12.1 一般要求

12.1.1 在带电设备周围不应使用钢卷尺、皮卷尺和线尺(夹有金属丝者)进行测量工作。

【技术原理说明】

钢卷尺、皮卷尺、线尺中都含有金属,而且长度较长,如果被风吹动,或测量中尺反弹移位时,就很容易碰到设备的带电部位,或离带电部位距离太近,造成放电事故。

12.1.2 登杆塔、台架作业时,应核对线路名称、杆塔号及位置。

【事故案例】

2013 年 7 月 9 日，线路检修班进行 110kV 某东线 1～15 号塔瓷瓶清扫、紧固导线螺栓工作（1～14 号塔与某西线同塔架设，某西线带电运行）。上午 10 时 30 分，线路工作班组在某东线 1 号、15 号塔分别挂好接地线后，工作负责人刘某通知各小组可以上塔工作。此次作业分 5 个小组，熊某、王某在第二小组，负责 110kV 某东线 4～6 号塔的登检。上塔前王某对熊某作了西线带电、东线检修的交代。10 时 50 分，熊某从 D 腿（靠停电线路侧）脚钉登塔，王某拿出手机开始玩游戏，没有监护熊某上塔作业，突然，听到放电声，抬头看见熊某倒在未停电的某西线中相横担上，身上已着火，救下时熊某已死亡。

12.1.3　带电设备和线路附近使用的作业机具应接地。

【事故案例】

2006 年 1 月 15 日，某局按计划使用吊车更换 500kV 某变电站 1 号母线避雷器。吊车到达现场后，现场负责人王某组织吊车操作人员陈某及工作班人员梁某、庞某、王某召开班前会，王某交代了在使用吊车更换 500kV 1 号母线避雷器过程中，存在吊臂对带电设备净空距离不足导致放电的风险以及对应的管控措施，并明确了吊车吊臂的活动范围。班前会结束后，吊车作业人员陈某未对吊车装设临时接地线，便准备站在地上开门进入吊机操作室，在开门的过程中，受感应电电击，条件反射性地向后退，在后退过程右脚踩空摔倒，导致陈某右手脱臼及脸部擦伤。

12.2　感应电压的防护

12.2.1　在 500kV 及以上电压等级的变电站构架及带电线路杆塔上作业，应采取穿戴导电鞋和全套屏蔽服或静电感应防护服等防静电感应措施。

【条款说明】

作业人员在 500kV 及以上电压等级的变电站构架及带电线路杆塔上作业时，人体即处在电场中，若人体对地绝缘，则对带电体和接地体分别存在电容。由于静电感应引起人体带电，手触铁塔的瞬间会出现放电麻刺，电压越高，产生静电感应电压也越高。如不采取防护措施，会导致感应电触电及造成因触电导致人员坠落伤害。

12.2.2　在 ±500kV 及以上电压等级的直流线路单极停电侧工作时，应采取穿戴全套屏蔽服等防离子流措施。

【条款说明】

在 ±500kV 及以上电压等级的直流线路单极停电侧工作时，由于直流线路输电距离长，极间距离较近，电场场强大等因素，在停电侧线路会产生较大感应电。如不采取防护措施，会导致感应电触电及造成因触电导致人员坠落伤害。

12.2.3　绝缘架空地线（包括 OPGW、ADSS 光缆）应视为带电体。在绝缘架空地线附近作业时，工作人员与绝缘架空地线之间的距离应不小于 0.4m。若需在绝缘架空地线上作业，应用接地线或个人保安地线将其可靠接地或采用等电位方式进行。

 【事故案例】

　　2013 年 1 月 9 日，某供电局按《关于开展某电网今冬明春防冰、抗冰工作的通知》要求对 500kV 某线路 336 号、368 号塔开展地线融冰接地刀闸打开工作。工作负责人为张某，工作班人员为贾某、薛某、余某，到达 336 号塔山脚下，现场负责人张某组织召开班前会，交代了安全注意事项及分工，根据分工贾某、薛某负责 500kV 某线路 336 号塔地线融冰接地刀闸打开工作，张某本人和余某负责 500kV 某线路 368 号塔地线融冰接地刀闸打开工作。班前会结束后，张某、余某开车前往 368 号塔，贾某、薛某开始上山，到达 336 号塔后，作业人员薛某觉得地线融冰接地刀闸在杆塔第一个平台处，并不高，嫌穿戴安全带和挂临时接地线麻烦，未对地线引下线装设临时接地线，徒手爬到地线融冰接地刀闸位置右侧，在地线引下线下方，蹲着用脚将地线融冰接地刀闸踢开，在地线融冰接地刀闸打开后，薛某起身准备下塔，在起身过程中未控制好头部与地线引下线的距离。导致地线引下线感应电对薛某后脑勺放电，薛某在受到突然的感应电电击下失去意识，从塔上摔落地面，贾某立即询问薛某，查看伤情发现其多处骨折，意识清醒，随后拨打 120 联系救援，并送往医院进行检查治疗。

12.2.4　用绝缘绳索传递大件金属物品时，杆塔或地面上工作人员应将金属物品接地后再接触，以防电击。

 【技术原理说明】

　　带电作业后，所用金属物品还残留部分电荷，接地后释放电荷，以免造成对人体电击。

12.2.5　带电更换架空地线或架设耦合地线时，应通过金属滑车可靠接地。

 【事故案例】

　　2011 年 3 月 10 日，500kV 某线在 417～418 号跨越电气铁路的三相导线均存在导线接头，为了降低导线断线风险，提高电网运行的安全可靠性，运维单位将该工程外包给某送变电工程公司，某送变电工程公司根据施工方案采用旧线牵新线的方式对导线进行更换，现场负责人为杨某，张力场小组负责人为江某等 6 人，牵引场负责人为杜某等 6 人，在放线过程中，张力场工作负责人江某看见导线已受力，便亲自去检查导线地面转向滑车受力情况，在检查过程中用手扶了下导线，导致江某被感应电电击，索性未造成人员伤亡，后经检查发现张力场侧未通过金属滑车对导线进行可靠接地。

12.3　**在带电线路杆塔上的作业**

12.3.1　带电杆塔上进行测量、防腐、巡视检查、校紧螺栓、清除异物等工作，工作人员活动范围及其所携带的工具、材料等，与带电导线最小距离不得小于表 1 规定的作业安全距离。

【数据说明】

见 6.3.3.3 条。

12.3.2　运行中的高压直流输电系统的直流接地极线路和接地极应视为带电体。各种工作情况下，邻近运行中的直流接地极线路导线的最小安全距离按 ±50kV 直流电压等级控制。

【数据说明】

见 8.3.8 条。

12.3.3　风力大于 5 级时应停止在带电线路杆塔上的作业。

【数据说明】

见 8.3.8 条。

12.3.4　在 10kV 及以下的带电杆塔上进行工作，工作人员距最下层高压带电导线垂直距离不得小于 0.7m。

【数据说明】

按照表 1 距离规定。

12.4　邻近或交叉其他电力线路的作业

12.4.1　工作人员和工器具与邻近或交叉的带电线路的距离不得小于表 16 的规定。

表 16　　　　　　　　　　邻近或交叉其他电力线路工作的安全距离

电压等级 kV	10 及以下	20、35	66、110	220	500	±50	±500	±660	±800
安全距离 m	1	2.5	3	4	6	3	7.8	10	11.1

注 1：表中未列电压等级按高一挡电压等级安全距离。
注 2：表中数据是按海拔 1000m 校正的。

【数据说明】

引用 DL 409—1991《电业安全工作规程（电力线路部分）》中表 3 要求。

12.4.2　与带电线路平行、邻近或交叉跨越的线路停电检修，应采取以下措施防止误登杆塔：

a）每基杆塔上都应有线路名称和杆号。

b）经核对检修线路的名称、杆号、位置无误，验明线路确已停电并装设接地线，方可开始工作。

【事故案例】

见 12.1.2 条。

12.4.3　停电检修的线路如与另一回带电线路相交叉或接近，以致工作人员和工器具可能和另一回导线接触或接近表 16 规定的安全距离以内，则另一回线路也应停电并接地，接地线可以只在工作地点附近安装一处，工作中应采取防止损伤另一回线的措施。

【数据说明】

当安全距离不足时，如不停电并接地，可能导致人员触电风险。

12.4.4　在邻近带电的电力线路进行工作时，如有可能接近带电导线至表 16 规定的安全距离以内，且无法停电时，应采取以下措施：

a）采取有效措施，使人体、导（地）线、工器具等与带电导线的安全距离符合表 16 的规定，牵引绳索和拉绳与带电体的安全距离符合表 19 的规定。

b）作业的导（地）线应在工作地点接地。绞车等牵引工具应接地。

c）在交叉挡内松紧、降低或架设导（地）线的工作，只有停电检修线路在带电线路下方时方可进行，并应采取措施防止导（地）线产生跳动或过牵引而与带电导线的距离小于表 16 规定的安全距离。

d）停电检修的线路如在另一回线路的上方，且应在另一回线路不停电情况下进行放松或架设导（地）线以及更换绝缘子等工作时，应采取安全可靠的措施。安全措施应经工作班组充分讨论后，经线路运维单位技术主管部门批准执行。措施应能保证：

1）检修线路的导（地）线牵引绳索等与带电线路导线的安全距离应符合表 16 的规定。

2）要有防止导（地）线脱落、滑跑的后备保护措施。

【条款说明】

在邻近带电的电力线路进行工作时，如有可能接近带电导线至表 16 规定的安全距离以内，且无法停电时，a）～d）条的控制措施均为有效控制人员触电的措施，如不采取有效控制措施，可能导致人员触电风险。

12.4.5　邻近或交叉其他电力线路的工作应设专人监护，以防误登带电线路杆塔。

【事故案例】

见 11.1.7 条。

12.5 同杆塔多回线路中部分线路停电的作业

12.5.1 同杆塔多回线路中部分线路或直流线路中单极线路停电检修,安全距离应符合表 1 规定的作业安全距离。同杆塔架设的 10kV 及以下线路带电时,当符合表 16 规定的安全距离且采取安全措施的情况下,只能进行下层线路的登杆塔检修工作。

【数据说明】

见 12.3.1 条。

12.5.2 风力大于 5 级时,不应在同杆塔多回线路中进行部分线路检修工作及直流单极线路检修工作。

【条款说明】

见 11.1.4 条。

12.5.3 在停电线路地段装设的接地线,应牢固可靠且防止摆动。断开引线时,应在断引线的两侧接地。如在绝缘架空地线上工作时,应先将该架空地线接地。

12.5.4 防止误登同杆塔多回路带电线路或直流线路有电极,应采取以下措施:

a) 每基杆塔应标设线路名称及杆号和识别标记(色标、识别标记等)。

b) 工作前应发给工作人员相对应线路的识别标记。

c) 经核对停电检修线路的识别标记和线路名称、杆号及位置无误,验明线路确已停电并装设接地线后,方可开始工作。

d) 登杆塔和在杆塔上工作时,每基杆塔都应设专人监护。

e) 登杆塔至横担处时,应再次核对识别标记与线路名称及位置,确认无误后方可进入检修线路侧横担。

【事故案例】

见 12.1.2 条。

12.5.5 在杆塔上工作时,不应进入带电侧的横担或在该侧横担上放置任何物件。

【事故案例】

2014 年 7 月 10 日,500kV 某甲线与 500kV 某乙线为同塔双回线路,某送变电工程公司为 500kV 某甲线 11 号塔停电安装防坠落导轨施工单位,施工现场负责人为杨某,工作班人员为刘某、江某、杜某共 4 人。现场负责人杨某在得到调度通知 500kV 某乙线重合闸已退出,500kV 某甲线 11 号塔停电安装防坠落导轨施工工作许可后,组织召开班前会。为了赶进度,简单的交代了安全注意事项及工作安排,便让刘某背传递绳上塔,将塔头部分的防坠落导轨全部传至下横担,堆放在杆塔塔身中间,安排刘某、江某安装塔头部分,杨某本人和杜某安装下横担以下的部分,在江某拿导轨传递给刘某安装的过程中,其中堆放的另外一段导轨向 500kV 某乙线侧滑落，因导轨长 4.5m，短接了 500kV 某乙线导线与塔身，导致 500kV 某乙线通过该段导轨对塔身放电，线路跳闸，因重合闸装置已退出，未启动。

12.5.6 绑线要在下面绕成小盘再带上杆塔使用。不应在杆塔上卷绕绑线或放开绑线。

【条款说明】

在杆塔上卷绕或放开绑线，若绑线过长，易发生意外而接近或碰触带电线路，危及作业人员人身安全和设备运行。

12.5.7 向杆塔上吊起或向下放落工具、材料等物体时，应使用绝缘无极绳圈传递，物件与带电导线的安全距离应不小于表 16 的规定。

12.5.8 绞车等牵引工具应接地，放落和架设过程中的导线亦应接地。

13 二次设备作业

13.1 一般要求

13.1.1 二次系统上的工作内容可包含继电保护、安全自动装置、仪表和自动化监控等系统及其二次回路，以及在通信复用通道设备上运行、检修及试验等。

13.1.2 检修工作中遇到以下情况，除填用厂站第一种工作票或第二种工作票外，应办理《厂站二次设备及回路工作安全技术措施单》（简称"二次措施单"，见附录 D.1）：

　　a）在运行设备的二次回路上进行拆、接线工作。

　　b）在对检修设备执行隔离措施时，需拆断、短接和恢复同运行设备有联系的二次回路工作。

13.1.3 二次措施单作为工作票必要的补充，宜与工作票同步填写。二次措施单的正确性和具体执行由工作负责人负责。

【技术原理说明】（13.1.2、13.1.3 合并说明）

Q/CSG 1 0004—2004《电气工作票技术规范》5.4.9 要求："在二次设备及回路工作，除填用第一种工作票、第二种工作票外，有下列工作时需要办理'二次设备及回路工作安全技术措施单'：

　　a）在 35kV 及以上的主变保护；母线保护、断路器失灵、备用电源自投、远方跳闸装置、低周减载装置、有联跳回路的变压器保护及其他具有联锁回路的继电保护及自动装置二次回路上工作；

　　b）在 110kV 及以上线路保护及自动装置回路上的工作；

　　c）在 110kV 及以上运行中的互感器二次回路及纵联保护通道（导引电缆、光缆、高频加工设备……）上的工作；

　　d）在综合自动化设备上的工作；

e）需要将运行中的继电保护和自动装置的直流、交流、信号电源临时拆开和更换的工作。"

6.2.1要求："二次措施单一式两份，作为工作票必要的补充与工作票同步填写。"

《电气工作票技术规范》明确了在二次设备及回路工作时需使用二次措施单的范围。《中国南方电网有限责任公司电力安全工作规程》从安全隔离的角度出发，进一步将二次措施单的使用范围明确为与运行设备相关、可能造成运行设备跳闸的二次回路工作，防止检修工作对运行设备造成影响。同时，由于部分二次设备及回路工作在作业前无法预计（如消缺、事故处理等），需在作业过程中临时增加拆接线内容，故南网《安规》将二次措施单的办理流程明确为"宜与工作票同步填写"，使该条款更具合理性。

13.1.4 工作人员在现场工作过程中，凡遇到异常情况（如直流系统接地等）或断路器跳闸、阀闭锁时，不论与本身工作是否有关，应立即停止工作，保持现状，待查明原因，确定与本工作无关时方可继续工作；若异常情况或断路器跳闸、阀闭锁是本身工作所引起，应保留现场并立即通知运行值班人员，以便及时处理。

【事故案例】

2018年2月10日，某站开展500kV 50011刀闸无法合闸操作的缺陷处理时，在50011刀闸分合过程中伴随出现直流接地故障等告警信号。工作负责人未及时中止工作，并于随后短时间内多次分合50011刀闸，期间均伴随出现直流接地故障等告警信号。事后检查发现，在50011刀闸操作过程中，由于交流电窜入低压直流系统，导致运行中的主变中压侧开关跳闸。

13.1.5 继电保护装置、安全自动装置、通信系统、自动化系统（含二次系统安全防护）等及其二次回路变动时，严防误拆或产生寄生回路，无用的接线应拆除，临时所垫纸片应取出，接好已拆下的线头，裸露的线头应做好绝缘包扎。

【事故案例】

2018年6月18日，某站作业人员开展35kV 3023刀闸辅助开关更换工作。在安装辅助开关前，作业人员逐根拆除辅助开关接线并对线芯裸露的金属部分使用绝缘胶布对折包扎。由于机构箱内空间狭小，且辅助开关线芯硬度较高、长度较短，导致线芯收缩在原辅助开关安装位置中间。作业人员将辅助开关备品放置在安装位置后，将线芯向左右两侧拨开。由于线芯金属部分为圈状，且与导线垂直，作业人员采用绝缘胶布对折法包扎的部分线芯存在空隙裸露、粘接不牢的情况，在作业人员拨开接线时，辅助开关背面的4根线芯被挤压造成绝缘胶布脱落，其中1根带有交流电的线芯与其他3根带直流电的线芯触碰，交流电窜入低压直流系统，导致500kV 3号主变保护屏3中压侧开关操作箱第二组三跳继电器励磁动作，跳开3号主变中压侧开关2203三相。

13.2 电流互感器和电压互感器作业

13.2.1 工作中应确保电流互感器和电压互感器的二次绕组应有且仅有一点保护接地。

【技术原理说明】

同一电流回路存在两个或多个接地点时，可能出现：部分电流经大地分流；因地电位差的影响，回路中出现额外的电流；加剧电流互感器的负载，导致互感器误差增大甚至饱和。因此电流互感器的二次绕组应有且仅有一点保护接地。

当电压二次回路发生两点（多点）接地时，会导致二次电压回路 N 线（即 N600）中性点电位偏移，进而导致各装置电压采样不准，使得保护的相电压和零序电压都将发生改变，情况严重时可以影响距离保护和零序方向保护，造成保护不正确动作。因此电压互感器二次回路需严防多点接地的情况发生。

【事故案例】

2017 年 11 月 10 日，某 500kV 变电站内检修班组开展 500kV 某线电流互感器、500kV 第五串联络开关 5052 开关电流互感器防潮封堵工作，在进行接线盒防潮封堵和电缆保护钢管上端开防潮孔作业过程中，作业人员在使用扳手遮挡钻头时，扳手头（金属裸露部分）触碰到检修状态 500kV 第五串联络开关 5052 开关电流互感器二次接线柱，造成电流互感器的 C 相二次回路两点接地，C 相产生零序电流并引起零序反时限保护动作，导致 500kV 某线保护动作跳闸。

13.2.2 在带电的电流互感器二次回路上工作时，应采取以下安全措施：

a）禁止将电流互感器二次侧开路（光电流互感器除外）。

b）短路电流互感器二次绕组，应使用短路片或短路线，短路应妥善可靠，禁止用导线缠绕。

c）若在电流互感器与短路端子之间导线上进行工作，应有严格的安全措施，并填用二次措施单。必要时申请停用有关保护装置、安全自动装置或自动化系统。

d）工作中禁止将回路的永久接地点断开。

e）工作时，应有专人监护，使用绝缘工具，并站在绝缘物上。

【技术原理说明】

电流互感器由闭合的铁芯、一次绕组、二次绕组、接线端子及绝缘支持物组成。正常工作时电流互感器的二次回路始终是闭合的，因测量仪表和保护回路串联线圈的阻抗很小，电流互感器的工作状态接近短路。当运行中的电流互感器二次侧开路时，一次侧电流不变，而二次电流等于零，则二次电流产生的去磁磁通消失，一次电流全部变成励磁电流，使得电流互感器的铁芯严重饱和。磁饱和使铁损增大，电流互感器发热，电流互感器线圈的绝缘因过热而烧坏。同时在铁芯上产生剩磁，增大互感器误差。严重的磁饱和，使交变磁通的正弦波变为梯形波，在磁通迅速变化的瞬间，二次绕组上将感应出峰值可达几千伏甚至上万伏的电压，对人身和设备安全都存在严重的威胁，所以电流互感器在任何时候都不允许二次侧开路运行。

二次电流回路接地是保证电流互感器二次绕组及其所接回路上的保护装置、测量仪表等设备和人员安全的重要措施。二次回路的永久接地点断开后，当发生电流互感器高低压绕组间耦合或绝缘击穿，高电压窜入低压二次回路时，将造成人员伤害或设备损坏，因此禁止将二次回路的永久保护接地点断开。为了人身安全及避免操作失误，应有专人监护，使用绝缘工具，并站在绝缘物上。

 【事故案例】

2015 年 7 月 8 日，某变电站运行人员进行端子箱巡视检查，打开 500kV 1 号主变 C 相本体端子箱后，发现端子箱内的电流互感器回路端子有严重烧伤情况且连片在断开位置，电流互感器回路烧伤处有持续放电声，随即将 500kV 1 号主变紧急停运。事后分析，1 号主变本体端子箱内套管电流互感器备用回路试验端子为竖排安装，且划片的闭合方向是从下往上。在主变本体长期震动下，端子划片紧固螺丝松动，端子划片受到震动及重力的双重影响往下掉落，导致电流互感器回路开路。断开瞬间，电流互感器二次回路产生高电压，在断开点形成持续高压放电，温度继续上升，将断开点附近的端子、电缆烧熔。

13.2.3 在带电的电压互感器二次回路上工作时，应采取以下安全措施：

a) 严格防止短路或接地。必要时，工作前申请停用有关保护装置、安全自动装置和自动化系统。

b) 接临时负载，应装有专用的刀闸和熔断器。

c) 工作时禁止将回路的安全接地点断开。

 【技术原理说明】

正常运行时，电压互感器二次负载阻抗很大，由于电压互感器对二次系统相当于一个恒压源，此时通过的二次电流很小。当电压互感器的二次侧运行中发生短路，阻抗迅速减小到几乎为零，这时二次回路会产生很大的短路电流，直接导致二次绕组严重发热而烧毁；另外，由于二次电流的突然变大，而一次侧绕组匝数多，会产生很高的反电动势，加大了原、副边之间电压差，足以造成一、二次绕组间的绝缘层击穿，使得一次回路高电压引入二次侧，危及人身设备安全。因此，严禁将电压互感器二次侧短路。

工作过程中所接的临时负载应装有专用的刀闸和熔断器，以免临时负载过载或短路时无法切断，造成影响范围扩大。

电压互感器二次侧要有一个接地点，这主要是出于安全上的考虑。当一、二次绕组间的绝缘击穿时，一次侧的高压会窜入二次侧，有了二次侧的接地，可以保护人员和设备的安全。故工作时禁止将回路的安全接地点断开。

13.2.4 电压互感器的二次回路通电试验时，为防止由二次侧向一次侧反充电，除应将二次回路断开外，还应取下电压互感器高压熔断器或断开电压互感器一次隔离开关。

 【技术原理说明】

试验人员给电压互感器二次回路通电试验时，若不做好安全措施（断开二次回路并取下熔断器或断开一次隔离开关），所加电压将按电压互感器变比反充到停电的一次设备上，在一次侧产生高电压，如果此时一次侧有人工作，将造成人身伤害。

13.3 现场检修

13.3.1 在全部或部分带电的运行屏（柜）上进行工作时，应将检修设备与运行设备前后以明显的标志隔开。

【条款说明】

（1）作业屏柜与相邻的非作业屏柜应进行隔离。将所有与作业无关的运行中的屏柜门关闭、锁好，在屏上设置"运行中"标示牌，在作业屏柜相邻两侧屏柜前后挂红布或使用警示带进行明显隔离标识。

（2）作业屏柜内的检修设备与非检修设备应进行隔离。将与工作无关的装置、电源、端子、压板、转换开关、操作开关等用布帘、贴封、防护盖、绝缘胶布等遮挡物隔离，只留出工作部分。

13.3.2 在继电保护、安全自动装置及自动化监控系统屏（柜）上或附近进行打眼等振动较大的工作时，应采取防止运行中设备误动作的措施，必要时向调度申请，经值班调度员或运维负责人同意，将保护暂时停用。

【条款说明】

在继电保护等二次屏柜上或附近进行打眼等工作时，对继电器舌片影响较大，若屏柜内装置的继电器抗振性能不强，冲击和振动将可能导致继电器接点或可动的衔铁产生误动，造成误发信或误跳闸的后果，因此应采取防止运行中设备误动作的措施。如经分析评估确实存在继电器误动作的风险，应向调度申请将保护暂时停用。

13.3.3 在继电保护、安全自动装置及自动化监控系统屏间的通道上搬运或安放试验设备时，不应阻塞通道，防止误碰运行设备。清扫运行设备和二次回路时，要防止振动、防止误碰，要使用绝缘工具。

【条款说明】

在继电保护等二次屏柜间的通道上搬运或安放试验设备时，由于二次系统屏之间通道一般间距较小，需要防止试验设备误碰运行设备，导致运行设备跳闸。在清扫运行设备和二次回路时，要使用绝缘工具进行清扫，防止造成交直流窜接、正负电源搭接，或者电源回路与跳闸回路短接等后果。

13.3.4 配电工作中，需临时停用有关保护装置、配电自动化装置、安全自动装置或自动化监控系统时，应向调度申请，经值班调度员或运维负责人同意，方可执行。

13.3.5 检验继电保护、安全自动装置、自动化系统和仪表的工作人员，不应对运行中的设备、信号系统、保护压板进行操作，但在取得运行值班人员许可并在检修工作盘两侧开关把手上采取防误操作措施后，可断（开）合（上）检修断路器。

【条款说明】

　　二次设备相对集中，运行设备的控制开关与检修设备的控制开关往往在同一块控制屏上，为了防止检修人员试验时误碰、误动运行设备，要求检修人员在控制盘上进行拉合检修断路器之前，应取得运行人员许可并在需要操作的控制开关两侧的其他控制开关上做好防止误操作的措施。

13.3.6　不应从运行设备上和二次系统的保护回路上接取试验电源。

【条款说明】

　　现场进行继电保护检验以及开关检修等试验工作时，为了确保运行中直流系统的安全，防止由于误解接线、勿碰、误试验等原因造成直流失电、直流短路、直流空开越级跳闸、交流窜入直流等异常事故，甚至造成误跳运行设备的严重后果，禁止从运行设备和二次系统的保护回路上接取试验电源。

13.3.7　试验用刀闸应有熔丝并带罩，熔丝配合要适当，要防止越级熔断总电源熔丝。试验接线要经第二人复查后，方可通电。

【条款说明】

　　为防止误碰造成触电或短路，试验用刀闸应有熔丝并带罩。熔丝的配合要适当，否则在发生过载或短路时熔丝无法熔断，导致越级熔断总电源熔丝，造成影响范围扩大。

13.3.8　工作过程中，工作人员触摸插件电路时应采取可靠的防静电措施，防止设备损坏。

【技术原理说明】

　　人体与衣物摩擦产生静电，而插件电路多为弱电回路，抗静电能力差。如果不通过一定的手段（防静电措施）释放静电而直接接触插件电路，可能导致电路和元件击穿，或者促使元件老化。在进行插件检查、更换作业时，可采用佩戴静电手环的措施，通过手环接地线释放人体静电，保证插件电路的安全。

13.3.9　高压直流一极运行另一极停电，或特高压直流单极单阀组停电进行二次系统作业时，应注意作业对直流运行设备的影响。工作前应做好防止误跳运行极（阀组）或导致运行极（阀组）控制保护异常的措施，禁止对直流停电区域中与直流运行区域保护相关的互感器进行注流或加压试验。

【技术原理说明】

　　直流分压器、分流器用于换流站的直流电压、电流测量，其输出信号通过电光转换模块送至直流测量系统，供直流控制保护系统使用。为满足自适应于直流输电多种运行方式及运行方式转换的要求，一极的部分直流分压器、分流器测量量会送至另一极的控制保护。当一极运行另一极停电时进行二次系统作业，或对直流停电区域中与直流运行区域保护相关的互感器进行注流或加压试验，可能导致误跳运行极或导致运行极控制保护异常。

例如，对于直流线路横差保护（87DCLT），其保护判据为：｜本极直流线路电流－另一极直流线路电流｜＞动作定值，且满足金属回线运行方式，经保护延时后动作出口。如果在单极大地回线方式运行时对另一极直流线路分流器进行注流，而此时直流保护由于某种原因误判运行方式为单极金属回线方式，则直流线路横差保护满足判据后将动作出口导致直流闭锁。

13.3.10 直流系统运行极的一组直流滤波器停运检修时，禁止对该组直流滤波器内与直流运行区域保护相关的电流互感器进行注流试验。

 【技术原理说明】

直流系统运行极的一组直流滤波器停运检修时，若对该组直流滤波器内与直流运行区域保护相关的电流互感器进行注流试验，可能导致运行设备跳闸。

13.3.11 在光纤回路进行接触激光源的工作，应采取安全防护措施，防止激光对眼睛造成伤害。

 【条款说明】

激光由于其单色性、相干性、准直性及高能量密度而能达到能量集中的效果，人眼长时间直接面对从激光器或光纤接头处射出的激光时，可能对眼睛造成伤害，故要求在光纤回路工作采取戴护目镜、避免直视等措施，以免受到伤害。

13.4 整组试验

13.4.1 继电保护、安全自动装置及自动化系统做传动试验或一次设备通电或进行直流输电系统功能试验时，应通知运行人员和有关人员，并由工作负责人或由他指派专人到现场监视，方可进行。

 【事故案例】

某35kV变电站主变停电时，继电保护班、一次检修班、试验班共三个班组开展停电检修工作，其中继电保护班工作内容包含主变轻、重瓦斯试验，一次检修班工作内容包含主变351断路器操作机构检修。继电保护班开展主变轻、重瓦斯试验时，安排作业人员田某负责对主变气体继电器的触点进行短接，郑某负责后台监视。由于事先未通知运行人员和其他有关工作面人员，也未安排人员在现场监视，当进行到验证重瓦斯保护跳开351断路器时，断路器动作后现场突然传来一声惨叫，正在给351操作机构涂抹润滑油的一次检修班作业人员李某被动作机构打伤，造成手指骨折。

13.4.2　二次回路通电或耐压试验前，应通知运行人员和有关人员，并派人到现场看守，检查二次回路及一次设备上确无人工作后，方可加压。

【条款说明】

　　二次专业开展定检、消缺等工作时，其他专业的工作人员也会结合停电安排对一次设备本体或机构开展相应的检修维护工作，现场存在多组工作班人员交叉作业的情况。二次回路通电或耐压试验可能会通过互感器在一次设备上产生高电压，因此二次回路通电或耐压试验前，应通知运行人员和有关人员，并派人到现场看守，检查二次回路及一次设备上确无人工作后，方可加压，避免造成人身伤害。

13.4.3　试验工作结束后，应检查装置内无异物，屏面信号及各种装置状态正常，各相关压板及切换开关位置恢复至工作许可时的状态。

14　架空线路作业

14.1　一般要求

14.1.1　线路作业应在良好的天气下进行，遇有恶劣气象条件时，应停止工作。

14.1.2　需锚固杆塔维修线路时，应保持锚固拉线与带电导线的安全距离符合表 16 的规定。

【条款说明】

　　引用 DL 409—1991《电业安全工作规程（电力线路部分）》中表 3 要求。

14.1.3　使用临时拉线的安全要求：
　　a）不应利用树木或外露岩石作受力桩。
　　b）一个锚桩上的临时拉线不应超过两根。
　　c）临时拉线不应固定在有可能移动或其他不可靠的物体上。
　　d）临时拉线绑扎工作应由有经验的人员担任。
　　e）临时拉线应在永久拉线全部安装完毕承力后方可拆除。
　　f）杆塔施工过程需要采用临时拉线过夜时，应对临时拉线采取加固和防盗措施。

【条款说明】

　　以上措施为确保临时拉线稳固措施，如不采取，临时拉线不稳固，存在杆塔失稳风险。

14.2　坑洞开挖

14.2.1　挖坑前，应确认地下设施的确切位置，采取防护措施。

14.2.2　挖坑时，应及时清除坑口附近浮土、石块，坑边禁止他人逗留。在超过 1.5m 深的基坑内作业时，向坑外抛掷土石应防止土石回落坑内。作业人员不应在坑内休息。严禁上、下坡同时撬挖，土石滚落下方不得有人，并设专人警戒。

14.2.3 在土质松软处挖坑，应采取加挡板、撑木等防止塌方的措施。不应由下部掏挖土层。

14.2.4 在下水道、煤气管线、潮湿地、垃圾堆或有腐质物附近等可能存在有毒有害气体的场所挖坑时，应采取防毒防害措施，并设监护人。在挖深超过 2m 的坑内工作时，应采取安全措施，如戴防毒面具、向坑中送风和持续检测等。监护人应密切注意挖坑人员，防止有毒气体中毒及可燃气体爆炸。

14.2.5 塔脚检查，在不影响铁塔稳定的情况下，可以在对角线的两个基脚同时挖坑。

14.2.6 进行石坑、冻土坑打眼或打桩时，应检查锤把、锤头及钢钎（钢桩）。扶钎人应站在打锤人侧面。打锤人不应戴手套。钎头有开花现象时，应及时修理或更换。

14.2.7 杆塔基础附近开挖时，应随时检查杆塔稳定性。若开挖影响杆塔的稳定性时，应在开挖的反方向加装临时拉线，开挖基坑未回填时禁止拆除临时拉线。

14.2.8 线路施工需要进行爆破作业时应遵守《民用爆炸物品安全管理条例》等国家有关规定。

14.3 杆塔上作业

14.3.1 登杆塔作业前，应核对线路名称和工作地点杆塔号是否正确。

【事故案例】

见 12.1.2 条。

14.3.2 攀登杆塔前，应检查杆根、基础和拉线是否牢固。遇有冲刷、起土、上拔或导（地）线、拉线松动的杆塔，应先培土加固，打好临时拉线或支好架杆后，再行攀登。

【事故案例】

2014 年 9 月 10 日，某供电所工作负责人王某带领工作班成员刘某等 8 人到某镇 10kV 分支杆处进行消缺工作，将原先有裂纹的电杆更换为新电杆，在未检查拉线是否牢固和未采取有效安全措施的情况下，工作负责人王某安排刘某等 3 人上杆作业，3 人在杆上收紧线的过程中，拉线突然断脱，电杆从离地面 3m 处断裂，杆上作业的刘某 3 人随杆跌落，刘某死亡，一人重伤，一人轻伤。

14.3.3 新立杆塔在杆基未完全牢固或未做好临时拉线前，不应攀登。

**【条款说明】**

新立杆塔基础未完全牢固或安装临时拉线前，登杆的荷载和冲击容易造成杆塔倾倒，造成人员伤亡。

14.3.4 登杆塔前，应检查登高工具、设施，如脚扣、升降板、安全带、梯子等是否完整牢靠。不应利用绳索、拉线上下杆塔或顺杆下滑。

【条款说明】

登杆前检查登杆工具的目的是为了防止作业人员登杆过程中，因工具缺陷而导致的危险发生。如不开展检查确认，可能导致登杆工具失效造成人员高处坠落。

传递工具材料的绳索在使用中可能会受到损伤，拉线由于长期暴露在野外环境中，由于锈（腐）蚀或人为破坏等原因而损伤、断裂，不能承受作业人员重量。顺电杆、绳索或拉线滑下时，由于电杆和拉线表面与作业人员之间的摩擦产生热量，造成伤害或失手坠落。下滑接近地面时也容易被拉线金具挂碰或落地动作过猛而受伤。

14.3.5　攀登有覆冰、积雪的杆塔时，应采取防滑措施。

14.3.6　攀登杆塔及塔上移位过程中，应检查脚钉、爬梯、防坠装置、塔材是否牢固。

【事故案例】

2014 年 5 月 14 日，某局按计划对某 500kV 新建线路进行铁塔验收工作，工作负责人赵某组织召开班前会，会上赵某交代了验收的安全措施和技术要点，然后进行了分工安排。会后，工作班成员张某按分工安排准备对 101 号塔开展验收，但张某在上塔前未对杆塔构件进行检查，在塔上转位时，抓到一根不牢固构件，导致身体失去平衡，幸亏有安全带的保护，只是轻微的擦伤和惊吓，小组监护人王某听到赵某尖叫后，立即询问张某情况。张某反馈：腿擦破了皮，有根塔材只是搭接在另一根上，并未用螺栓连接。

14.3.7　上横担进行工作前，应检查横担联结是否牢固和腐蚀情况，检查时安全带应系在主杆或牢固的构件上。

【事故案例】

2009 年 4 月 10 日，某施工单位在某镇新建一条 110kV 电力线路，组塔和架线工作已完成，准备安装线路金具作业。工作负责人刘某带领罗某、张某对 348 号塔进行金具安装作业，工作负责人召开班前会交代了安全措施和技术要点，随即安排分工，罗某去挂点处作业，张某去横担处配合，罗某穿戴好个人安全防护用品后，随后开始登塔作业。在到横担处的过程中，未检查横担的连接情况，将安全带系在一块斜材上，斜材未与主材有效的连接，在罗某上到横担上时，发现安全带已脱出塔材悬空，幸好及时发现，没有造成人员伤亡，随即告知准备上塔的张某和工作负责人，避免了不安全事故的发生。

14.3.8　杆塔上有人工作时，不应调整或拆除拉线。

【事故案例】

2011 年 8 月 10 日，某施工单位对某 10kV 线路进行迁改工作，电杆已组立完成，准备架线工作。工作负责人周某带领工作班成员郑某、姜某、胡某、王某等 30 人对耐张段 220～228 号塔进行放线工作，郑某和姜某在 228 号（带有拉线）杆上进行紧线作业，胡某和王某在杆下配合，胡某看到拉线有松弛现象，随即拿起扳手去调整 UT 线夹，在调整的过程中，拉线松脱，电杆突然倒塌，杆上作业的郑某和姜某 2 人随杆跌落，直接死亡。

14.3.9　在杆塔上作业时，应使用有后备保护绳的双背带式或全身式安全带。安全带和保护绳应分挂在杆塔不同部位的牢固构件上。后备保护绳不应对接使用。

14.3.10　在导（地）线上作业时应采取防止坠落的后备保护措施。在相分裂导线上工作，安全带可挂在一根子导线上，后备保护绳应挂在整组相（极）导线上。

 【事故案例】（14.3.9、14.3.10 合并案例）

　　2017 年，某发电集团 3 号机组进行项目施工改造，在对吸收塔出口烟道拆除时，1 名作业人员所站烟道顶板突然发生坍塌（安全带违规系挂在顶部保温檩条上），该名作业人员由烟道顶板（标高 14.55m）坠落至烟道底板上（标高 4.55m），送医后经抢救无效死亡。

14.3.11　在杆塔上水平使用梯子时，应使用特制的专用梯子。工作前应将梯子两端与固定物可靠连接，一般应由一人在梯子上工作。

14.3.12　采用单吊线装置更换绝缘子和移动导线时，应采取防止导线脱落的后备保护措施。

 【事故案例】

　　2014 年 7 月 10 日，某供电局开展线路停电更换整串绝缘子工作，工作负责人王某到达现场开展勘察，随后组织召开班前会，王某交代了工作中需注意的细节及对各项风险的管控措施。班前会结束后，作业人员周某等 7 人开始工作。在安装导线后背保护时，塔上作业人员周某觉得吊带（后备保护措施）过于笨重且不易安装，在未安装吊带的情况下开始收紧手板葫芦。这时，负责人王某及时阻止其行为，并严格要求按照风险管控措施，采取防止导线脱落的后备保护。

14.3.13　在进行拆除绝缘子串等可能造成导（地）线与杆塔受力连接件断开的工作前，位于导（地）线侧的作业人员，应将后备保护绳挂在杆塔横担上后解开系在导（地）线侧的安全带，以防导（地）线坠落时身体被拉伤。当安全带的主绳长度足够时，应同时将主绳和后备保护绳挂在杆塔（横担）上。

 【事故案例】

　　2013 年 9 月 14 日，500kV 某线路停电拆除整串绝缘子工作，现场负责人周某到达现场开展勘察，随后组织召开班前会，周某对现场进行安全及技术交底。班前会结束后，作业人员宋某等 7 人开始工作。导线端作业人员宋某在到达作业点后将安全带系在了导线侧，在即将脱出绝缘子与导线连接处的 R 形销时，尚未将系在导线端的安全带脱出。负责人周某及时发现并制止，督促宋某将后备保护绳挂在杆塔横担上后才让其解开系在导（地）线侧的安全带，防导（地）线坠落时身体被拉伤。

14.4　杆塔施工

14.4.1　立、撤杆应设专人统一指挥。开工前，应交代施工方法、指挥信号和安全组织、技术措施，工作人员应明确分工、密切配合、服从指挥。

14.4.2　立、撤杆应使用合格的起重设备。严禁过载使用。

14.4.3　立、撤杆塔过程中，基坑内不应有人工作。除指挥人及指定人员外，其他人员应在远离杆下 1.2 倍杆高的距离以外。

14.4.4　立杆及修整杆坑时，应采取防止杆身倾斜、滚动的措施，如采用拉绳和叉杆控制等。

14.4.5　顶杆及叉杆只能用于竖立 8m 以下的拔梢杆，不准用铁锹、桩柱等代用顶杆及叉杆。立杆前，应开好"马道"。作业人员要均匀地分配在电杆的两侧。

14.4.6　利用已有杆塔立、撤杆，应检查杆塔根部及拉线和杆塔的强度，必要时应增设临时拉线或采取其他补强措施。

14.4.7　使用吊车立、撤杆时，钢丝绳套应挂在电杆的适当位置以防止电杆突然倾倒。吊重和吊车位置应选择适当，吊钩应有可靠的防脱落装置，并应有防止吊车下沉、倾斜的措施。起、落时应注意周围环境。撤杆时，应检查无卡盘或障碍物后再试拔。

14.4.8　使用抱杆立、撤杆时，主牵引绳、尾绳、杆塔中心及抱杆顶应在一条直线上。抱杆下部应固定牢固，抱杆顶部应设临时拉线控制，临时拉线应均匀调节并由有经验的人员控制。抱杆应受力均匀，两侧拉绳应拉好，不准左右倾斜。固定临时拉线时，不准固定在有可能移动的，或其他不牢固的物体上。

14.4.9　使用固定式抱杆立、撤杆，抱杆基础应平整坚实，缆风绳应分布合理、受力均匀。

14.4.10　整体立、撤杆塔前应进行全面检查，确保各受力、连接部位全部合格方可起吊。立、撤杆塔过程中，吊件垂直下方、受力钢丝绳的内角侧禁止有人。杆塔起立离地后，应对杆塔进行冲击试验，对各受力点处作一次全面检查，确无问题，再继续起立；杆塔起立 60°后应减缓速度，注意各侧拉绳。

14.4.11　杆塔分段吊装时，上下段连接牢固后，方可继续进行吊装工作。分段分片吊装时，应将各主要受力材连接牢固后，方可继续施工。

14.4.12　构件连接对孔时，严禁将手指伸入螺孔找正。

14.4.13　杆塔分解组立时，塔片就位时应先低侧、后高侧。主材和侧面大斜材未全部连接牢固前，不准在吊件上作业。提升抱杆时应逐节提升，不应提升过高。单面吊装时，抱杆倾斜不宜超过 15°；双面吊装时，抱杆两侧的荷重、提升速度及摇臂的变幅角度应基本一致。

14.4.14　在带电设备附近进行立撤杆时，杆塔、拉线、临时拉线与带电设备的安全距离应符合表 16 的规定，且有防止立、撤杆过程中拉线跳动和杆塔倾斜接近带电导线的措施。

14.4.15　已经立起的电杆，只有在杆基回土夯实完全牢固后，方可撤去叉杆及拉绳。回填应按规定分层夯实。

14.4.16　在撤杆工作中，拆除杆上导线前，应先检查杆根、杆身，做好防止倒杆、断杆措施，在挖坑前应先绑好拉绳。

14.4.17 检修杆塔不准随意拆除受力构件，如需要拆除时，应事先作好补强措施。调整杆塔倾斜、弯曲、拉线受力不均或迈步、转向时，应根据需要设置临时拉线及其调节范围，并应有专人统一指挥。

14.5 放线、紧线与撤线

14.5.1 放线、紧线与撤线工作均应专人指挥、统一信号，并做到通信畅通，做好监护。

14.5.2 交叉跨越各种线路、铁路、公路、河流等放线、撤线时，应采取搭设跨越架、封航、封路等安全措施。

14.5.3 放线、紧线前，应检查导线有无障碍物挂住，导线与牵引绳的连接应可靠，线盘架应稳固可靠、转动灵活、制动可靠。

14.5.4 放线、紧线时，应检查接线管或接线头以及过滑轮、横担、树枝、房屋等处有无卡压现象。如遇导（地）线有卡、压现象，应松线后处理。处理时操作人员应站在卡线处外侧，采用工具、大绳等撬、拉导线。不应用手直接拉、推导线。

14.5.5 放线、紧线与撤线作业时，工作人员不应站或跨在以下位置，防止意外跑线时抽伤：

    a）已受力的牵引绳、导（地）线的内角侧及正上方。

    b）牵引绳或架空线的垂直下方。

    c）导（地）线及牵引绳圈内。

14.5.6 紧线、撤线前，应检查拉线、桩锚及杆塔。必要时，应加固桩锚或加设临时拉绳。拆除杆上导线前，应先检查杆根，做好防止倒杆措施，在挖坑前应先绑好拉绳。

14.5.7 不应采用突然剪断导（地）线的方法松线。

14.5.8 放线、紧线与撤线时，应采取措施，防止导（地）线由于摆（跳）动或其他原因而与带电导线间的距离不符合表16的规定。

14.5.9 导（地）线放线、紧线升空作业时不应直接用人力压线。

14.5.10 同杆塔架设的多回线路或交叉挡内，下层线路带电时，上层线路不应进行放、撤导（地）线的工作；上层线路带电时，下层线路放、撤导（地）线应符合表16规定的安全距离。

14.5.11 跨越施工。

14.5.11.1 放线、撤线工作中使用的跨越架，应使用坚固无伤相对较直的木杆、竹竿、金属管等，且应具有能够承受跨越物重量的能力，否则可双杆合并或单杆加密使用。搭设跨越架应在专人监护下进行。

14.5.11.2 跨越架中心应在线路中心线上，宽度应考虑施工期间牵引绳或导（地）线风偏后超出新建线路两边线各2.0m，且架顶两侧应装设外伸羊角。跨越架与被跨电力线路应不小于表16规定的安全距离，否则应停电搭设。

14.5.11.3 跨越不停电线路时，施工人员不应在跨越架内侧攀登、作业，或从封顶架上通过。

14.5.11.4 各类交通道口的跨越架的拉线和路面上部封顶部分，应悬挂醒目的警告标志牌。

14.5.11.5 跨越架应经验收合格，每次使用前检查合格后方可使用。强风、暴雨过后应对跨越架进行检查，确认合格后方可使用。

14.5.11.6 借用已有线路做软跨放线时，使用的绳索必须符合承重安全系数要求。跨越带电线路时应使用绝缘绳索。

14.5.11.7 在交通道口使用软跨时，施工地段两侧应设立交通警示标志牌，控制绳索人员应注意交通安全。

14.5.12 采用以旧线带新线的方式施工，应检查确认旧导线完好牢固；若放线通道中有带电线路和带电设备，应与之保持安全距离，无法保证安全距离时应采取搭设跨越架等措施或停电。牵引过程中应安排专人跟踪新旧导线连接点，发现问题立即通知停止牵引。

14.5.13 在交通道口采取无跨越架施工时，应采取措施防止车辆挂碰施工线路。

14.5.14 在邻近或跨越带电线路采取张力放线时，牵引机、张力机本体、牵引绳、导（地）线滑车、被跨越电力线路两侧的放线滑车应接地。操作人员应站在干燥的绝缘垫上，并不得与未站在绝缘垫上的人员接触。

14.5.15 放线作业前应检查导线与牵引绳连接可靠牢固。

14.6 线路测量

测量带电线路导线的弛度、挡距及导线与通道内其他物体（交叉跨越、建筑物、树木、塔材等）的距离时，应使用测量仪或合格的绝缘测量工具，不应使用皮尺、普通绳索、线尺（夹有金属丝者）等非绝缘工具。

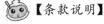【条款说明】

因皮尺、线尺等具有导电性能，普通绳索为非绝缘工具。在测量时，若接近或触碰带电部位会发生接地短路。

14.7 线路砍剪树木

14.7.1 砍剪线路通道树木时对带电体的距离不符合表 16 规定的，应采取停电或采用绝缘隔离等防护措施进行处理。

【条款说明】

砍剪线路通道树木时属于邻近带电体工作，如不控制距离，可导致倒落的树木接近或触碰带电体，造成线路故障及人员触电。

【数据说明】

表 16 距离引用 DL 409—1991《电业安全工作规程（电力线路部分）》中表 3 要求。

14.7.2 在线路带电情况下，砍剪靠近线路的树木时，工作负责人必须在工作开始前，向全体人员说明：电力线路有电，人员、树木、绳索应与导线保持表 16 规定的安全距离。

【数据说明】

引用 DL 409—1991《电业安全工作规程（电力线路部分）》中表 3 要求。

14.7.3 砍剪树木应有专人监护。待砍剪的树木下面和倒树范围内不准有人逗留，城区、人口密集区应设置围栏。

 【事故案例】

2010年10月12日，某供电局自主开展清理500kV某线路314～315号通道下方树木。按计划由工作负责人李某带领2名工作班成员张某、赵某开展现场树障清理。次日李某按原计划带领2名工作班成员到达工作地点，召开了简单的班前会，交代了砍树要点和防护措施，对工作分工进行了安排。李某为工作负责人兼任现场工作监护人，张某、赵某两人各带领一个小组，相互配合工作。工作开始后李某监护两个小组开始树障清理，中午时分挡中树障快清理完毕时，正在监护作业的李某电话突然响起，由于作业现场油锯声嘈杂较大，李某听不清电话对方声音，也未通知工作班成员暂停工作便走到远处安静的地方打电话。这时赵某看到李某走开，线路上边坡还有几棵树，走过去便拿起油锯开始砍伐，他似乎已经忘记还在下面砍伐树木的张某，当上边坡树木倒落时赵某大声呼喊张某快躲开，可已经来不及了。砍倒的树木重重地砸在张某身上，赵某跑去呼喊张某，发现张某已无意识，李某听到呼喊声后也跑过去，随即拨打了120将张某送往医院抢救，经医生检查张某已经清醒过来，但张某的脊椎骨被树木砸断留下永久的损伤，只能后期慢慢恢复。

14.7.4 风力超过5级时，不应砍剪高出或接近导线的树木。

 【条款说明】

见11.1.4条。

14.7.5 树枝接触或接近高压带电导线时，应将高压线路停电或用绝缘工具使树枝远离带电导线，采取措施之前人体不应接触树木。

14.7.6 为防止树木倒落在导线上，应设法用绳索将其拉向与导线相反的方向。绳索应绑扎在拟砍断树段重心以上合适位置，绳索应有足够的长度，以免拉绳的人员被倒落的树木砸伤。

【事故案例】（14.7.5、14.7.6合并案例）

2018年7月26日，某供电局按计划清理500kV某线路165号树障。到达现场后，现场负责人张某通用激光测距仪对A相小号侧78m处的树障隐患进行复测，净空距离为6.55m，随后组织召开班前会，张某通交代了在砍伐过程中，存在风偏树木对导线净空距离不足导致放电的风险以及对应的管控措施。班前会结束后，作业人员韦某等三人开始砍伐，砍伐过程中，现场负责人到作业点50m外进行树障清点，作业人员韦某看负责人不在场，在砍伐上边坡存在导线对树放电风险的树木时，没有使用绳索控制树木的倒向。这时，张某通听到上坡侧传来树木倾倒及巨大的放电声音，立即赶往事故点发现韦某已摔倒在地，脸部有灼伤痕迹，张某通立即询问韦某，发现其意识清醒，随后拨打120联系救援，并送往医院进行检查治疗。

14.7.7　上树前应检查树根牢固情况；上树时不应攀抓脆弱和枯死的树枝，不应攀登已经锯过或砍过的未断树木。

【事故案例】

2018 年 10 月 10 日，某班组在对±500kV 某线路 2044～2045 号通道下方的园林景观树进行修枝作业。按规定具备高空车作业条件的，宜采用高空车进行辅助作业，但工作负责人王某嫌高空作业车费用太高，未联系高空作业车进行辅助作业。由于早上出发仓促并未带安全带，只是从库房带来了梯子。作业开始陈某从车上拿来砍刀和油锯，看到此情形的王某不想再回去拿安全带。于是，王某将梯子靠在需修枝的树上，扶好梯子，叫作业班成员陈某上去修枝。陈某未系安全带，手拿砍刀，扶住梯子上到修枝地点，在砍了几刀树枝后还未砍断，陈某觉得砍刀不给力，便下来放下砍刀，拿起油锯上到修枝点准备锯断。就在到达修枝点时，陈某拿着的油锯较大，不太方便，恰巧另一只手握住了刚刚砍过未断的树枝，这时"咔嚓"一声树枝断裂，由于陈某未系安全带，一只手拿油锯，整个人失去了重心，从树上摔了下来。王某听到陈某疼痛喊叫，并未进行简单的固定包扎，直接将陈某送到医院，经医生检查陈某左腿粉碎性骨折。王某后悔不已。

14.7.8　砍剪树木时，应防止马蜂等昆虫或动物伤人。现场应配备防蜂、防毒蛇等药品。

【事故案例】

2007 年 9 月 14 日，某班组计划对±800kV 某线路 3011 号塔周围树障自主开展清理，由于该塔位置偏远，工作负责人杨某未提前熟悉现场环境，匆匆准备了油锯、砍刀、绳索等作业工器具和急救药箱。次日杨某乘车带领黄某、唐某两名工作班成员到达山脚，杨某看看已是上午 10 时，天气较热，觉得拿太多东西上山太累，想想也不会出啥事情，便指挥黄某只带上水和砍刀上山了。到达塔位，杨某要求大家先休息一下再砍树，休息时黄某看见一棵树上有个很大的马蜂窝，便告诉了杨某。杨某说"没事儿，先不砍这一棵，最后砍完再清理这一棵"。唐某说"我们没有带防蜂服和急救药箱，会存在作业风险"。但杨某并没有听进去唐某的话，便对两人讲了砍树要点，进行了任务分工。作业进行时，杨某监护着黄某、唐某砍树，这时黄某砍倒的一棵树没有控制好倒向，砸在了有马蜂窝的那一棵树上，马蜂飞了几只出来，由于在下面监护的杨某躲避不及，导致杨某的头部、手臂被马蜂蜇伤。杨某瞬间头部、手臂肿胀，黄某、唐某呼喊杨某，杨某已经不清醒、全身发软。由于未带急救药箱，没法进行简单的急救处理，黄某、唐某轮流背杨某下山并送到医院，经过医生 7 个小时的抢救杨某总算清醒过来恢复意识。

14.7.9　砍剪树木的高处作业应按要求使用安全带。安全带不准系在待砍剪树枝的断口附近或以上。具备高空车作业条件的，宜采用高空车进行辅助作业。

【事故案例】

见 14.7.7 条。

15   电力电缆作业

15.1   一般要求

15.1.1   在电力电缆的沟槽开挖、电缆安装、运行、检修、维护和试验等工作中，作业环境应满足安全要求。

15.1.2   工作前应详细核对电缆标志牌的名称是否与工作票相符，安全措施正确可靠后，方可开始工作。

15.1.3   电缆隧道、电缆井内应有充足的照明，并有防火、防水、通风的措施。

15.1.4   进入电缆井、电缆隧道前，先用吹风机排除浊气，再用气体检测仪检查井内或隧道内的易燃易爆及有毒气体含量。

15.1.5   在电缆隧道内工作时，通风设备应保持常开，以保证空气流通。在通风条件不良的电缆隧道内进行长距离巡视时，工作人员应携带便携式有害气体测试仪及自救呼吸器。

15.2   施工安全措施

15.2.1   电缆施工前应先查清图纸，再开挖足够数量的样洞和样沟，查清运行电缆位置及地下管线分布情况。

15.2.2   沟槽开挖应采取防止土层塌方的措施。

15.2.3   在电缆通道内不应使用大型机械开挖沟槽，硬路面面层破碎可使用小型机械设备，但应有专人监护，不得深入土层。若要使用大型机械设备时，应履行相应的报批手续。

15.2.4   掘路施工应具备相应的交通组织方案，做好防止交通事故的安全措施。施工区域应用标准路栏等严格分隔，并有明显标记，夜间施工人员应佩戴反光标志，施工地点应加挂警示灯。

15.2.5   沟槽开挖时，堆置处和沟槽之间应保留通道供施工人员正常行走。在堆置物堆起的斜坡上不应放置工具材料等器物。

15.2.6   挖到电缆保护层后，应由有经验的人员在场指导和监护，方可继续进行。

15.2.7   挖掘出的电缆或接头盒，如下面需要挖空时，应采取悬吊保护措施。电缆悬吊应每1～1.5m吊一道；接头盒悬吊应平放，不得使接头盒受到拉力；若电缆接头无保护盒，应做好充分保护措施，方可悬吊。

15.2.8   敷设电缆过程中，应有专人指挥。电缆移动时严禁用手搬动滑轮。

15.2.9   移动电缆接头一般应停电进行。如需带电移动，应先调查该电缆的历史记录，采取固定保护措施，由有经验的施工人员在专人统一指挥下，平正移动。

15.2.10   开断电缆前，必须与电缆图纸核对是否相符，并使用专用仪器确定作业对象电缆停电后，用接地的带绝缘柄的铁钎或电缆试扎装置扎入电缆芯后方可作业。扶绝缘柄的人必须戴绝缘手套和护目镜并站在绝缘垫上，并采取防灼伤措施。

15.2.11   禁止带电插拔普通型电缆终端接头。可带电插拔的肘型电缆终端接头，不得带负荷操作。带电插拔肘型电缆终端接头时应使用绝缘操作棒并戴绝缘手套、护目镜。

15.2.12 开启高压电缆分支箱（室）门应两人进行，接触电缆设备前应验明确无电压并接地。高压电缆分支箱（室）内工作时，应将所有可能来电的电源全部断开。

15.2.13 开启电缆井井盖、电缆沟盖板及电缆隧道人孔盖时应使用专用工具，同时注意所立位置，以免滑脱后伤人。开启后应设置标准路栏围起，并有人看守。工作人员撤离电缆井或隧道后，应立即将井盖盖好，以免行人碰盖后摔跌或不慎跌入井内。

15.2.14 电缆沟的盖板开启后，应自然通风一段时间，经气体检测合格后方可下井沟工作。电缆井内工作时，禁止只打开一只井盖（单眼井除外）。

15.2.15 充油电缆施工应做好电缆油的收集工作，对散落在地面上的电缆油要立即覆上黄沙或砂土，及时清除，以防行人滑跌和车辆滑倒。

15.2.16 制作环氧树脂电缆头和调配环氧树脂工作过程中，应采取有效的防毒和防火措施。

15.2.17 高压跌落式熔断器与电缆头之间作业的安全措施：

　　a）宜加装过渡连接装置，使作业时能与熔断器上桩头带电部分保持安全距离。

　　b）跌落式熔断器上桩头带电，需在下桩头新装、调换电缆终端引出线或吊装、搭接电缆终端头及引出线时，应采取绝缘隔离措施，并在下桩头加装接地线。

　　c）作业时，作业人员应站在低位，伸手不得超过跌落式熔断器下桩头，并设专人监护。

　　d）禁止雨天进行以上工作。

15.2.18 非开挖施工的安全措施：

　　a）采用非开挖技术施工前，应首先探明地下各种管线及设施的相对位置。

　　b）非开挖的通道，应离开地下各种管线及设施足够的安全距离。

　　c）通道形成的同时，应及时对施工的区域进行灌浆等措施，防止路基的沉降。

　　d）提起水底电缆放在船上工作时，应使船体保持平衡。船上应具备足够的救生圈，工作人员应穿救生衣。

15.3 试验安全措施

15.3.1 电力电缆试验要拆除接地线时，应征得工作许可人的许可（根据调度员命令装设的接地线，应征得调度员的许可），方可进行。工作完毕后立即恢复。

15.3.2 电缆耐压试验前，加压端应做好安全措施，防止人员误入试验场所。另一端应设置围栏并挂上警告标示牌。如另一端是上杆的或是锯断电缆处，应派人看守。

15.3.3 电缆试验前后以及更换试验引线时，应对被试电缆（或试验设备）充分放电，作业人员应戴绝缘手套。

15.3.4 电缆耐压试验分相进行时，另两相电缆应短路接地。若同一通道敷设有其他停运或未投运电力电缆，也应将其短路接地。

15.3.5 电缆试验结束，应对被试电缆进行充分放电，并在被试电缆上加装临时接地线，待电缆尾线接通后方可拆除。

15.3.6 电缆故障声测定点时，不应直接用手触摸电缆外皮或冒烟小洞。

16　高、低压配电网作业

16.1　一般要求

16.1.1　禁止工作人员擅自开启直接封闭带电部分的高压配电设备柜门、箱盖、封板等。

【事故案例】

2014年10月17日，某35kV变电站在开展10kV Ⅰ段母线电压互感器、避雷器试验前，值班员杨某想查看10kV Ⅰ段母线避雷器是否满足试验条件，便与试验人员赵某一同前往查看。由于通过10kV开关柜柜门上的红外测温孔看不清柜内情况，赵某便蹲着用扳手拆卸背板螺栓。背板2颗螺栓拆卸完后，站在背后的杨某将电磁锁钥匙交给赵某，赵某打开了柜门上的电磁锁，并打开了后柜门。在杨某转身取绝缘手套及验电器准备对设备验电时，赵某将头探入开关柜内查看。由于10kV Ⅰ段母线运行，10kV Ⅰ段母线电压互感器及避雷器引流铜排带电，赵某头部与避雷器引流铜排安全距离不足，发生触电导致死亡。

16.1.2　进行电容器停电工作时，应先断开电源，使用专用放电器将电容器充分放电，接地后方可进行工作。

【技术原理说明】

电容器本身是一种储能设备，在停电后其内部储存有足以对人体造成伤害的能量。不充分放电或不放电的电容器，在接地前会有剩余电荷，操作时会对人身造成伤害，故应在工作前进行充分放电。如果电容器内部的熔丝熔断，则从电容器外部的套管接头处放电已经不起作用，因此还需要使用专用放电器将电容充分放电。

【事故案例】

2019年7月18日，某电业局开展941电容器跳闸故障处理。工作负责人郭某组织召开班前会，交代工作任务和现场安全措施，强调电容器必须逐台进行放电。会后，郭某等人准备工器具，曹某用手触碰了941电容器组B相02号单体电容器已熔断的熔丝，被剩余电荷电了一下，寇某、马某对其行为进行了制止。10时35分左右，寇某开始进行电容器放电工作，10时40分，完成A相电容器放电。当进行到B相02号单体电容器中性点侧放电时，寇某听到对面发出"啊呀"一声，随即看到曹某从电容器基础上掉下来，躺靠在A相电抗器水泥基础旁。事后分析，941电容器组B相02号单体电容器熔丝熔断，不平衡保护跳闸后，无法通过放电线圈放电，存在很高的剩余电荷，残压较高，曹某由于左胸腹部触碰B相02号单体电容器熔丝，导致触电身亡。

16.1.3　10kV、20kV户外（内）电力装置的裸露部分在跨越人行过道或作业区时，若导电部分对地高度小于表17中的数据时，该裸露部分两侧和底部应装设护网。

表 17　　　　　　　　　配电装置裸露部分在跨越人行过道或作业区的安全距离

场所 ＼ 电压等级 kV	10	20
户外	2.7	2.8
户内	2.5	2.5

注：35kV 高压设备按户外 2.9m、户内 2.6m 执行。

【数据说明】

引用自 GB 50060—2008《3～110kV 高压配电装置设计规范》第 5.1.1 和 5.1.4 条规定。

16.1.4　金属材料的配电箱、电表箱应可靠接地，且接地电阻应满足要求。工作人员在接触运用中的配电箱、电表箱前，应检查接地装置是否良好，并用验电笔确认箱体确无电压后，方可接触。带电接电时作业人员应戴低压绝缘手套或帆布手套。

16.1.5　当发现金属材料的配电箱、电表箱箱体带电时，工作人员不应直接接触箱体，应断开上一级电源将其停电，查明带电原因，并作相应处理。

【技术原理说明】（16.1.4、16.1.5 合并说明）

电气设备上与带电部分相绝缘的金属外壳，通常因绝缘损坏或其他原因而导致意外带电，容易造成人身触电事故。为保障人身安全，减少事故的危害性，将在故障情况下可能呈现危险的对地电压的设备外露可导电部分进行接地，叫作保护接地。配电箱的外壳应可靠接地，当发现金属材料的配电箱、电表箱箱体带电时，若直接接触容易造成人身触电，应断开上一级电源并查明原因。

16.2　高压配电设备作业

16.2.1　配电站、配电开关站、箱式变电站、电缆分接箱等箱式配电设备宜设置验电和接地装置。

16.2.2　配电设备接地电阻不合格时，应戴绝缘手套方可接触箱体。

16.2.3　配电设备中使用的普通型电缆接头，禁止带电插拔。可带电插拔的肘型电缆接头，不宜带负荷操作。

16.2.4　在配电设备区进行清洁、维护等不触及运行设备的工作时，应有人监护，保持作业人员与带电部分的距离应符合表 1 规定的作业安全距离，并采取防止误碰带电设备的可靠措施。

16.2.5　更换配电站环网柜内熔断器应在无负荷的状态下进行。

16.2.6　环网柜部分停电工作，若进线柜线路侧有电，应在进线柜设置遮栏，悬挂"止步，高压危险！"标示牌；在进线柜开关的操作机构处加锁，并悬挂"禁止合闸，有人工作！"标示牌；同时在进线柜接地开关的操作机构处加锁。

16.2.7 配电变压器柜的柜门应有防误入带电间隔的措施，新设备应安装防止误入带电间隔闭锁装置。

16.2.8 柜式配电设备的母线侧封板应使用专用螺丝和工具，专用工具应妥善保存，柜内有电时禁止开启。

16.2.9 封闭式高压配电设备进线电源侧和出线线路侧应装设带电显示装置。

16.2.10 封闭式组合电器引出电缆备用孔或母线的终端备用孔应用专用器具封闭。

16.2.11 已接上母线的备用间隔应有名称、编号。其隔离开关操作手柄、网门应能加锁。高压手车开关拉出后，隔离挡板应可靠封闭。

16.2.12 进入变压器室工作前，应将变压器高压侧短路接地、低压侧短路接地或采取绝缘遮蔽措施。

16.3 高压配电线路作业

16.3.1 杆塔上带电核相时，作业人员与带电部位的距离应符合表1规定的作业安全距离，核相工作应逐相进行。

16.3.2 柱上断路器应有分、合位置的机械指示。

16.3.3 柱上变压器台架工作前，应检查确认台架与杆塔连接牢固、接地体完好，人体、工具、材料与邻近带电部位的距离应符合表1规定的作业安全距离。

16.3.4 柱上变压器台架工作，应先断开低压侧的断路器，再断开变压器台架的高压线路的隔离开关或跌落式熔断器，高低压侧验电、接地后，方可工作。若变压器的低压侧无法装设接地线，应采用绝缘遮蔽措施。

16.3.5 柱上变压器台架工作，人体与高压线路和跌落式熔断器上部带电部分应保持安全距离。不宜在跌落式熔断器下部新装、调换引线；若必须进行，应采用带电作业方式进行或将跌落式熔断器上部停电。

16.3.6 架空绝缘导线不应视为绝缘设备，不应直接接触或接近。

16.3.7 进入变压器室工作前，应将变压器高压侧短路接地、低压侧短路接地或采取绝缘遮蔽措施。

16.3.8 不应穿越未停电接地的绝缘导线进行工作。

16.3.9 在停电作业中，开断或接入绝缘导线前，应采取防感应电的措施。

16.4 计量、负控装置作业

16.4.1 带电安装有互感器的计量装置时，应有防止相间短路、相对地短路、电弧灼伤的措施。

【技术原理说明】

带电安装有互感器的计量装置时，应采取措施防止安装过程中造成设备相间短路、对地短路或者电弧灼伤造成人身伤害。

16.4.2 电源侧不停电更换电能表时，直接接入的电能表应将出线负荷断开。

16.4.3 现场校验电流互感器、电压互感器应停电进行，试验时应有防止反送电、防止人员触电的措施。

【技术原理说明】

　　现场校验电流互感器前，应采取措施（如将备用二次绕组短接、检查检验仪器接线有无开路等）防止电流互感器二次侧开路产生高压导致人员触电。

　　现场校验电压互感器前，应采取措施（如拉开二次熔断器或自动开关、断开继电器对外连线等）防止所加电压按电压互感器变比反送到停电的一次设备上，在一次侧引起高电压，造成人员触电。

16.4.4 装表接电作业宜在停电下进行。带电装表接电时，应戴低压绝缘手套或帆布手套，应采取防止机械伤害和电弧灼伤的安全措施。

16.4.5 装表接电作业应由两人及以上协同进行，如需登高作业，应使用安全、可靠、绝缘的登高工具，并做好防止触电和高处坠落的安全措施。

16.4.6 负控装置的安装、维护和检修作业一般应停电进行，若需不停电进行，作业时应有防止误碰运行设备、误分闸的措施。

16.5 低压配电网作业

16.5.1 一般要求

16.5.1.1 低压电气工作前，应用低压验电器或测电笔检验检修设备、金属外壳和相邻设备是否有电。

16.5.1.2 所有未接地或未采取绝缘遮蔽、断开点加锁挂牌等可靠隔绝电源措施的低压线路和设备都应视为带电。未经验明确无电压时，禁止触碰导体的裸露部分。

16.5.1.3 低压回路停电工作时应对邻近的带电线路和设备采取加装绝缘隔板或包扎绝缘材料等措施。

16.5.1.4 低压回路停电工作时应对邻近的带电线路和设备采取加装绝缘隔板或包扎绝缘材料等措施。

16.5.1.5 低压屏（柜）内需要低压出线停电的工作，应断开相应出线的空气开关，并在低压出线电缆头上验电、装设接地线，以防止向工作地点反送电。

16.5.1.6 在配电变压器测控装置二次回路上工作，应按低压带电工作进行。

16.5.1.7 在低压用电设备上停电工作前，应断开电源、取下熔丝，验明确无电压后，加锁或悬挂标示牌。

16.5.2 低压不停电作业

16.5.2.1 低压不停电作业应设专人监护。

16.5.2.2 作业人员应穿绝缘鞋和全棉长袖工作服，戴低压绝缘手套或帆布手套、安全帽和护目镜，站在干燥的绝缘物上进行。

16.5.2.3 作业人员应使用有绝缘柄的工具，其外裸露的导电部位应采取绝缘包裹措施，禁止使用锉刀、金属尺和带有金属物的毛刷、毛掸等工具。

16.5.2.4 工作前，应采取绝缘隔离、遮蔽带电部分等防止相间或接地短路的有效措施；若无法采取遮蔽措施时，则将影响作业的带电设备停电。

16.5.2.5 在高低压线路同杆塔架设的低压带电线路上工作时，应先检查与高压线的距离，采取防止误碰带电高压设备的措施。在下层低压带电导线未采取绝缘隔离措施或未停电接地时，作业人员不应穿越。

16.5.2.6　工作前，应先分清相线、零线，选好工作位置。断开导线时，应先断开相线，后断开零线。断开的引线、线头应采取绝缘包裹等遮蔽措施。搭接导线时，顺序应相反。

16.5.2.7　接线或拆线作业应逐相完成，并恢复该相绝缘后，方可进行下一步的作业。人体不得同时接触两根线头。

16.5.2.8　低压作业范围内电气回路的剩余电流动作保护装置应投入运行。

第3部分

专 项 作 业

17 试验作业

17.1 一般要求

17.1.1 电气试验的具体标准、方法等应遵照 GB 26861—2011、DL/T 596—2005 的规定。

17.1.2 电气试验应符合高压试验作业、试验装置、试验过程及测量工作的安全要求。

17.1.3 特殊的重要电气试验，应有详细的试验方案和安全措施，并经单位分管生产负责人或总工程师批准。

17.2 高压试验

17.2.1 同一电气连接部分，检修和高压试验工作不能同时进行。许可高压试验前，应将其他检修工作间断并收回工作票；试验完成前不应许可其他工作。

 【技术原理说明】

若检修、试验分别填用工作票，检修工作已先行许可工作电气试验工作票，许可前应将已许可的检修工作票收回，检修人员撤离到安全区域。试验工作票未终结前不得许可其他工作票，以防其他人员误入试验区，误碰被试设备造成人身触电伤害。

17.2.2 如加压部分与检修部分断开点之间满足试验电压对应的安全距离，且检修侧有接地线时，应在断开点装设"止步，高压危险！"标示牌，并设专人监护后方可工作。

 【技术原理说明】

加压部分与检修部分之间已拉开隔离开关或拆除电气连接，断开点满足被试设备所加电压的安全距离，检修侧已接地，可在断开点的一侧试验，另一侧继续工作。试验前应在断开点处装设围栏并悬挂"止步，高压危险！"标示牌，并设专人监护，防止检修人员靠近试验设备发生触电危险。

 【事故案例】

2011 年 5 月，某乙方试验人员对某运检公司所属的 500kV 变电站内某断路器断口间均压电容器进行介损及电容量的首检试验。试验前，乙方试验人员将断路器及其相连的电流互感器和刀闸均围在安全围栏之内，并在围栏边缘挂有"高压止步"的危险标志。试验电压从零上升到 10kV，试验频率为 45Hz/55Hz 自动变频，即仪器自动用 45Hz 和 55Hz 各测量 1 次，然后计算 50Hz 下无干扰时数据。在对电流互感器侧均压电容进行介损试验的过程中，试验电压刚刚上升到 10kV，测量频率为 45Hz 时，乙方试验人员未在安全围栏处指定专人看守，乙方检修人员不顾安全围栏及"高压止步"的危险标志就对处于安全围栏内的与刀闸侧均压电容器直接电气相连的刀闸进行擦洗，在手刚刚触碰到刀闸的瞬间，立即有强烈的电麻感觉。此时刀闸地刀处于分闸状态。乙方检修人员迅速将手移开，此事故没有发展为人身伤害事件。

17.2.3 高压试验工作不应少于两人。试验负责人应由有经验的人员担任。开始试验前，试验负责人应向全体试验人员详细交代带电部位和安全注意事项。

【事故案例 1】

2000 年 3 月，某变电站 110kV 开关电流互感器及刀闸进行预试、检修等工作。9 时 0 分左右，工作负责人邓某办理好工作许可手续后，对工作班人员进行了分工：胡某负责操作仪器及记录数据，赵某负责拆接试验接线，邓某负责监护，并在交代了有关安全注意事项后开始工作。这时，检修人员秦某（伤者）在没有征得试验负责人同意的情况下爬上了刀闸进行检修。由于电流互感器至刀闸的连接线没有拆除，邓某喊秦某下来，但秦某说："没关系的，你们加压时我让开就行了。"试验过程中加压、变更接线等环节都进行了呼唱，A、B 两相的试验都是一次加压试验后完成。在做 C 相介损试验时，秦某让到了刀闸的 B 相，第一次试验后，胡某发现试验结果不对，邓某怀疑是二次短接线接地不良，就喊赵某下来，自己爬上电流互感器构架重新接线。此时，试验工作失去了监护。9 时 30 分左右，邓某接好线后，就喊胡某重新试验。胡某在未喊加压的情况下，就启动仪器进行加压。这时，站在刀闸上的秦某认为试验已结束，在没有询问试验人员的情况下，解开安全带移向 C 相，造成触电。从 2m 多高的构架上落下，导致手腕粉碎性骨折。

【事故案例 2】

1997 年 3 月 19 日，某维修大队电工班班长王某安排高压试验电工姜某（高压试验组组长）、张某、刘某为某石油化工总厂助剂厂做绝缘工具耐压。上午没有做完，计划下午上班接着做，中午时候姜某一个人到维修间做高压验电器耐压试验（班里人都不知道），进行升压后，在无人监护的情况下，没有断开控制刀闸，便带电进行操作，造成触电。在隔壁电工班休息的王某闻到毛发烧焦的味道，出外查看，发现维修间大门敞开着，姜某倒在试压仪器旁。他立即断开总电源刀闸，同时高声呼叫。李某等人闻声赶到现场，对姜某进行人工呼吸，并立即送往医院，因抢救无效死亡。

【事故案例 3】

某变电站由高压试验班进行 35kV 的 312 开关介质损失角试验。由于工作围栏不能区分停电、带电设备，一名试验工从开关上下来以后，再上开关时，无人监护，未弄清楚被试设备，误登上临近运行中的 312 开关，触电死亡。

17.2.4 试验需要断开设备接头时，断开前应做好标记，接回后应检查。

【技术原理说明】

因试验需要断开（拆）设备一、二次接头时，为防止恢复时错接、漏接，断开（拆）

前应做好标记，恢复时核对标记，确保设备状态正常、顺利复电。

17.2.5 试验装置的金属外壳应可靠接地；高压引线应尽量缩短，并采用专用的高压试验线，必要时用绝缘物支持牢固。试验装置的低压回路中应有两个串联电源开关，并加装过载自动跳闸装置。

【技术原理说明】

　　试验装置的金属外壳接地可防止试验装置故障，外壳带电危及试验人员的人身安全。采用专用的高压试验线，颜色醒目便于试验人员检查试验结线是否正确，还可防止将试验线遗留在设备上。缩短试验引线使试验区位置得到有效控制，减少对周围工作人员造成危险，减少杂散电容对试验数据的影响。应选用能承受试验电压的绝缘物支持试验线，试验引线和被试设备的连接应可靠，防止试验引线掉落。试验装置的低压回路中应有两个串联电源开关，一个是作为明显断开点的双极刀闸，双极刀闸拉开后使试验装置与电源完全隔离，刀闸拉开后在刀刃上加装绝缘罩，是防止误合刀闸伤及试验人员或危及试验设备的安全；另一个应是有过载自动掉闸装置的开关。过载开关的作用是当被试设备击穿以及因泄漏电流或电容电流超过设定值时，开关自动跳闸，以减少对被试设备击穿的损坏程度，同时起到防止试验装置过载损坏。

【事故案例】

　　2000年4月9日，某供电局修配厂试验工人校验电桥时，只断开电桥的开关，未拉开电源刀闸，当翻动电桥时，右手碰到电桥的电源端的带电部分上，由于电桥有接地，工作人员脚下垫了绝缘垫，自己脱离了电源，仅造成从右手无名指到左手掌的通电回路触电烧伤。

17.2.6 高压试验现场应装设遮栏，遮栏与试验设备高压部分应有足够的安全距离，向外悬挂"止步，高压危险！"标示牌，并派专人看守。被试设备两端不在同一地点时，一端加压，另一端应派专人看守。

【技术原理说明】

　　高压试验现场应装设遮栏（围栏），向外悬挂"止步，高压危险！"标示牌，并派人看守，防止其他人员靠近，防止人员触电。对于被试设备其他所有各端也应装设遮栏（围栏），悬挂标示牌，分别派专人看守，看守人未接到试验完毕的通知不得随意撤回。装设遮栏（围栏）与被试设备的距离应符合所加电压的安全距离，防止人员触电。

【事故案例】

　　见17.2.2条。

17.2.7 加压前应认真检查试验接线，使用规范的短路线，表计倍率、量程、调压器零位及仪表的开始状态均应正确无误，经确认后，试验人员通知所有人员离开被试设备，并取得试验负责人许可后，方可加压。

【技术原理说明】

为防止试验线接线错误，造成被试设备损坏以及试验数据错误，试验加压前应全面检查所有接线正确可靠。应使用专用的规范短路线，不得将熔丝、细铜丝作为短路线。试验加压前应检查表计倍率正确，量程合适，所有仪表指示均在初始状态，调压器在零位，以保证试验数据正确，防止仪表仪器损坏。

加压前，所有人员应撤离到被试设备所加电压的安全距离以外，取得试验负责人许可后方可加压，防止人员触电。

【事故案例】

2001 年 9 月 18 日，某供电局变电施工队在某变电站升压器做开关的交流耐压试验时，发现试验数据有问题，在查找原因中，未将升压器调至零位，也未切断试验电源。当发现是升压器极性接反的错误后，准备改变极性时，试验人员触及加压至 50kV 的带电部分，幸亏自己脱离开电源，仅烧伤双手，未造成严重后果。

17.2.8 加压过程中应有人监护并呼唱。高压试验工作人员在全部加压过程中，随时警戒异常现象发生，操作人员应穿绝缘鞋或站在绝缘垫上

【技术原理说明】

在加压过程中应集中注意力，按照分工监视仪表仪器和被试设备是否正常，加压过程中应随着电压的升高逐点呼唱，以保证试验人员之间的相互配合和提醒，又可根据逐点的数据判断被试设备情况，以能采取措施处理突发的异常情况。为保证操作人员的安全，应穿绝缘鞋或站在绝缘垫上。

【事故案例】

2006 年 7 月 19 日，某供电局修配厂试验班进行变压无载试验时，试验电源操作人认为已经接好线，未通知设备上的倒线人，即合上试验刀闸，当倒线人发现接线松动，去动接线时触电。

17.2.9 变更接线或试验结束时，应首先断开试验电源、放电，将升压设备的高压部分放电、短路接地。

【技术原理说明】

变更接线或试验结束时，应先断开试验装置的电源开关，拉开刀闸，戴绝缘手套用高压放电棒对升压设备高压部分进行充分放电。以泄放剩余电荷，放电后用接地线将升压设

备高压部分短路接地，防止残压触电。

【事故案例】

见17.2.7、17.2.10条。

17.2.10 未装接地线的大电容被试设备，应先行放电再做试验。高压直流试验间断或结束时，每告一段落或试验结束时，应将设备对地放电数次并短路接地。

【技术原理说明】

断开电源后，大容量的发电机、调相机、主变压器、电力电容器、电力电缆以及长距离的高压架空输电线路等大电容设备如未接地，由于电容量大，有较多的剩余电荷，应先使用高压放电棒将其充分放电后再作试验，以确保人身、试验设备的安全以及试验数据的准确。在进行高压直流试验时，由于它们等效电容量较大，充、放电时间长，电压升降相对缓慢，因此试验告一段落或试验结束时，要用高压放电棒对被试设备多次对地放电并短路接地，方可进行变更接线工作。

【事故案例】

2008年6月27日，某电厂高压试验室技术员进行6kV电缆的直流30kV、时间5min的耐压试验工作。准备试验的5条相邻的电缆两端编号顺序实际上颠倒的，留有隐患，如一端编号是1，而另一端却是5，一直未被觉察。当试验完一条电缆，断开试验电源后，未进行放电前，从编号看不是被试电缆，而实际却是刚刚试验后的。当技术员手触到残压为25kV的电缆头时，被残留电荷电死。

17.2.11 试验结束时，试验人员应拆除自装的接地线和短路线，并对被试设备进行检查，恢复试验前的状态，经试验负责人复查后，进行现场清理。

【技术原理说明】

试验结束时，试验人员应拆除自装的接地短路线（运行人员安装的除外），检查有无试验短路线、工器具、杂物等遗留在被试设备上，将所有的接线和设备状态恢复到与试验前一致。经试验负责人确认后，再清理工作现场。

17.2.12 在阀厅内进行晶闸管（可控硅）高压试验前，应停止该阀塔内其他工作并撤离无关人员；试验时，工作人员应与试验带电体之间保持足够的安全距离，试验人员禁止直接接触阀塔屏蔽罩，防止被可能产生的试验感应电伤害。

【技术原理说明】

阀厅内进行晶闸管（可控硅）高压试验时，加了试验高压，因阀厅内无明显断开点，为了防止高压试验试验电压过高而发生触电事件，需停止该阀塔内其他工作并撤离无关人员。高压试验在试验时，屏蔽罩会产生较高的感应电，故禁止试验人员直接接触阀塔屏蔽罩，防止被可能产生的试验感应电伤害。

17.2.13 换流站内换流变压器高压试验前，应通知阀厅内换流变压器套管侧试验无关人员撤离，并派专人监护。

17.2.14 阀厅内换流变压器套管试验加压前应通知阀厅外侧换流变压器上试验无关人员撤离，并派专人监护。

 【技术原理说明】（17.2.13、17.2.14 合并说明）

换流站内换流变压器高压试验时，在套管或非被试套管上会有试验电压或者感应电压，应通知阀厅内换流变压器套管侧试验无关人员撤离，为了防止人员误碰试验带电部位，造成触电事故，并派专人监护。在阀厅内做试验时同理。

18 电气测量作业

18.1 一般要求

18.1.1 雷电天气时，禁止测量接地电阻、设备绝缘电阻及进行高压侧核相工作。沿线出现雷雨天气时不应进行线路测量工作。

 【技术原理说明】

雷电天气多雷电。当线路遭受雷击时，雷电会沿接地体传递，进行线路相关测量工作可能受到雷击导致人身触电伤害。

18.1.2 电气测量工作，至少应由两人进行，一人操作，一人监护。夜间测量工作，应有足够的照明。

【条款说明】

电气测量属于直接接触电气设备的工作，为防止工作过程中造成人身或设备事故，至少应由两人进行，一人操作，一人监护。夜间时由还应有足够的照明，保证亮度充足。

18.1.3 电气测量时，人体与高压带电部位的距离不得小于表 1 规定的作业安全距离。

18.1.4 非金属外壳的仪器，应与地绝缘，金属外壳的仪器和仪用变压器外壳应接地。

【条款说明】

为避免非金属外壳的仪器损坏时内部回路接地或短路，一般将仪器放在绝缘垫或绝缘台上使用。金属外壳的仪器和仪用变压器外壳应接地，当电气绝缘失效发生漏电或存在感应电时，接地良好的金属外壳能保持地电位，有效防止人身伤害。

18.1.5 发现厂站、高压配电线路有系统接地故障时，不应测量接地网的接地电阻。

【技术原理说明】

厂站、高压配电线路发生系统接地故障时，产生接地电流，此时如测量接地网接地电阻，可能危及人身安全或损坏测量仪器仪表。所以，在系统有接地故障时，禁止进行测量接地电阻的工作。

18.2　使用携带型仪器测量

18.2.1　除使用特殊仪器外，所有使用携带型仪器的测量工作，均应在电流互感器和电压互感器的二次侧进行。

【条款说明】

携带型仪器如万用表、电压表、电流表等具有便携的特点，这决定了其设计的绝缘水平不高，无法满足在高电压条件下工作的绝缘水平和安全性能。

18.2.2　电流表、电流互感器及其他测量仪表的接线和拆卸，需要断开高压回路的，应将此回路所连接的设备和仪器全部停电后，方能进行。

【条款说明】

当使用高压试验电流互感器如标准电流互感器或在二次侧施加试验电流需要断开电流互感器的高压回路时，为防止二次电流回路所连接的设备和仪器向高压侧反送电，应先将施加电流回路所连接的设备和仪器全部停电。

18.2.3　电压表、携带型电压互感器和其他高压测量仪器的接线和拆卸无须断开高压回路的，可以带电工作。但应使用耐高压的绝缘导线，导线长度应尽可能缩短，不应有接头，并应连接牢固，以防接地和短路。必要时用绝缘物加以固定。

【条款说明】

电压表、携带型电压互感器和其他高压测量仪器的接线和拆卸无需断开高压回路的，可以带电工作，但应使用耐高压的绝缘导线，导线长度应尽可能缩短，防止由于导线过长摆动造成误碰其他设备或人员。同时导线不应有接头，防止由于接头松脱造成接地和短路。

18.2.4　使用电压互感器进行工作时，应先将低压侧所有接线接好，然后用绝缘工具将电压互感器接到高压侧。工作时应戴绝缘手套和护目镜，站在绝缘垫上，并应有专人监护。

【技术原理说明】

为防止电压互感器内部高低压绕组之间因绝缘不良或二次短路或接地而导致高压加入低压侧，先将低压侧所有接线先接好后再接到高压侧进行通电，可以降低人身触电的风险。

18.2.5 连接电流回路的导线截面，应适合所测电流数值。连接电压回路的导线截面不应小于 1.5mm²。

【技术原理说明】

选用试验用电流回路的导线截面，应适合于所测电流数值的要求，也要满足机械强度要求，并使电流回路的总阻抗不大于电流互感器在额定准确度等级下的标称负载。选用试验用电压回路导线截面，主要应满足机械强度要求，故规定截面不得小于 1.5mm²。

18.2.6 所有测量用装置必要时应设遮栏或围栏，并悬挂"止步，高压危险！"标示牌。仪器的布置应使工作人员距带电部位不得小于表 1 规定的作业安全距离。

18.3 使用钳形电流表测量

18.3.1 在高压回路上测量时，不应用导线从钳形电流表另接表计测量。

【技术原理说明】

在高压回路上用钳形电流表测量电流时，因钳形电流表距带电部分较近，如果另接表计测量，导线可能晃动碰触带电部分或与带电部分过近，危及工作人员的安全或损坏钳型电流表，还可能发生二次开路的危险，所以禁止用导线从钳形电流表另接表计测量。

18.3.2 测量低压熔断器和水平排列低压母线电流时，测量前应将各相熔断器和母线用绝缘材料加以包护隔离，以免引起相间短路，同时应注意不得触及其他带电部分。

【技术原理说明】

为防止测量时低压熔丝熔断产生弧光或经过钳形电流表形成对地或相间短路，测量电流的低压熔断器应用绝缘材料包护隔离；为防止测量水平排列低压母线电流及观测钳形电流表数据时对地或相间短路，也应用绝缘材料将母线保护隔离。低压母线由于相间距离小，用钳形电流表测量张开钳口时，应注意不得触及其他带电部分。

18.3.3 在测量高压电缆各相电流时，电缆头线间距离应在 300mm 以上，且绝缘良好、测量方便的，方可进行。当有一相接地时，不应测量。

【技术原理说明】

用钳形电流表测量高压电缆各相电流一般在电缆头分相处进行，只有测量电缆头线间距离在 300mm 以上，钳形电流表测量时的组合间距才能达到绝缘强度要求。同时，只有当绝缘良好时，方可测量高压电缆的各相电流。

在中性点非有效接地系统中，发生单相接地故障，非故障相对地电压升高，如果非故障相存在绝缘薄弱环节，容易发生击穿而造成两相接地短路，而电缆头是绝缘较为薄弱处。为确保测量人员的人身安全，当系统有单相接地故障时，禁止在电缆头处测量电流。

18.3.4 钳形电流表应保存在干燥的室内，使用前要擦拭干净。

【条款说明】

钳形电流表是由电流互感器和电流表组合而成。当握紧钳形电流表的扳手时，电流互感器的铁芯张开，被测电流的导线进入钳口内部作为电流互感器的一次绕组；当放松钳形电流表的扳手时，电流互感器的铁芯闭合，在其二次绕组上产生感应电流，电流表指针偏转，从而指示出被测电流的数值。钳形电流表应保存在干燥的室内，以保证其绝缘水平良好。若钳形电流表钳口处存在脏污，将导致钳口在测量时闭合不紧密，影响测量结果，因此在使用前要擦拭干净。

18.4　使用绝缘电阻表测量

18.4.1 测量用的导线，应使用相应的绝缘导线，其端部应有绝缘套。

【技术原理说明】

绝缘电阻表使用时有较高的电压，导线通常与设备外壳、大地或人体接触，因此，绝缘电阻表导线的绝缘性能应满足测量电压的要求，连接绝缘电阻表的一端应有专用接头或插头，另一端应有带绝缘套的专用夹头，导线无裸露部分。

18.4.2 测量设备绝缘电阻时，应将被测设备从各方面断开，验明无电压，确实证明设备无人工作后，方可进行。在测量中不应让他人接近被测量设备。在测量绝缘前后，应将被测量设备对地放电。

【技术原理说明】

绝缘电阻的测量，通过对设备施加稳定的直流电压并测量该电压下的电流值来计算出电阻值。因此，测量设备绝缘电阻时，应将被测设备从各方面断开，验明无电压，确实证明设备无人工作后，方可进行，防止试验所加的电压造成人身和设备的伤害。在测量绝缘前后，应将被测量设备对地放电，以防设备在运行或测量过程中积累的剩余电荷释放导致人身触电或绝缘电阻表损坏。

18.4.3 测量线路绝缘电阻，若有感应电压，应将相关线路同时停电，取得许可，通知对侧后方可进行。

【技术原理说明】

在同杆架设的双回路、多回路或与其他线路有平行、交叉而产生感应电压的线路上测量绝缘时，为保证测量人员的人身安全和不损坏绝缘电阻表，应将相关线路停电。

18.4.4 在带电设备附近测量绝缘电阻时，测量人员和绝缘电阻表安放位置应保持安全距离，以免绝缘电阻表引线或引线支持物触碰带电部分。移动引线时，应注意监护，防止工作人员触电。

【技术原理说明】

测量绝缘电阻时，如果绝缘电阻表引线或引线支持物触碰设备的带电部分，将造成工作人员触电。因此在带电设备附近测量绝缘电阻时，测量人员和绝缘电阻表安放位置应与带电设备保持足够的安全距离，移动引线时还应注意做好监护。

18.5 高压线路使用接地电阻表测量

18.5.1 测量杆塔、配电变压器和避雷器的接地电阻，可在线路和设备带电的情况下进行。解开或恢复配电变压器和避雷器接地引线时，应戴绝缘手套。不应直接接触与地电位断开的接地引线。

18.6 核相作业

18.6.1 高压侧核相时应戴绝缘手套，使用相应电压等级的核相器，并逐相进行。

18.6.2 二次侧核相时，应防止二次侧短路或接地。

【技术原理说明】

二次核相是在电压互感器的二次回路上工作，如果发生短路，二次回路会产生很大的短路电流，直接导致二次绕组严重发热而烧毁，严重时会使得一次回路高电压引入二次侧，危及人身设备安全；电压互感器的二次回路本身已有保护接地，如果此时发生两点（多点）接地，保护的相电压和零序电压都将发生改变，影响距离保护和零序方向保护的正确动作。因此，二次侧核相时，应防止二次侧短路或接地。

18.7 线路工频参数测量（超高压业务不涉及）

18.7.1 接测试引线前，应切断测试主回路电源，对被测线路验电、接地，接测试引线完成后再拆除接地。

18.7.2 在进行线路相序电容测量和双回路耦合电容测量后，应立即将线路导线对地放电。

18.7.3 在测量工作结束后，应确认所有接地线已拆除，无遗留物。

19 水轮机作业

19.1 进入水轮机内工作时，应采取以下措施：

a）关闭进水闸门，排除输水钢管内积水，并保持钢管排水阀和蜗壳排水阀全开启，做好彻底隔离水源措施，防止突然来水。

b）关闭尾水闸门，做好堵漏措施。

c）开启尾水管排水阀，保持尾水管水位在工作点以下。

d）切断机组与系统的电气连接。

e）切断本体的技术供水主、备用水源。

f）做好防止导水叶转动的措施。

g）切断水导轴承润滑水源和调相充气气源。

19.2 在蜗壳或尾水管内搭设脚手架或平台时，导水叶与转轮间的绳索只能作为临时过渡。脚手架或平台搭设完毕后，绳索应及时拆除。

19.3 机组在检修期间进行盘车或操作导水叶时，检修工作负责人应先检查蜗壳、导水叶、水轮和水车室、发电机空气间隙等处无妨碍转动的物体遗留。与检修工作无关人员应全部撤离。同时应做好在转动期间防止有人进入的措施和警示标识。

19.4 在导水叶区域内或调速环拐臂处工作时，必须切断油压，并在调速器的操作把手和供油阀门上悬挂"禁止操作，有人工作！"标示牌。做好防止拐臂动作的措施。

19.5 在水涡轮内进行电焊、气割或铲磨时，应做好通风和防火措施，并备有必要的消防器材。

19.6 进入进水口钢管、蜗壳、转轮室和尾水管等危险部位工作时，应有两人以上，做好防滑、防坠落的措施，必要时使用安全带，有足够照明并佩带手电。

19.7 在封闭压力钢管、蜗壳、尾水管人孔前，检修工作负责人应先检查里面确无人员和物件遗留在内。在封闭蜗壳人孔时还需再进行一次检查后，立即封闭。

19.8 调速系统调试动作时，各活动部位（活动导叶之间、控制环、双联臂、拐臂等处）禁止有人工作或穿行。禁止将头、手脚伸入转动部件活动区域内。水轮机室和蜗壳内应有足够的照明，入口处应悬挂禁止标志，并有专人监护。

19.9 水轮机转轮吊装时，应有专人负责统一指挥。转轮未落到安装位置时，除指挥者外，禁止其他人员在转轮上任意走动或工作。

19.10 在转轮室进行检修工作时，转轮室下方应有盖板或坚固支架，转轮室上方应做好防护措施，防止落物。

20 高处作业

20.1 一般要求

20.1.1 患有精神病、癫痫病及经县级或二级甲等及以上医疗机构鉴定患有高血压、心脏病等不宜从事高处作业的人员，不应参加高处作业。

20.1.2 凡发现工作人员有饮酒、精神不振时，禁止登高作业。

【事故案例】

　　某电力公司职工张某在酒宴上接到某线路跳闸需要紧急抢修的电话后立即出发，抵达事故现场后张某立即开展登高作业，在登高过程中甲某突然发现电杆分叉，就询问下面做准备工作的同事，工作负责人抬头才发现张某已经将电杆旁边的树当做了电杆进行攀登。

20.2　防高处坠落措施

20.2.1　高处作业应正确使用安全带。

20.2.2　安全带应采用高挂低用的方式，不应系挂在移动、锋利或不牢固的物件上。攀登杆塔和转移位置时不应失去安全带的保护。作业过程中，应随时检查安全带是否拴牢。

【条款说明】

人员开展登高作业时，受气温、体力等内外部因素限制，不可避免会出现没有抓牢、打滑等情况，为避免人员失误，必须使用安全带保障人员的人身安全。

【事故案例】

某换流站信通人员查看 500kV 某线进站光缆接续盒，其中杨某通过龙门架爬梯登上溪换丙线 OPGW 进站光缆接续盒支架查看，牛某在地面配合。查看过程中发现打开光缆接续盒需要工具，因此杨某安排牛某离开现场到主控楼通信设备间寻找扳手。牛某随即离开工作现场，留下杨某独自 1 人。10min 后，正在架附近做吊车作业准备的左某听到安全帽跌落地面的声音，回头发现有人坠落在地面，身体呈仰卧状态，人与安全帽脱离。左某迅速用对讲机告知在第二串整理缺陷资料的胡某，胡某到达现场后，立即电话通知某供电局变电一次班的王某，王某随即告知身旁的信息通信班傅某，傅某立即电话通知牛某赶赴现场。现场人员用木板将伤者抬上站内车辆，送往附近乡镇卫生院抢救。经过检查，卫生院通知现场某供电局人员，伤者经抢救无效死亡。该起事故的直接原因是当事人未系安全带、未正确佩戴安全帽，发生高空坠落导致头部受损。

20.2.3　在没有栏杆的脚手架上工作，高度超过 1.5m 时，应使用安全带，或采取其他可靠的安全措施。

20.2.4　高处作业人员不应坐在平台或孔洞的边缘，不应骑坐在栏杆上，不应躺在走道板上或安全网内休息；不应站在栏杆外作业或凭借栏杆起吊物品。

20.2.5　在屋顶、坝顶、陡坡、悬崖、吊桥以及其他危险的边沿进行工作，临空一面应装设安全网或防护栏杆，否则工作人员应使用安全带。

【条款说明】

高处作业人员不应坐在平台或孔洞的边缘，不应骑坐在栏杆上，不应躺在走道板上或安全网内休息；不应站在栏杆外作业或凭借栏杆起吊物品。

【事故案例】

某换流站阀厅验收工作中，高级工陈某将安全带悬挂在阀厅作业车上，然后登上阀塔进行验收，在完成最顶层阀厅验收工作后，直接坐在阀厅车的围栏上未返回阀厅车平台，便让操作人员操作阀厅车往下层阀塔升降。工作负责人颜某发现后立即叫停升降操作，要求陈某返回阀厅车平台后再进行阀厅车升降作业。

20.2.6 线路杆塔宜设置作业人员上下杆塔和杆塔上水平移动的防坠落安全保护装置。

 【条款说明】

线路杆塔安装防坠落安全保护装置，不但可以提高登塔作业人员高处作业的安全性，还能节省作业人员的体能，从另一个方面进一步提高了登高作业的安全可靠性。

 【事故案例】

某新建线路竣工验收工作中，由于塔上没有防坠落保护装置，蓝某按照在基地所学用双保险安全带上塔，检查完所有项目再下来，一基塔用了四十多分钟。由于带着双保险安全带上下塔实在太累了，从最后一基塔上下到离地面十几米的时候，趁地面人员不注意，改用绳扣挂在脚钉上下塔。突然脚下失稳，身体也跟着快速下滑了，还好瞬间又抱住了塔体主材。

20.3 防高空落物措施

20.3.1 杆塔作业应使用工具袋，较大的工具应固定在牢固的构件上，不准随便乱放。上下传递物件应用绳索拴牢传递，禁止上下抛掷。高空使用工具应采取防止坠落的措施。

 【条款说明】

登高作业人员高空使用工器具应采取防坠落措施，保证工器具不会因操作不到位而坠落，砸伤地面工作人员。

 【事故案例】

某500kV线路8号塔进行单片绝缘子更换工作，受地形限制，工作人员人手不足，需在当地雇用民工参与检修工作，保证工具器的运输以及传递。检修人员韩某、刘某、黎某带领两个雇用民工到达8号塔底，黎某携带传递绳到达中相指定位置，在紧固卡具螺帽后，扳手放回工具包时未放到底，扳手从工具包中滑出掉落，砸中铁塔并弹离铁塔20m开外的地面，此处有两名雇用民工，未戴安全帽，所幸扳手未砸中人。

20.3.2 在进行高处作业时，除有关人员外，不准他人在工作地点的垂直下方及坠物可能落到的地方通行或逗留，防止落物伤人。如在格栅式的平台上工作，应采取铺设木板等防止工具和器材掉落的有效隔离措施。

【条款说明】

虽然登高作业人员会尽量采取措施，保证高空使用的工器具不发生坠落事件，防止登高作业人员未采取措施或者采取的措施不到位，就可能发生工器具坠落。如果工器具质量较大，坠落范围内逗留人员及时戴安全帽，也有可能受到严重的人身伤害。

【事故案例】

见 20.3.1 条。

20.3.3　峭壁、陡坡的场地或人行道上的冰雪、碎石、泥土应经常清理，靠外面一侧应设 1050～1200mm 高的栏杆。在栏杆内侧设 180mm 高的侧板，以防坠物伤人。

【事故案例】

某峭壁道路外侧未设置栏杆，冬天某日在施工过程中，一工作人员推着小推车经过，由于地面湿滑，人员倒地，小推车直接从道路外侧坠入深沟。

20.4　脚手架和高处作业机具

20.4.1　非专业工种人员不应装拆脚手架，现场装拆等作业应安排专人进行监督；作业场地临近的输电线路等设施应采取防护措施；在地面应设有围栏和警示标识，非操作人员不得入内。

20.4.2　脚手架使用期间，不得拆除架体上的杆件。

20.4.3　高处作业使用的脚手架应经验收合格后方可使用。上下脚手架应走斜道或梯子，作业人员不准沿脚手杆或栏杆等攀爬。

【发展过程】（20.4.1～20.4.3 合并说明）

中国在 1949 年前和 20 世纪 50 年代初期，施工脚手架都采用竹或木材搭设的方法。20 世纪 60 年代起推广扣件式钢管脚手架。20 世纪 80 年代起，中国在发展先进的、具有多功能的脚手架系列方面的成就显著，如门式脚手架系列、碗扣式钢管脚手架系列，年产已达到上万吨的规模，并已有一定数量的出口。

长期以来，由于架设工具本身及其构造技术和使用安全管理规定处于较为落后的状态，致使事故的发生率较高。有关统计表明：在中国建筑施工系统每年所发生的伤亡事故中，大约有 1/3 直接或者间接地与架设工具及其使用的问题有关。

随着中国建筑市场的日益成熟和完善，竹木式脚手架已逐步淘汰出建筑市场，但在一些偏远的地区仍有在使用；而门式脚手架、碗扣式脚手架等只在市政、桥梁等少量工程中使用。普通扣件式钢管脚手架因其维修简单和使用寿命较长以及投入成本低等多种优点，占据中国国内 70％以上的市场，并有较大的发展空间。

20.4.4　利用高空作业车、带电作业车、高处作业平台等进行高处作业时，高处作业平台应处于稳定状态，需要移动车辆时，作业平台上不得载人。

【事故案例】

　　某施工场地使用移动式高空作业平台清理场地内的树枝。平台上作业人员甲贪图便利，在清理完一处，需要将平台移动到另一处过程中不下平台。地面平台操作人员对甲的行为睁只眼闭只眼，任由平台移动过程中甲坐在平台上。在经过一棵大树时，甲的衣服被树枝勾住，地面人员未及时发现，仍旧继续移动平台，结果导致甲从平台上坠落。

20.5　梯子上的高处作业
20.5.1　梯子应坚固完整，有防滑措施。梯子的支柱应能承受作业人员及所携带的工具、材料攀登时的总重量。作业中使用梯子时，应设专人扶持或绑扎牢固。
20.5.2　硬质梯子的横档应嵌在支柱上，梯阶的距离不应大于 40cm，并在距梯顶 1m 处设限高标志。使用单梯工作时，梯与地面的斜角度为 60°左右。
20.5.3　梯子不宜绑接使用。人字梯应有限制开度的措施。人在梯子上时，禁止移动梯子。
20.5.4　使用软梯、挂梯作业或用梯头进行移动作业时，软梯、挂梯或梯头上只准一人工作。作业人员到达梯头上进行工作和梯头开始移动前，应将梯头的挂钩口可靠封闭。

【条款说明】（20.5.1～20.5.4 合并说明）

　　梯子在使用过程中没有专人扶持或者绑扎牢固，很可能因地面湿滑等原因滑倒，造成登高人员受伤。

【事故案例】

　　某地区新员工参加登高培训，内容是登电容式电压互感器。因为都是第一次尝试爬电容式电压互感器，所以当第一个人上去取得了成功，在下电容式电压互感器爬梯子的时候，都开始拍手叫好，甚至包括扶梯子的同事，这样其实是十分危险的。因为下梯子时失去了保护，很容易有高空坠落的风险，好在老师及时发现，并立刻制止了大家拍手叫好的行为，这才防止了一起事故的发生。

20.6　特殊天气的高处作业
20.6.1　低温或高温环境下进行高处作业时，应采取保暖和防暑降温措施，作业时间不宜过长。

【事故案例】

　　安徽蚌埠某区一名中年男子在户外长时间安装空调时不慎从 4 楼坠落，由于伤势过重，当场死亡。事故调查认为当时正逢夏季高温酷热，作业人员高空作业容易疲劳、身体不适，极易发生高处坠落伤害事故。

20.6.2　在 6 级及以上的大风以及暴雨、雷电、冰雹、大雾、沙尘暴等恶劣天气下，应停止露天高处作业。特殊情况下，确需在恶劣天气进行抢修时，应制定必要的安全措施，并经本单位批准后方可进行。

【条款说明】

责任人员没有识别出风雨等特殊天气造成电杆湿滑的危害,自我安全防护意识不强,造成人身伤害。

【事故案例】

某供电局供电营业厅开展 10kV 线路改造,为赶工期在雨停后开展登高作业,施工过程中遇到阵雨,杆上作业人员紧急下电杆避雨,脚扣由 8m 处下滑至 2m 处,由于紧张和电杆湿滑,当事人在 2m 处从杆上摔下,造成轻伤。

20.7 阀厅的高处作业

阀体工作使用升降车上下时,在升降车上应使用安全帽,正确使用安全带;进入阀体前,应继续使用安全带,同时应做好防止安全带保险钩等硬质部件打击阀体元件的措施。

【条款说明】

在阀体上攀爬作业时失去安全带保护,可能因失手导致人员坠落事故的发生。

【事故案例】

开展某站某阀厅工作时,由于阀厅空调在消缺,导致阀厅内温度持续在 35℃ 以上。在高温工作环境下,为了能稍微凉快点,冯某擅自将安全带卸下,并徒手爬上阀塔工作,被工作负责人发现后立刻叫停。

21 密闭空间作业

21.1 未经许可,不应进入电缆沟、疏水沟、下水道、井下等密闭空间处工作。在工作开始以前,工作地点两端应开启通风口,并检查工作地点通风是否良好、是否存在可燃气体或有毒气体,不应用明火检查。

21.2 进入下水道、疏水沟和井下作业前,应采取关闭汽水门、上锁等防止蒸汽或水流入工作地点的措施。

21.3 沟道或井下等密闭空间的温度超过 50℃ 时,不应进行作业,温度在 40~50℃ 时,应根据身体条件轮流工作和休息。若有必要在 50℃ 以上进行短时间作业时,应制定具体的安全措施并经分管生产的负责人批准。

21.4 在沟道和井下等密闭空间作业时,应在周围设置遮栏和警示标志。工作现场不应少于 2 人,地面上应有人担任监护。如人员撤离,沟道、井坑、孔洞的盖板和安全设施应及时恢复,或在其周围设置临时围栏并装设照明等显著标志。

21.5 进入容器内部进行检查、清洗和检修作业,应加强通风,严禁向内部输送氧气。工作人员应轮换工作和休息。

21.6　充氮变压器、电抗器未经充分排氮（其气体含氧密度未达到18％及以上时），严禁施工作业人员入内。充氮变压器注油时，任何人严禁在排气孔处停留。

21.7　在密闭容器内使用氩、二氧化碳或氦气进行焊接作业时，必须在作业过程中通风换气，使氧气浓度保持在19.5％～21％，作业人员使用正压式呼吸器。

 【事故案例】（21.6、21.7合并案例）

　　某石油管理局对合成氨装置进行吹扫、置换并充氮保护时发现该装置火炬系统部分伴热管线有冻堵泄漏情况。该单位马某、余某、赵某、史某等4名员工在进一步确认冻堵泄漏情况时发现水封罐的坑内存在约500mm深的积水，在拆卸开水封罐人孔盖后，余某在既不知道罐内有何介质，也没有检测分析的情况下，违章进入罐中，当即晕倒在罐内。在人孔处的技术员赵某发现余某晕倒后，立即下到罐内救人，也随即晕倒。此时在罐上的马某发现并大喊救人，拿起绳子进入罐内，同样晕倒在罐内，最后留在外面的史某立即拨打120和119报警电话求救，并向上级有关部门进行汇报。消防和120急救人员将马某等3人从罐内救出，经抢救无效死亡，经法医鉴定，3人均为氮气窒息死亡。

21.8　在容器内衬胶、涂漆、刷环氧玻璃钢时，应打开人孔门及管道阀门，并进行强力通风，工作场所应备有泡沫灭火器和干砂等消防工具，严禁明火。对这项工作有过敏的人员不准参加。

21.9　工作完毕后工作负责人应清点人员和工具，查明确实无人和工具留在井下、沟内或容器内后，方可将盖板或其他防护装置恢复。

 【事故案例】（21.1～21.5、21.8、21.9合并案例）

　　在密闭空间内发生职业伤亡事故并非罕见，约占整体气体意外数目的三分之一。导致事故的原因有多种。例如，对潜在的危机缺乏警觉性，培训和监察不足，或一旦发生意外时，在空间外边的工人因没有接受有关培训和没有采取适当的安全措施及穿戴合适的个人防护设备前便展开抢救，往往会造成更多人命伤亡。除了采取预防措施外，所有参与工作的工人及管理人员须有足够的安全健康知识，以防止意外发生。2014年4月10日晚20时58分，四川某建设公司在新都区新城大道斑竹园段进行排污管清淤作业时，4名工人井下先后昏迷倒下，事后3人抢救无效死亡。这4人均为临时聘用，在下井前没有相关专业培训且无井下作业经验，下井前也未佩戴个人防护用具。由于事发突然，井上的人员无法采取有效救助措施。

22　水域作业

22.1　潜水作业

22.1.1　潜水员在进行水下闸门作业时，必须在闸门关闭以后下水，在闸门开启之前出水，并有可靠措施，保证潜水员在水下时不会误开闸门。

【条款说明】

水下作业危险性较高，必须严格按照相关安全要求及条例开展作业，潜水员下水作业前，必须采取措施确保不会发生潜水员被吸住或卡住的情况，同时制订水下作业安全技术方案和应急处理措。

【事故案例】

某水电站 6 号发电机组停机检修，发现闸门关闭不严漏水，机组检修前需要进行闸门堵漏。待检修闸门处水深 7.63m，上、下游水头差 5.13m。潜水分队受指派进行闸门堵漏，经过分工，杨某下水堵漏，李某、王某等 5 人在地面负责操作空气压缩机、供气管、信号绳、联系电话等。杨某下到 7m 多水底后通过送话器与地面联系，要求将堵漏工具送下来。在工具往下送的过程中，杨某发现自身被吸住，要求地面人员将自己往回拉，但是地面人员无法拉动信号绳，最终杨某与地面失去通话联系。经过一个多小时后，救援人员抵达，才将杨某拉上岸，但是杨某已死亡。

22.1.2 在闸门漏水较大处工作时，应在离漏水处 2～5m 处下水，下水前应先用物体试验吸力大小，防止潜水员被吸。

【条款说明】

水下作业危险性较高，必须严格按照相关安全要求及条例开展作业，潜水员下水作业前，必须采取措施确保不会发生潜水员被吸住和卡住的情况，同时制定水下作业安全技术方案和应急处理措。

22.1.3 在水下坝体前工作时，工作段两边闸门不准开启放水。

【条款说明】

见 22.1.2 条。

22.1.4 在一般情况下禁止夜间水下作业，如遇特殊情况需在夜间作业时，应经主管生产的负责人批准。

【事故案例】

某新区玫瑰海岸海域一名男子夜间独自潜水后失联，由于夜间海面能见度太低，无法及时搜索到该男子，最终在 2 天后在附近海域发现该男子的遗体。

22.2 水面作业

22.2.1 作业人员应具备水面作业安全知识并掌握本岗位的安全操作技能。

22.2.2 作业船舶应配备合格、齐备的安全设施、作业机具、安全工器具和劳动防护用品。

【事故案例】（22.2.1、22.2.2 合并案例）

　　某海缆运维人员搭乘海上执法船开展海缆保护区抛锚现场处置工作过程中，船舶出现主机故障失去动力，而在保护区内无法抛锚定位，此时必须联系监控中心，安排船舶支援，通过船上配置的火箭降落伞信号发射求救信号，在尽可能短的时间内找到支援船舶。

22.2.3 出航前，作业单位应根据任务要求，确定水面作业人数。水面作业应保证两人以上参加，严禁一人单独水上作业或船舶超员作业。

【事故案例】

　　某海缆运维人员搭乘海上执法船开展海缆保护区巡视作业并进行新增渔业设施定位时，单人开展作业，同时进行作业表单记录和 GPS 坐标定位，人员无暇抓稳扶手，由于船舶摇晃而失足落水，导致人身风险。

22.2.4 水面作业时人员应穿着救生衣。

【事故案例】

　　某海缆作业人员开展海底电缆地形地貌检测作业过程中，收放侧扫声呐拖鱼装置时，为了扶住拖鱼装置避免碰撞船体导致损坏，人员半身靠向船外伸手作业，不注意时船舶摇晃导致失足落水。

22.2.5 水面作业期间，作业人员不应在拉紧的缆索、锚链附近及起重物下停留，不应坐在船舷、栏杆、链索上。在高空或舷外作业时，应系好安全带；航行或风浪大时，不宜进行高空及舷外作业。

【事故案例】

　　在某海缆保护区抛锚事件应急处置过程中，执法船舶与肇事船舶靠近并系牢缆绳后，人员登船开展宣贯和取证并监督肇事船舶现场弃锚，作业人员站在甲板上靠近缆绳边，因风浪较大且船舶体型差异，摇晃剧烈导致船舶之间系缆绳突然崩断，强大的崩断拉力导致缆绳打伤周围作业人员。

22.2.6 水面定点作业期间，作业船舶白天应悬挂作业标志，夜间应开启锚泊灯，并注意瞭望观察。

【事故案例】

　　某海底电缆路由及埋深检测作业过程中，作业人员在夜晚趁着平流窗口期利用水洗机器人开展作业，因未开启锚泊灯，且船体照明灯光强度有限，过往船舶未能及时避让而发生船舶碰撞事故，危害作业人员和设备的安全。

22.2.7　船靠码头时，禁止从舷梯、跳板以外的地方上、下船；仪器设备和样品装卸船时，不应从船舷处递送。

【事故案例】

某海缆运维人员出海作业回来下船过程中，因船之前高速行驶飞溅的水花导致船沿湿滑，人员脚未稳当受力滑倒跌入水中，造成人员落水、摔伤事件。

22.2.8　恶劣天气时，禁止出海作业，正在水面作业的船舶应采取应急避险措施。

【事故案例】

东北阵风 8 级，浪高 2m 的海况下，某海缆运维人员强行出海开展应急处置，由于海上风浪过大，船舶严重摇晃，导致人员严重晕船呕吐不止，无法正常开展工作，且船舶严重摇晃导致人员无法站稳抓牢而撞上坚硬物体受伤。

23　焊接及切割作业

23.1　一般要求

23.1.1　在动火区域内进行焊接或切割等动火作业时，应执行本规程第 24 章动火作业的有关规定。

23.1.2　在风力超过 5 级及下雨雪天气时，不可露天进行焊接或切割工作。如必须进行时，应采取防风、防雨雪的措施。

【事故案例】

某市 2 名男子在给货车焊接顶盖时，其中一名年轻男子不慎触电，经抢救无效身亡。经过了解，焊接作业时天上正下着雨，年轻男子在拿着电焊干活时，因雨水导电致使其触电。年轻男子被电的时候浑身发抖，另外一名年纪大的男子看到后，立即将触电男子救下，当时触电男子意识还比较清楚，没想到送到医院后不幸身亡。

23.1.3　进行焊接与切割作业前，使用的机具、气瓶等应合格完整，作业人员应穿戴专用劳动防护用品；作业点周围 5m 内的易燃易爆物应清除干净，动火点采取必要的防火隔离措施，备有足够的灭火器材，现场的通排风应良好。

【事故案例】

某单位基建科副科长甲未使用安全带，也未采取其他安全措施就登上屋架，替换焊工乙焊接车间屋架角钢及角钢支撑。工作 1h 后，辅工丙下去取角料，由于没有助手，甲便左手扶持待焊的角钢，右手拿着焊钳，闭着眼睛操作。甲先把一端固定，然后左手把着只固定一端的角钢探身去焊接另一端，甲刚一闭眼，左手把着的角钢因为固定不牢，支持不住人体重量，突然脱焊，甲与角钢一起从12.4m的屋架上跌落，当即死亡。

23.2　焊接作业

23.2.1　禁止在带有液压、气压或带电的设备上焊接。在特殊情况下需在带压和带电的设备上进行焊接时，应采取安全措施，并经本单位分管生产的负责人批准。对承重构架进行焊接，应经过有关技术部门的许可。

23.2.2　禁止在油漆未干的结构或其他物体上焊接。

【事故案例】（23.2.1、23.2.2合并案例）

　　某船厂两名油漆工在一个密封的尾舱里喷涂最后一遍油漆，到中午喷漆工作完毕，在出尾舱后，两人随手将人孔盖半开半关而去，周围没有设置任何提示危险的标识（如舱内已喷漆，火不能靠近等）。下午3时，一名铆工上船安装小机座，工作位置接近该尾舱，在气割点火时，铆工发现没带电子打火枪，就请焊工帮忙点下火。焊工顺手拿起焊钳在尾舱盖上引弧，接着一声巨响，尾舱爆炸，造成2人当场死亡。

23.2.3　对两端封闭的钢筋混凝土电杆，应先在其一端凿排气孔，然后施焊。

【条款说明】

　　在对两端封闭的钢筋混凝土电杆施焊时，如果不在其一端凿排气孔，由于电杆内气体受热，在热胀冷缩的情况下，可能会导致电杆上出现纵向裂纹，最终导致该电杆报废。

23.2.4　电焊机的外壳应可靠接地，电焊机露天放置应选择干燥场所，并加防雨罩。

23.2.5　电焊机一次侧、二次侧的电源线及焊钳必须绝缘良好；二次侧出线端接触点连接螺栓应拧紧。

【事故案例】（23.2.4、23.2.5合并案例）

　　海宁市某除尘设备厂钣金车间焊工吕某和另一位工人准备进行焊接筒体，为了省事，吕某要求行车工李某用行车吊钩将自己吊上去，在多次央求后，李某将吕某吊到筒体上端的法兰上。过了一会儿，李某发现吕某坐在法兰上一动不动，双手紧握住行车吊钩，嘴巴张开，头歪在一边，意识到吕某可能触电了，急忙切断电源，吕某从筒体上摔下，头部先落到水泥地面，当即耳朵、鼻子出血，现场人员立即将他送往医院抢救，但因伤势过重，抢救无效死亡。后经过检查，发现电焊机导线磨损，导线与筒体接触导致筒体带电，吕某与筒体接触后形成电流回路，遭受电击死亡。

23.2.6　电焊机倒换接头、转移作业地点、发生故障或电焊工离开工作场所时，必须切断电源。

23.2.7　电焊工作结束后必须切断电源，检查工作场所及其周围，确认无起火危险后方可离开。

【事故案例】（23.2.6、23.2.7合并案例）

某厂电焊工甲和乙进行铁壳点焊时，发现焊机一段线圈已断，电工只找到一段软线交乙自己更换。乙换线时，发现一次线接线板螺栓松动，使用扳手拧紧（此时甲不在现场），然后试焊几下未断电就离开了现场。甲返回后不了解情况，更换焊条时手误触碰到焊钳口后痉挛跌倒。事故发生后抢救无效死亡。

23.3　切割作业

23.3.1　点火时应先开乙炔阀、后开氧气阀，嘴孔不得对人；熄火时顺序相反。发生回火或爆鸣时，应先关乙炔阀，再关氧气阀。

【事故案例】

某工作人员在某次点火作业时，未注意，将氧气阀打开后再开乙炔阀，导致点火强度过猛无法控制，点火范围超出人员防护距离导致手被烫伤。

23.3.2　使用中的氧气瓶和乙炔气瓶应垂直固定放置，氧气瓶和乙炔气瓶的距离不得小于5m；气瓶的放置地点不得靠近热源，应距明火10m以外。

【事故案例】

某工作人员在使用乙炔和氧气进行切割作业时，乙炔气瓶因开关打开较大有部分泄露，且气瓶放置位置距离切割热源点距离只有3m，切割产生的火花飞溅至气瓶处，导致气瓶起火甚至发生爆炸，严重威胁人员和设备安全。

23.3.3　气瓶不得靠近热源或在烈日下曝晒。乙炔气瓶使用时必须直立放置，禁止卧放使用。

【事故案例】

某工作人员在使用乙炔和氧气进行切割作业时，因为省事将乙炔气瓶卧放，由于切割作业拉动乙炔气瓶气管导致气瓶滚动，造成气管受力崩裂脱落导致乙炔向外泄漏发生燃烧和爆炸。

23.3.4　禁止敲击、碰撞乙炔气瓶。气瓶必须装设专用减压器，不同气体的减压器严禁换用或替用。

【事故案例】

某工作人员准备使用乙炔和氧气进行切割作业前，乙炔气瓶由于密封问题出现乙炔泄漏，在搬运乙炔气瓶过程中气瓶发生碰撞产生火花，导致泄漏的气体被迅速点燃发生爆炸。

23.3.5　氧气软管与乙炔软管禁止混用；软管连接处应用专用卡子卡紧或用软金属丝扎

紧。氧气、乙炔气软管禁止沾染油脂。软管不得横跨交通要道或将重物压在其上。软管产生鼓包、裂纹、漏气等现象应切除或更换，不应采用贴补或包缠等方法处理。

【事故案例】

某工作人员在使用乙炔和氧气进行切割作业安装准备时，错将乙炔软管和氧气软管装反，乙炔软管由于是低压管，无法承受氧气瓶中氧气压力导致管壁破裂，氧气大量泄漏，大量助燃氧气遇到火花导致燃烧事故。

23.3.6 气瓶内的气体不应用尽，氧气瓶应留有不小于 0.2MPa 的剩余压力，乙炔气瓶应留有不低于表 18 规定的剩余压力。

表 18　　　　　　　　　　乙炔气瓶内剩余压力与环境温度的关系

环境温度 ℃	<0	0～15	15～25	25～40
剩余压强 MPa	0.05	0.1	0.2	0.3

23.3.7 乙炔软管着火时，应先将火焰熄灭，然后停止供气；氧气软管着火时，应先关闭供气阀门，停止供气后再处理着火软管；不得使用弯折软管的方法处理。

【事故案例】

某工作人员使用乙炔进行切割作业，因氧气压力控制不当导致氧气软管着火，软管着火后人员通过弯折软管希望隔绝氧气输送然后暂时处理着火软管，然而火势越来越大导致人员烧伤。

23.3.8 不应用火烘烤受冻结的瓶阀和乙炔气管。乙炔气管堵塞时，不应用氧气吹通。

【事故案例】

某工作人员在使用乙炔和氧气进行切割作业安装准备时，发现乙炔气管堵塞，通过高压氧气进行乙炔气管的疏通，疏通完成后打开乙炔气瓶进行点火，结果因为乙炔气管中已混入氧气导致乙炔气管燃烧，造成人员烧伤。

23.3.9 气瓶搬运的安全要求：

a）气瓶搬运应使用专门的抬架或手推车。

b）用汽车运输气瓶，气瓶应横向放置并可靠固定。气瓶押运人员应坐在司机驾驶室内，禁止坐在车厢内。

c）禁止将氧气瓶与乙炔气瓶、易燃物品或装有可燃气体的容器放在一起运送。

【事故案例】

某工作人员进行气瓶装载运输时，为了图省事将氧气瓶与乙炔气瓶一起运送，因氧气瓶运输过程中颠簸碰撞造成氧气和乙炔泄漏，由于运输产生的静电火花将导致混合气体发生起火和爆炸。

23.3.10 高处焊接与切割作业安全要求：

a）应遵守高处作业的有关规定。

b）作业前应对熔渣有可能落入范围内的易燃易爆物进行清除，或采取可靠的隔离、防护措施。

c）严禁携带电焊导线或气焊软管登高或从高处跨越。

d）使用绳索提吊电焊导线或气焊软管时应切断工作电源或气源。

e）地面应有人监护和配合。

f）电焊作业或其他有火花、熔融源等的场所使用的安全带或安全绳应有隔热防磨套。

【事故案例】

某工作人员在高处使用乙炔和氧气进行切割作业时，由于使用普通的登高作业安全带未进行隔热防磨处理，切割作业产生的大量火花飞溅至安全带上，导致安全带断裂，人员失去安全带保护发生坠落摔伤人身事故。

24 动火作业

24.1 一般要求

24.1.1 动火作业是指在易燃易爆场所等禁火区，使用喷灯、电钻、电焊、砂轮等进行融化、焊接、切割等可能直接或间接产生火焰、火花、炽热表面等明火的临时性作业。

24.1.2 经作业风险评估，尽量采用不动火的作业方法替代动火作业。必须动火作业时，应尽可能地把动火时间和范围压缩到最低限度。

24.1.3 以下情况禁止动火作业：

a）压力容器或管道未泄压前。

b）存放易燃易爆物品的容器未清洗干净前或未进行有效置换前。

c）喷漆、喷砂现场。

d）遇有火险异常情况未查明原因和消除前。

【技术原理说明】

a）在带有压力（液体压力或气体压力）的设备上焊接，由于焊接时的高温降低了设备材料的机械强度或焊接时可能戳破设备的薄弱部位引起液体或气体泄漏，发生人身伤害，所以不准在带有压力（液体压力或气体压力）的设备上焊接。

b）存放易燃易爆物品的容器需采取蒸汽、碱水清洗，或采用惰性气体置换等方法清除易燃易爆气体等化学危险物品，避免有危险物品残留引发火灾。

c）油漆挥发的可燃气体、油漆分子和空气混合后如遇明火将会引发火灾。

【事故案例1】

2016 年 7 月 5 日，某公司在冷凝水罐顶焊接作业时，未严格履行动火作业相关管理规定，在没有落实与动火设备相连接的所有管线应拆除或加盲板等安全措施的情况下开始动火作业，导致冷凝水罐内甲苯、丁醇等混合气体发生爆炸，造成 3 人死亡，直接经济损失万元。

【事故案例2】

某焦化厂 2 名焊工对已关闭 6 个月的老 3 号储苯罐进行接长出口管道和装设避雷针电焊作业，未对储苯罐进行彻底清洗及置换，电焊后突然发生爆炸，造成死亡 3 人的重大事故。

24.1.4 凡用于动火作业的设备、装置和工具，应符合国家相关技术标准的要求。

24.1.5 凡盛有或盛过易燃易爆等化学危险物品的容器、设备、管道等生产、储存装置，在动火作业前应将其与生产系统彻底隔离，并进行清洗置换，检测可燃气体、易燃液体的可燃蒸气含量合格后，方可动火作业。

【事故案例】

见 24.1.3 条。

24.1.6 动火作业安全管理实行动火区域级别管理和动火工作票组织措施管理。

24.2 动火区域和级别

24.2.1 动火区域分为以下两级：

a）一级动火区，是指火灾危险性很大，发生火灾时后果很严重的部位、场所或设备。

b）二级动火区，是指一级动火区以外的所有防火重点部位、场所或设备及禁火区域。

注：一级动火区。油区和油库围墙内；油管道及与油系统相连的设备，油箱（除此之外的部位列为二级动火区域）；危险品仓库内；变压器等注油设备、蓄电池室（铅酸）；其他需要纳入一级动火区管理的部位。

二级动火区。油管道支架及支架上的其他管道；动火地点有可能火花飞溅落至易燃易爆物体附近；电缆沟道（竖井）内、隧道内、电缆夹层；调度室、控制室、通信机房、电子设备间、计算机房、档案室；其他需要纳入二级动火区管理的部位。

【技术原理说明】

一级动火区区域（部位、设备）都存储着易燃、易爆液（气）体，火灾危险性很大，后果也极其严重，因此应填用一级动火工作票。

24.2.2 设备运维单位应将可能的动火工作区域，按动火区域管理级别划分制作一览表，并经本单位负责人批准后执行。

24.3 动火工作票

24.3.1 动火工作票分为一级动火工作票和二级动火工作票。

24.3.2 动火工作票所列组织人员主要包括动火工作负责人、动火工作签发人、动火工作审批人、动火工作许可人、消防监护人和动火执行人。

24.3.3 动火工作票所列人员基本要求。

24.3.3.1 动火工作票所列人员，均应具备必要的动火安全相关知识和基本技能，按其岗位和工作性质应接受相关专业培训合格，并取得本单位（动火单位或设备运维单位）的相关岗位资格。

24.3.3.2 动火工作负责人，宜具备电气工作票工作负责人资格。动火作业作为电气工作票的附加工作时，电气工作票负责人不应担任动火工作负责人。

24.3.3.3 动火工作许可人，应由动火区域具备电气工作票工作许可人资格的运维单位人员担任，若无相应工作许可人，应由动火场所管理部门相关人员担任。

24.3.3.4 动火执行人，应具备国家有关部门颁发的有效特种作业人员资格证书。

24.3.4 动火工作票所列人员安全责任。

24.3.4.1 动火工作负责人：

    a) 正确安全地组织动火工作。

    b) 检查应做的安全措施并使其完善。

    c) 向有关人员布置动火工作，交代防火安全措施，进行安全教育。

    d) 始终监督现场动火工作。

    e) 办理动火工作票及相应的开工和终结手续。

    f) 动火工作间断、终结时检查现场有无残留火种。

24.3.4.2 动火工作签发人：

    a) 审查动火工作的必要性。

    b) 审查动火工作的安全性。

    c) 审查动火工作票上所填安全措施是否正确完备。

    d) 审查动火工作是否满足安全要求。

    e) 检查动火工作现场是否安全。

24.3.4.3 动火工作审批人：

    a) 审查动火工作的必要性。

    b) 审查动火工作的安全性。

    c) 审查工作是否满足安全要求。

    d) 检查动火工作现场是否安全。

24.3.4.4 动火工作许可人：

    a) 检查所列安全措施是否正确完备，是否符合现场条件。

    b) 核实动火设备与运行设备是否确已隔离。

    c) 向动火工作负责人交代现场运维环节所做的安全措施。

24.3.4.5 动火工作监护人：

    a) 检查动火现场是否配备必要的、足够的消防设施。

b）检查现场消防安全措施是否完善和正确。

　　c）组织测定动火部位（现场）可燃气体、易燃液体的可燃蒸气含量是否合格。

　　d）始终监视现场动火作业的动态，发现失火及时组织扑救。

　　e）动火工作间断、终结时检查现场有无残留火种。

24.3.4.6　动火执行人：

　　a）动火前应收到经审核批准且允许动火作业的动火工作票。

　　b）按本工种规定的防火安全要求做好安全措施。

　　c）全面了解动火工作任务和要求，并在规定的范围内执行动火。

　　d）动火工作间断、终结时清理现场并检查有无残留火种。

24.3.5　选用。

24.3.5.1　根据不同的动火作业场所，选用以下不同的动火工作票：

　　a）一级动火区动火作业，应填用一级动火工作票（见附录 G.1）。

　　b）二级动火区动火作业，应填用二级动火工作票（见附录 G.2）。

24.3.5.2　动火工作票不应代替电气工作票。

　　a）一级动火区动火作业，应填用一级动火工作票（见附录 G.1）。

　　b）二级动火区动火作业，应填用二级动火工作票（见附录 G.2）。

【技术原理说明】

　　电气工作票涉及相关作业安全措施、技术措施，在保证电气工作票所需采取的措施后才可以安全进行动火作业。电气工作票可防止设备损坏、人身伤害，动火工作票可防止火灾。

24.3.5.3　一级动火工作票的有效期为 24h，二级动火工作票的有效期为 120h。动火作业超过有效期，应重新办理动火工作票。

24.3.6　填写、签发及审批。

24.3.6.1　动火工作票由动火工作负责人填写。

24.3.6.2　动火工作票实行"双签发"及审批流程：

　　a）动火单位签发人和动火区域管理部门同时签发。

　　b）一级动火工作票由申请动火部门负责人或技术负责人签发，厂（局）安监部门负责人、消防管理负责人审核，厂（局）分管生产的负责人或总工程师批准，必要时还应报当地地方公安消防部门批准。

　　c）二级动火工作票由申请动火作业班组班长或班组技术员签发，动火区域运维单位安全监察部门审批。

24.3.6.3　动火工作票签发人不得兼任动火工作负责人。动火工作票审批人、动火工作监护人不得签发动火工作票。

24.3.7　动火工作许可。

24.3.7.1　动火工作许可人，应在动火作业现场确认并完成以下许可手续后方可动火作业：

a）工作许可人、工作负责人到现场检查确认双方应采取的安全措施已做完并签字。

b）确认配备的消防设施和采取的消防措施已符合要求。可燃性、易爆气体含量或粉尘浓度测定合格。

c）一级动火在首次动火时，各级审批人和动火工作票签发人均应到达现场检查防火安全措施正确完备，测定可燃气体、易燃液体的可燃蒸气含量或粉尘浓度应符合要求，并在动火监护人监护下做明火试验，确无问题。

24.3.8 动火工作监护。

24.3.8.1 动火作业全程应设有专人监护。动火作业前，应清除动火现场及周围的易燃物品，或采取其他有效的防火安全措施，配备足够适用的消防器材。

24.3.8.2 一级动火时，动火部门负责人、消防（专职）人员应始终在现场监护。

24.3.8.3 二级动火时，动火区域管理部门应指定人员，并和动火监护人始终在现场监护。

【技术原理说明】

一级动火的危险性较大，需要动火的设备、场所重要或复杂，动火部门负责人、消防（专职）人员应始终在现场监护。二级动火危险性相对轻一些，动火部门负责人、消防（专职）人员可不到现场。

24.3.9 动火工作执行。

24.3.9.1 动火执行人、动火工作监护人同时离开作业现场，间断时间超过 30min，继续动火前，动火执行人、动火工作监护人应重新确认安全条件。

24.3.9.2 一、二级动火工作在次日动火前应重新检查防火安全措施，并测定可燃气体、易燃液体的可燃蒸汽含量，合格方可重新动火。

24.3.9.3 一级动火作业过程中，应每隔 2～4h 测定一次现场可燃气体、易燃液体的可燃蒸气含量是否合格，当发现不合格或异常升高时应立即停止动火，在未查明原因或未排除险情前不得重新动火。

24.3.9.4 一级动火作业，间断时间超过 2h，继续动火前，应重新测定可燃气体、易燃液体的可燃蒸气含量，合格后方可重新动火。

24.3.10 动火工作终结。

24.3.10.1 动火作业完毕后，动火执行人、动火工作监护人、动火工作负责人和工作许可人，应检查现场有无残留火种、是否清洁等。确认无问题后，动火工作方告终结。

24.3.10.2 动火作业间断或终结后，应清理现场，确认无残留火种后，方可离开。

【事故案例】

2018 年 3 月 23 日，湖南某环保公司元宝山项目部施工经理黄某联系元宝山电厂环保分公司安全专工王某，准备进行阴极线角钢与阴极梁焊接作业，请求办理一级动火工作票。因防火措施未落实到位，王某告知黄某不具备办理一级动火工作票条件，并要求该环保公司尽快做好一级动火工作票安全措施，再按规定办理一级动火工作票，经逐级审批后方可开展动火作业。

16时43分，元宝山电厂运行分公司副经理李某在二级吸收塔二层组织调试时，听见有人喊"吸收塔着火了"，立即电话通知值长。值长通知厂内消防队、安监部主任徐某、生产副总经理。徐某在赶往现场途中发现吸收塔顶部开始冒烟，立即电话向总经理报告，总经理下令启动火灾事故专项应急预案，要求相关人员迅速赶往现场开展救援工作。

18时40分，火被扑灭，事故造成2号机组脱硫二级吸收塔烧损倒塌，一级吸收塔过火，未发生人员伤亡。

25 起重与运输

25.1 起重作业一般要求

25.1.1 起重工作应由有相应经验的人员负责，并应明确分工，统一指挥、统一信号，做好安全措施。工作前，工作负责人应对起重作业工具进行全面检查。

【条款说明】

起重搬运一般由多人进行，有司机、挂钩工、辅助工等，由具备相应经验的人员一人统一指挥，避免多人指挥将使作业无法进行，及可能造成的设备、人身伤害；指挥人员不能同时看清司机和负载时，必须设置中间指挥人员传递信号，从而确保起重工作安全，顺利地进行；起重指挥信号应简明、统一、畅通、分工明确，工作前对起重作业工具进行全面检查，这是对起重指挥人员的基本要求，更为重要的是，它是确保起重工作安全的必备条件。

每次使用前的检查应包括：电气设备外观检查；所有的限制装置或保险装置以及固定手柄或操纵杆的操作状态检查；超载限制器检查；气动控制系统中的气压检查；检查报警装置检查；吊钩和钢丝绳外观检查等。

25.1.2 遇有雷雨天、大雾、照明不足、指挥人员看不清工作地点或起重机操作人员未获得有效指挥时，不应进行起重工作。遇有6级以上的大风时，禁止露天进行起重工作。当风力达到5级以上时，不宜起吊受风面积较大的物体。

【条款说明】

在雷雨天、大雾或照明不足等恶劣条件下，起重指挥人员看不清工作地点或起重机操作人员不易获得有效指挥时，极易导致吊物损坏或其他事故事件，引发人员伤亡或物体损坏。6级大风风速可达 $10.8 \sim 13.8 \mathrm{m/s}$，起重作业时吊物将承受较大风力，摆动幅度过大；5级大风风速可达 $8.0 \sim 10.7 \mathrm{m/s}$，对于大面积的吊物而言，由于受风面积大，也将导致摆动幅度不易控制，引发事故事件。

【事故案例】

　　某公司在车间内进行钢梁焊接和喷漆工作过程中，由于在吊运钢梁中摘钩操作和指挥有误，导致钢梁倾倒，将旁边正在喷涂油漆的 1 名工人砸死。

　　某港口，某日上午 9 时许，6 级风，10t 门机司机在吊装过程物件时，物件由于承受大风吹袭，吊缆多次摆动后脱出吊钩（吊钩卡锁装置原有故障），落地后造成附近工作的 1 人死亡。

25.1.3　在厂站带电区域或临近带电体的起重作业，应遵循以下规定：

　　a）针对现场实际情况选择合适的起重机械。

　　b）工作负责人应专门对起重机械操作人员进行电力相关安全知识培训和交代作业安全注意事项。

　　c）作业全程，设备运维单位应安排专人在现场旁站监督。

　　d）起重机械应安装接地装置，接地线应用多股软铜线，截面不应小于 16mm^2，并满足接地短路容量的要求。

【事故案例】

　　2014 年 11 月 17 日 10 时 15 分，某供电公司检修公司秦某按照工作计划组织外来施工单位开展 500kV 线路间隔断路器并联电容器更换作业，工作地点位于 500kV 1 号 M 母线（带电设备）侧下方，由于起重机械选取过小，且未良好接地、在对断路器并联电容器起吊安装时，由于感应电压过大，引起起重机操动系统工作不稳，吊臂摇摆，导致起重机械倾倒，倾倒过程中吊臂与 500kV 1 号 M 母线间距离过近，致使母线对地短路，设备跳闸。

25.1.4　各式起重机应依据相关规范装设有过卷扬限制器、过负荷限制器、起重臂俯仰限制器、行程限制器、联锁开关等安全装置。

【事故案例】

　　某公司装卸三队 305 组工人在某码头 2 号泊位使用 401 号门座起重机往某船舱里装卸货物，401 号门座起重机在作业过程中变幅系统却出现故障，致使吊的货物刚进船舱尚未落下时，起重臂却出现突然后仰，导致货物撞击船舱内的舱壁上。司机周某发现这一异常情况后，立即推变幅主令操纵杆松起重臂，但起重臂没有动作。周某在简单检查后发现变幅系统的中间继电器没复位，用验电笔触动后，就使其复了位。随后再次操作过程中驾驶室另一头却又突然向外滑动，结果因工作中孟某避让不及时，下腹被货物砸在舱壁上，经抢救无效死亡。该事故直接经济损失 12.45 万元。

25.1.5　起重机吊臂的最大仰角以及起重设备、吊索具和其他起重工具的工作负荷，不准超过制造厂铭牌规定。

25.1.6　凡属下列情况之一，应制订专门的起重作业安全技术措施，并经设备运维单位审批，作业时应有专门技术负责人在场指导：

　　a）重量达到起重设备额定负荷的 90％ 及以上。

　　b）两台及以上起重设备抬吊同一物件。

　　c）起吊重要设备、精密物件、不易吊装的大件或在复杂场所进行大件吊装。

　　d）爆炸品、危险品必须起吊时。

25.1.7　起吊物应绑牢，吊钩悬挂点应与吊物重心在同一垂线上，吊钩钢丝绳应垂直，严禁偏拉斜吊；落钩时应防止吊物局部着地引起吊绳偏斜；吊物未固定好严禁松钩。起吊物体若有棱角或特别光滑的部分时，在棱角和滑面与绳子接触处应加以包垫。

【条款说明】

　　正式起吊重物前要采取重要安全措施。只有捆绑牢固、正确以及悬吊情况良好，方能继续起吊。

25.1.8　使用开门滑车时，应将开门勾环扣紧，防止绳索自动跑出。

25.1.9　起重机作业时遵守下列规定：

　　a）起重臂及吊件下方必须划定安全区。

　　b）受力钢丝绳周围、吊件和起重臂下方不应有人逗留和通过。

　　c）吊件吊起 10cm 时应暂停，检查悬吊、捆绑情况和制动装置，确认完好后方可继续起吊。

　　d）吊件不应从人或驾驶室上空越过。

　　e）起重臂及吊件上不应有人或有浮置物。

　　f）起吊速度均匀、平稳，不得突然起落。

　　g）吊挂钢丝绳间的夹角不应大于 120°。

　　h）吊件不应长时间悬空停留；短时间停留时，操作人员、指挥人员不应离开现场。

　　i）起重机运转时，不应进行检修。

　　j）工作结束后，起重机的各部应恢复原状。

【条款说明】

　　起吊重物长时间悬在空中，容易造成起重吊臂钢丝绳机械疲劳和制动失效，在某种意外情况发生时（如大风、设备故障等）起重机就可能受力倾覆或起吊重物坠落而引发人身、设备事故；有重物悬在空中时，为防止非操作人员误动及突发事件发生时能及时处理，禁止驾驶人员离开驾驶室或做其他工作。

25.1.10　起吊成堆物件时，应有防止滚动或翻倒的措施。钢筋混凝土电杆应分层起吊，每次吊起前，剩余电杆应用木楔掩牢。

【条款说明】

　　起吊成堆物件时，若未采用防止滚动或翻倒的措施，在吊装过程中，吊物有可能滚动脱落损害，严重时可能导致人员伤害；钢筋混凝土电杆作为电力行业经常起吊的吊物，不仅要防护已经吊起的电杆，还应将待吊的电杆采用木楔掩牢，防止工作过程中滚落引起人员伤害。

25.1.11　任何人不得在起重机的轨道上站立或行走。特殊情况需在轨道上进行作业时，应与起重机的操作人员取得联系，起重机应停止运行。

【事故案例】

　　1993 年 3 月 17 日 14 时，某公司商品混凝土搅拌机，使用一台非标准 10t 回转臂架型门座起重机进行上料，该机起重机司机陆某与学徒工唐某轮班上机操作。当日下午 1 时 30 分左右，陆某爬上起重机平台，观察徒弟唐某吊完二抓斗石子后，叫徒弟下机休息，由自己进行操作。当陆某进入驾驶室进行开机作业后，发现起重机有不明的异常声音，此时已启动抓斗起升开关，使抓斗处于上升状态，且没有切断电源便走出驾驶室步入左侧平台前端观察异样机况。结果起重臂却突然发生减幅并使其往后倾，直至扭曲产生坠落，其坠落起重臂正砸在起重司机陆某的头部，当场死亡。

25.1.12　禁止作业人员利用吊钩来上升或下降。

【事故案例】

　　2000 年 10 月 11 日 8 时许，某公司第三项目部铆工范某配合起重工进行安装分离器上面的平台作业，为了图方便，范某站在平台上挂好吊钩后，没有下到地面，而是随平台一起起吊，当平台起吊至 3m 高时，因两个挂钩没有挂好，突然脱钩，致使范某从平台上滑落到地面，右手着地，手腕严重受伤。

25.1.13　地下物件无法事先了解埋深和结构，为避免起重机吊臂因受力过大超载前倾覆或受力不足快速卸载后倾覆，所以禁止起吊。

25.2　移动式起重机作业

25.2.1　使用移动式起重机时，在道路上施工应设围栏，并设置适当的警示标志牌。

25.2.2　移动式起重机停放，其车轮、支腿或履带的前端或外侧与沟、坑边缘的距离不得小于沟、坑深度的 1.2 倍；否则应采取防倾、防坍塌措施。行驶时，应将臂杆放在支架上，吊钩挂在挂钩上并将钢丝绳收紧。禁止车上操作室坐人。

25.2.3　移动式起重机作业前，应将支腿支在坚实的地面上，必要时使用枕木或钢板增加接触面积。机身倾斜度不应超过制造厂的规定。不应在暗沟、地下管线等上面作业。作业完毕后，应先将臂杆放在支架上，然后方可起腿。

25.2.4　汽车式起重机除设计具有吊物行走性能者外，均不应吊物行走。

25.2.5　起重臂不应跨越带电设备或线路进行作业。在临近带电体处吊装作业时，起重机臂架、吊具、辅具、钢丝绳及吊物等与带电体的距离不得小于表 19 的规定。

25.2.6　移动式起重机长期或频繁地靠近架空线路或其他带电体作业时，应采取隔离防护措施。

表 19 起重机械及吊件与带电体的安全距离

电压等级 kV		<1	1~10	35~66	110	220	500	±50及以下	±400	±500	±800
最小安全距离 m	净空	1.50	3.00	4.00	5.00	6.00	8.50	—	—	—	—
	垂直方向	—	—	—	—	—	—	5.00	8.50	10.00	13.00
	水平方向	—	—	—	—	—	—	4.00	8.00	10.00	13.00

注1：数据按海拔 1000m 校正。
注2：表中未列电压等级按高一挡电压等级的安全距离执行。
注3：厂站作业若小于本表、大于表1的作业安全距离时，应制定防止摆动等导致误碰带电设备的有效安全措施，并经地市级单位分管生产的负责人批准。

25.3 机动车运输

25.3.1 装运超长、超高或重大物件时遵守以下规定：

a）物件重心与车厢承重中心应基本一致。

b）易滚动的物件顺其滚动方向必须用木楔卡牢并捆绑牢固。

c）采用超长架装载超长物件时，在其尾部应设置警告的标志；超长架与车厢固定，物件与超长架及车厢必须捆绑牢固。

d）押运人员应加强途中检查，防止捆绑松动；通过山区或弯道时，防止超长部位与山坡或行道树碰刮。

【事故案例】

2016 年 7 月 10 日，某大件运输公司在运输某供电公司变压器通过山区弯道时，由于车身较长，转弯过程中出现倾覆，导致设备受损。

25.3.2 牵引机、张力机转运时，运输道路、桥梁或涵洞的承载能力应满足牵引机、张力机及运输车辆的总荷重及其高度要求。

25.4 非机动车运输

25.4.1 装车前应对车辆进行检查，车轮和刹车装置必须完好。

25.4.2 下坡时应控制车速，不得任其滑行。

25.4.3 货运索道严禁载人。

25.5 人工运输和装卸

25.5.1 在山地陡坡或凹凸不平之处进行人工运输，应预先制订运输方案，采取必要的安全措施。夜间搬运应有足够的照明。

【条款说明】

输电线路杆塔多位于崇山峻岭、人烟稀少地带，物资运输地形复杂，多陡坡、雨水冲刷造成的沟壑、障碍物（乱石、倾倒树木等）等，机动运输工具难以发挥作用，有时在开展应急抢修时甚至要在夜间或雨雪天气作业，在夜间视线受阻，雨雪天气路面湿滑等因素增加了运输过程中的作业风险。为确保运输人员在复杂地形、夜间或恶劣天气等条件下的人身安全，在开展运输前应提前对运输路线地形开展现场勘查，制订有针对性运输方案，在夜间运输应保障用足够的照明，必要时应使用无人机在空中提供照明。

25.5.2 人工运输的道路应事先清除障碍物；山区抬运笨重物件或钢筋混凝土电杆的道路，其宽度不宜小于 1.2m，坡度不宜大于 1∶4。

【条款说明】

在用肩扛的方式运输重大物件时，输运人员在复杂地形行走或攀爬陡坡时难以保持身体平衡，容易影响行走视线和造成人员疲劳，在运输过程中可能导致人员跌倒、砸伤等；如利用抬运的方式运输重大物件时，人员步调不一致或起落不同时，会造成抬运工具倾斜，使物件向较低的一端移动，可能导致人员受伤。为确保人工运输重大物件时人员人身安全，应对重大物件进行固定抬运，并明确专人进行指挥。

25.5.3 重大物件不得直接用肩扛运；抬运时应步调一致，同起同落，并应有人指挥。

【条款说明】

见 25.5.2 条。

25.5.4 人力运输用的工器具应牢固可靠，每次使用前应进行检查。

【条款说明】

采用人力方式运输工具器时，工具器在运输中掉落或滑移，会造成工具器（尤其是仪表类、易折类工具器）损坏、丢失或重物滑移导致人员突然承受较大重力，因此在运输前应对工器具进行绑扎，并检查绑扎情况确保牢固可靠。同时在使用工具器前应对其进行检查，确保工具器正常可用。

25.5.5 雨雪后抬运物件时，应有防滑措施。

【条款说明】

雨雪过后路面湿滑，如果在山地或岩石等困难地段抬运物件，容易导致人员滑倒或砸伤，因此在雨后抬运物件时，人员要采取防滑措施，如穿山地鞋、雨鞋等。

25.5.6 用跳板或圆木装卸滚动物件时，应用绳索控制物件。物件滚落前方严禁有人。

【条款说明】

用跳板或圆木装卸滚动物件时，物件运动方向控制较为困难，方向错乱可能导致人员受伤，因此应使用绳索控制物件运动方向及速度。同时为避免控制绳索断裂失效造成滚落前方人员受伤，在物件滚落前方应严禁有人。

25.5.7 用管子滚动搬运应遵守以下规定：

a）应由专人负责指挥。

b）管子承受重物后两端各露出约 30cm，以便调节转向。手动调节管子时，应注意防止手指压伤。

c）上坡时应用木楔垫牢管子，以防管子滚下；上下坡时均应对重物采取防止下滑的措施。

【条款说明】

用管子滚动搬运物件时，如重物下方管子两端露出距离不足，会导致运输过程中调节转向困难，同时在运输过程中调整管子转向时应使用工器具，如用手动调整容易压伤手指。为确保用管子运输时便于调节转向，应确保管子承受重物后两端各露出约 30cm，同时在手动调整管子时应注意保护手指防止压伤。在上下边坡时管子及重物容易下滑，可能导致下方人员受伤，因此要使用木楔垫牢管子以防止下滑，同时在上下坡时对重物采取控制绳索等防滑措施。

第4部分

工　器　具

26　安全工器具

26.1　保管

26.1.1　安全工器具存放环境应干燥通风；绝缘安全工器具应存放于温度−15~40℃、相对湿度不大于80％的环境中。

26.1.2　安全工器具室内应配置适用的柜、架，不准存放不合格的安全工器具及其他物品。

26.1.3　携带型接地线宜存放在专用架上，架上的号码与接地线的号码应一致。

26.1.4　绝缘隔板和绝缘罩应存放在室内干燥、离地面200mm以上的架上或专用的柜内。使用前应擦净灰尘。如果表面有轻度擦伤，应涂绝缘漆处理。

26.1.5　绝缘工具在储存、运输时不准与酸、碱、油类和化学药品接触，并要防止阳光直射或雨淋。橡胶绝缘用具应放在避光的柜内或支架上，上面不得堆压任何物件，并撒上滑石粉。

26.2　使用

26.2.1　一般要求

26.2.1.1　安全工器具每月及使用前应进行外观检查。

26.2.1.2　外观检查主要检查内容包括：

　　a) 是否在产品有效期内和试验有效期内。

　　b) 螺丝、卡扣等固定连接部件是否牢固。

　　c) 绳索、铜线等是否断股。

　　d) 绝缘部分是否干净、干燥、完好，有无裂纹、老化；绝缘层脱落、严重伤痕等情况。

　　e) 金属部件是否有锈蚀、断裂等现象。

26.2.1.3　外观检查主要检查内容包括：

26.2.2　安全帽

26.2.2.1　安全帽的使用及检验应符合GB 2811—2007的规定。

26.2.2.2　安全帽使用前，应检查帽壳、帽衬、帽箍、顶衬、下颌带等附件完好无损。使用时，应将下颌带系好，防止工作中前倾后仰或其他原因造成滑落。

26.2.3　安全带

26.2.3.1　安全带的使用及试验应符合GB 6095—2009和GB/T 6096—2009的规定。

26.2.3.2　坠落悬挂安全带的安全绳同主绳的连接点应固定于佩戴者的后背、后腰或前胸。

26.2.3.3　安全带、绳使用过程中不应打结。不应将安全绳用作悬吊绳。

26.2.3.4　腰带和保险带、绳应有足够的机械强度，材质应有耐磨性，卡环（钩）应具有保险装置，操作应灵活。

26.2.3.5　保险带、绳使用长度在2m以上的应加缓冲器。

26.2.3.6　电力高处作业防坠器的使用应符合DL/T 1147—2009的规定。

26.2.4　脚扣和登高板

26.2.4.1　脚扣和登高板的金属部分变形和损伤者不应使用。

26.2.4.2　脚扣和登高板有绳（带）损伤的情况时，不应使用。

26.2.4.3　脚扣防滑橡皮磨损严重或松动者不应使用。

26.2.4.4　特殊天气使用脚扣和登高板应采取防滑措施。

26.2.5　携带型短路接地线

26.2.5.1　接地线的两端夹具应保证接地线与导体和接地装置都能接触良好、拆装方便，有足够的机械强度。

26.2.5.2　携带型接地线使用前应检查是否完好，如发现绞线松股、断股、护套严重破损、夹具断裂松动等均不应使用。

26.2.6　绝缘操作杆、验电器和测量杆

26.2.6.1　绝缘操作杆、验电器和测量杆允许的使用电压应与设备电压等级相符。

26.2.6.2　使用绝缘操作杆、验电器和测量杆时，作业人员的手不应越过护环或手持部分的界限。

26.2.6.3　雨天在户外操作电气设备时，操作杆的绝缘部分应有防雨罩或使用带绝缘子的操作杆。

26.2.6.4　使用绝缘操作杆、验电器和测量杆时，人体应与带电设备保持安全距离，并注意防止绝缘杆被人体或设备短接，以保持有效的绝缘长度。

26.2.7　绝缘隔板和绝缘罩

26.2.7.1　绝缘隔板和绝缘罩只允许在35kV及以下电压的电气设备上使用，并应有足够的绝缘和机械强度。

26.2.7.2　用于10kV电压等级时，绝缘隔板的厚度不应小于3mm，用于35kV电压等级不应小于4mm。

26.2.7.3　现场带电安放绝缘隔板及绝缘罩时，应戴绝缘手套、使用绝缘操作杆，必要时可用绝缘绳索将其固定。

26.2.8　绝缘手套、绝缘靴、绝缘垫

26.2.8.1　绝缘手套、绝缘靴、绝缘垫有发黏、裂纹、破口（漏气）、气泡、发脆、嵌入导电杂物等缺陷时不应使用。

26.2.8.2　使用绝缘手套时应将上衣袖口套入手套筒口内，使用绝缘靴时应将裤脚套入绝缘靴筒口内。

26.2.9　绝缘绳、网

26.2.9.1　绝缘绳应成卷用塑料袋密封，并置于专用包装内。

26.2.9.2　绝缘绳、网的接头应单根丝连接，线股不允许接头，单丝接头应封闭在绳股内部。

26.2.9.3　绝缘绳不应沾染油污或受潮。

26.2.9.4　绝缘绳、网应存入在干燥、通风的库房内，并经常检查、防止受潮、受污、虫蛀和机械损伤。

26.3　试验

26.3.1　各类安全工器具应经过国家规定的型式试验、出厂试验和使用中的周期性试验，并做好记录。

26.3.2 以下安全工器具应进行试验：

a）本规程要求进行试验的安全工器具。

b）新购置和自制的安全工器具。

c）检修后或关键零部件经过更换的安全工器具。

d）对安全工器具的机械、绝缘性能发生疑问或发现缺陷时。

26.3.3 安全工器具的电气试验和机械试验，宜委托有资质的试验研究机构进行，也可由使用单位根据试验标准和周期进行，并经使用单位负责人批准。

26.3.4 各类工器具试验项目、周期和要求见附录J。

27 带电作业工具

27.1 保管

27.1.1 带电作业工具房进行通风时，应在室外相对湿度小于75%的干燥天气进行。通风结束后，应立即检查室内的相对湿度，并加以调控。

27.1.2 带电作业工具库房门窗应密闭严实，地面、墙面及顶面应采用不起尘、阻燃材料制作。室内的相对湿度应不大于60%。硬质绝缘工具、软质绝缘工具、检测工具、屏蔽用具的存放区，温度宜控制在5～40℃之间；配电带电作业用绝缘屏蔽用具、绝缘防护用具的存放区，温度宜控制在10～21℃之间；金属工具的存放不作要求。

27.1.3 带电作业工具应按电压等级及工具类别分区存放，主要分类为金属工具、硬质绝缘工具、软质绝缘工具、屏蔽保护用具、绝缘遮蔽用具、检测工具等。

27.1.4 带电作业工具应统一编号、专人保管、登记造册，并建立试验、检修、使用记录。

27.1.5 不合格的工具应报废，不得摆放在库房内或继续使用。

27.1.6 绝缘斗臂车的绝缘部分应有防潮保护罩，并应存放在通风、干燥的车库内。

27.2 使用

27.2.1 使用的带电作业工具均应试验合格并在有效期内。

27.2.2 带电作业工具使用前应根据工作负荷校核机械强度，并满足规定的安全系数。

27.2.3 带电绝缘工具在运输过程中，应装在专用工具袋、工具箱或专用工具车内。

27.2.4 不应使用损坏、受潮、变形、失灵的带电作业工具。发现绝缘工具受潮或表面损伤、脏污时，应及时处理并经试验合格后方可使用。

27.2.5 使用绝缘工具前，应使用2500～5000V绝缘电阻表接2cm电极（电极宽2cm，极间宽2cm）或绝缘检测仪对其进行分段绝缘检测，阻值应不低于700MΩ。操作绝缘工具时应戴清洁、干燥的手套，并应防止绝缘工具在使用中脏污和受潮。

27.2.6 使用屏蔽服前，应用量程为0.1～50Ω的电阻表对其检测，衣裤任意两个最远端点之间的电阻值均不应大于20Ω。

27.2.7 带电作业工具应绝缘良好、连接牢固、转动灵活，并按厂家使用说明书、现场操作规程正确使用。

27.2.8　作业现场使用的带电作业工具应放置在防潮的帆布或绝缘物上。

27.3　实验

27.3.1　带电作业工具及绝缘斗臂车等的电气和机械试验周期、种类和标准应按 DL/T 976—2005 和 DL/T 854—2004 执行。

27.3.2　带电作业工具的机械试验标准:

　　a) 静荷重试验:1.2 倍额定工作负荷下持续 1min,工具无变形及损伤者为合格。

　　b) 动荷重试验:1.0 倍额定工作负荷下操作 3 次,工具灵活、轻便、无卡住现象为合格。

27.3.3　带电作业工具应定期进行电气试验及机械试验,其试验周期为:

　　a) 电气试验:预防性试验每年一次,检查性试验每年一次,两次试验间隔半年。

　　b) 机械试验:绝缘工具每年一次,金属工具两年一次。

27.3.4　绝缘工具电气预防性试验项目及标准见附录 K。

27.3.5　绝缘工具的检查性试验条件是:将绝缘工具分成若干段进行工频耐压试验,每 300mm 耐压 75kV,时间为 1min,以无击穿、闪络及过热为合格。

27.3.6　组合绝缘的水冲洗工具应在工作状态下进行电气试验。除按附录 K 绝缘工具电气预防性试验标准的项目和标准试验外(指 220kV 及以下电压等级),还应增加工频泄漏试验,试验电压见表 20。泄漏电流以不超过 1mA 为合格。试验时间 5min。

表 20　　　　　　　　　组合绝缘的水冲洗工具工频泄漏试验电压值

额定电压 kV	10	35	63(66)	110	220
试验电压 kV	15	46	80	110	220

27.3.7　为满足高海拔地区的要求而采用加强绝缘或较高电压等级的带电作业工具、装置和设备,应在实际使用地点进行经海拔校正后的耐压试验。

27.3.8　为不合格的带电作业工具应及时维修或报废,经维修的带电作业工具需经试验合格后方可使用。

28　施工机具

28.1　一般要求

28.1.1　施工机具应按出厂说明书、铭牌和相关标准的规定测试、试运转和使用,不应超负荷使用。

28.1.2　施工机具应统一编号,由专人保管和保养维护。入库、出库、使用前应进行检查。

28.1.3　施工机具应定期试验,主要起重工具试验标准应符合表 21 的规定。

表 21   组合绝缘的水冲洗工具工频泄漏试验电压值

名　称	额定载荷的倍率 （破断拉力的倍率）	持荷时间 min	试验周期
抱杆	1.25		
滑车、绞磨、卷扬机	≥1.25		
紧线器、卡线器	1.5		
双钩紧线器、拉链葫芦、手扳葫芦	1.25		
钢丝绳、钢丝绳套	(0.2)	10	每年一次
抗弯（旋转）连接器、卸扣、地锚、网套	1.25		
吊带装	1.25		
其他	≥1.25		

28.1.4 施工机具使用前必须进行外观检查，不应使用变形、破损、有故障等不合格的机具。

28.1.5 电动机具在运行中不应进行维修或调整。维修、调整或工作中断时，应将其电源断开。严禁在运行中或机械未完全停止的情况下清扫、擦拭、润滑和冷却机械的转动部分。电动机具的转动部分和冷却风扇必须装有保护罩。

28.2　使用

28.2.1　牵引机和张力机

28.2.1.1 使用前应对设备的布置、锚固、接地装置以及机械系统进行全面检查，并做空载运转试验。

28.2.1.2 牵引机、张力机进出口与邻塔悬挂点的高差角及与线路中心线的夹角应满足其机械的技术要求。

28.2.1.3 牵引机、张力机严禁超速、超载、超温、超压以及带故障运行。

28.2.1.4 牵引机牵引卷筒槽底直径不得小于被牵引钢丝绳直径的 25 倍。

28.2.2　绞磨和卷扬机

28.2.2.1 绞磨、卷扬机应放置平稳，锚固可靠，受力前方不准有人，使用过程中应设置接地线。锚固绳应有防滑动措施。

28.2.2.2 拉磨尾绳不应少于 2 人，且应位于锚桩后面、绳圈外侧。

28.2.2.3 卷筒应与牵引绳保持垂直。牵引绳应从卷筒下方卷入，排列整齐，通过磨心时不得重叠或相互缠绕，在卷筒或磨心上缠绕不应少于 5 圈，绞磨卷筒应与牵引绳的最近转向滑车保持 5m 以上的距离。

28.2.2.4 机动绞磨宜设置过载保护装置。不得采用松尾绳的方法卸荷。

28.2.2.5 机动绞磨、卷扬机不应带载荷过夜。

28.2.2.6 拖拉机绞磨两轮胎应在同一水平面上，前后支架应均衡受力。

28.2.2.7 作业中，人员不应跨越正在作业的卷扬钢丝绳。物件提升后，操作人员不应离开机械。

28.2.2.8 被吊物件或吊笼下面不应有人员停留或通过。

28.2.2.9 卷扬机的使用应遵守以下规定：

a) 作业前应进行检查和试车，确认卷扬机设置稳固，防护设施完备。

b) 作业中发现异响、制动不灵等异常情况时，应立即停机检查，排除故障后方可使用。

c) 卷扬机未完全停稳时不得换挡或改变转动方向。

d) 设置导向滑车应对正卷筒中心。导向滑轮不得使用开口拉板式滑轮。滑车与卷筒的距离不应小于卷筒（光面）长度的 20 倍，与有槽卷筒不应小于卷筒长度的 15 倍，且应不小于 15m。

e) 卷扬机不得在转动的卷筒上调整牵引绳位置。

f) 卷扬机必须有可靠的接地装置。

28.2.2.10 作业时禁止向滑轮上套钢丝绳，禁止在卷筒、滑轮附近用手扶运行中的钢丝绳，不准跨越行走中的钢丝绳，不准在各导向滑轮的内侧逗留或通过。吊起的重物必须在空中短时间停留时，应用棘爪锁住。

28.2.2.11 人力绞磨架上固定磨轴的活动挡板应装在不受力的一侧，禁止反装。人力推磨时，推磨人员应同时用力。绞磨受力时人员不准离开磨杠，防止飞磨伤人。作业完毕应取出磨杠。

28.2.3 抱杆

28.2.3.1 抱杆连接螺栓应按规定使用，不应以小代大。

28.2.3.2 抱杆有以下情况之一者禁止使用：

a) 圆木抱杆：木质腐朽、损伤严重或弯曲过大。

b) 金属抱杆：整体弯曲超过杆长的 1/600。局部弯曲严重、磕瘪变形、表面严重腐蚀、缺少构件或螺栓、裂纹或脱焊。

c) 抱杆脱帽环表面有裂纹、螺纹变形或螺栓缺少。

28.2.3.3 缆风绳与抱杆顶部及地锚的连接应牢固可靠。缆风绳与地面的夹角一般不大于 45°。缆风绳与架空输电线及其他带电体的安全距离应不小于表 19 的规定。

28.2.4 导线连接网套

28.2.4.1 导线连接网套的使用应与所夹持的导线规格相匹配。

28.2.4.2 导（地）线穿入网套应到位，网套夹持导线的长度不得少于导线直径的 30 倍。

28.2.4.3 网套末端应用铁丝绑扎，绑扎不得少于 20 圈。

28.2.4.4 每次使用前应检查，发现有断丝者不得使用。

28.2.4.5 较大截面的导线穿入网套前，其端头应做坡面梯节处理。用于导线对接的两个网套之间宜设置防扭连接器。

28.2.5 卡线器

28.2.5.1 卡线器的规格、材质应与所夹持的线（绳）规格、材质相匹配。

28.2.5.2 卡线器有裂纹、弯曲、转轴不灵活或钳口斜纹磨平等缺陷时不应使用。

28.2.6 地锚

28.2.6.1 地锚坑在引出线露出地面的位置，其前面及两侧的 2m 范围内不准有沟、洞、地下管道或地下电缆等。地锚埋设后应进行详细检查，试吊时应指定专人看守。

28.2.6.2 弯曲和变形严重的钢质锚体禁止使用。钢制锚体的加强筋或拉环的焊接缝有严重变形或有裂纹时应重新焊接。

28.2.6.3 木质锚桩应使用木质较硬的木料。发现有虫蛀、腐烂变质者时禁止使用。

28.2.7 链条葫芦和手扳葫芦

28.2.7.1 使用前应检查吊钩及封口部件、链条应良好，转动装置及刹车装置应可靠，转动灵活正常是否良好。

28.2.7.2 起重用链环等部件出现裂纹、明显变形或严重磨损时应予报废。

28.2.7.3 刹车片不应沾染油脂和石棉。

28.2.7.4 起重链不得打扭，并不得拆成单股使用；使用中如发生卡链，应将受力部位封固后方可进行检修。

28.2.7.5 手拉链或者扳手的拉动方向应与链槽方向一致，不得斜拉硬扳，不得强行超载使用。

28.2.7.6 带负荷停留较长时间或过夜时，应将手拉链或扳手绑扎在起重链上，并采取保险措施。

28.2.7.7 悬挂链条葫芦的架梁或建筑物，应经过计算确保合格，否则不得悬挂。禁止用链条葫芦长时间悬吊重物。

28.2.7.8 两台及两台以上链条葫芦起吊同一重物时，重物的重量应不大于每台链条葫芦的允许起重量。

28.2.7.9 操作人员严禁站在葫芦正下方，严禁站在重物上面操作，严禁将重物吊起后停留在空中而离开现场，起吊过程中严禁任何人在重物下行走或停留。

28.2.8 双钩紧线器

28.2.8.1 换向爪失灵、螺杆无保险螺丝、表面裂纹或变形等严禁使用。

28.2.8.2 紧线器受力后应至少保留 1/5 有效丝杆长度。

28.2.9 钢丝绳

28.2.9.1 钢丝绳应具有符合国家标准的产品检验合格证，并按 GB/T 20118—2006 的规定或按出厂技术数据使用。无技术数据时，应进行单丝破断力试验。

28.2.9.2 钢丝绳应按其力学性能选用，并应配备一定的安全系数。钢丝绳的安全系数 K 及配合滑轮的直径 D 不应小于表 22 的规定。

表 22　　　　　　　　　**钢丝绳安全系数 K 及配合滑轮直径**

钢丝绳的用途			滑轮直径 D	安全系数 K
缆风绳及拖拉绳			≥12d	3.5
驱动方式	人力		≥16d	4.5
	机械	轻级	≥16d	5
		中级	≥18d	5.5
		重级	≥20d	6
千斤绳	有绕曲		≥12d	6~8
	无绕曲			5~7

续表

钢 丝 绳 的 用 途	滑轮直径 D	安全系数 K
地锚绳		5～6
捆绑绳		10
载人升降机	≥40d	14

注：d 为钢丝绳直径。

28.2.9.3 钢丝绳（套）应定期浸油，有以下情况之一者应报废或截除：

a) 钢丝绳在一个节距内的断丝根数超过表 23 规定的数值时。

b) 绳芯损坏或绳股挤出、断裂。

c) 笼状畸形、严重扭结或金钩弯折。

d) 压扁严重，断面缩小，实测相对公称直径缩小 10%（防扭钢丝绳的 3%）时，未发现断丝也应予以报废。

e) 受过火烧或电灼，化学介质的腐蚀外表出现颜色变化时。

f) 钢丝绳的弹性显著降低，不易弯曲，单丝易折断时。

g) 钢丝绳断丝数量不多，但断丝增加很快者。

表 23　钢 丝 绳 断 丝 根 数

最初的安全系数	钢 丝 绳 结 构							
	$6\times19=114+1$		$6\times37=222+1$		$6\times61=366+1$		$18\times19=342+1$	
	逆捻	顺捻	逆捻	顺捻	逆捻	顺捻	逆捻	顺捻
小于 6	12	6	22	11	36	18	36	18
6～7	14	7	26	13	38	19	38	19
小于 7	16	8	30	15	40	20	40	20

28.2.9.4 钢丝绳端部用绳卡固定连接时，绳卡压板应在钢丝绳主要受力的一边，不得正反交叉设置；绳卡间距不应小于钢丝绳直径的 6 倍；绳卡数量应符合表 24 的规定。

表 24　钢丝绳端部固定用绳卡数量

钢丝绳直径 mm	6～16	17～27	28～37	38～45
绳卡数量 个	3	4	5	6

28.2.9.5 插接的环绳或绳套，其插接长度应不小于钢丝绳直径的 15 倍，且不得小于 300mm。新插接的钢丝绳套应做 125% 允许负荷的抽样试验。

28.2.9.6 通过滑轮及卷筒的钢丝绳不得有接头。滑轮、卷筒的槽底或细腰部直径与钢丝绳直径之比应遵守以下规定：

a) 起重滑车：机械驱动时不应小于 11；人力驱动时不应小于 10。

b) 绞磨卷筒不应小于 10。

28.2.10 卸扣

28.2.10.1 当卸扣有裂纹、塑性变形、螺纹滑牙、销轴和扣体断面磨损达原尺寸 3％～5％时不得使用。卸扣的缺陷不允许补焊。

28.2.10.2 卸扣不应横向受力。

28.2.10.3 销轴不应扣在活动的绳套或索具内。

28.2.10.4 卸扣不应处于吊件的转角处。

28.2.10.5 不应使用普通材料的螺栓取代卸扣销轴。

28.2.11 合成纤维吊装带、棕绳（麻绳）和纤维绳

28.2.11.1 合成纤维吊装带、棕绳（麻绳）和纤维绳等应选用符合标准的合格产品。各类纤维绳（含化纤绳）的安全系数不得小于 5，合成纤维装带的安全系数不得小于 6。

28.2.11.2 合成纤维吊装带、棕绳和化纤维绳使用后应及时清理，存放在清洁、干燥、通风的库房，并远离热源。

28.2.11.3 合成纤维吊装带

 a）使用前应对吊装进行检查，表面不得有横向、纵向擦破或割口、软环及末端件损坏等。损坏严重者应做报废处理。

 b）缝合处不允许有缝合线断头，织带散开。

 c）吊装带不应拖拉、打结使用，有载荷时不应转动货物使吊扭拧。

 d）吊装带不应与尖锐、棱角的货物接触，如无法避免应装设必要的护套。

 e）不得长时间悬吊货物。吊装带用于不同承重方式时，应严格按照标签给予定值使用。

28.2.11.4 棕绳（麻绳）

 a）棕绳（麻绳）不得用在机动机构中起吊构件，仅限于手动操作提升物件或作为控制绳等辅助绳索使用。

 b）棕绳（麻绳）用于手动机构时，卷筒或滑轮的槽底直径应大于绳径的 10 倍。

 c）使用允许拉力不应大于 $9.8N/mm^2$；用于捆绑或在潮湿状态下使用时应按允许应力减半使用。

 d）棕绳有霉烂、腐蚀、断股或损伤者不应使用，绳索不应修补使用。纤维绳出现松股、散股、严重磨损、断股者禁止使用。

 e）捆扎物件时，应避免绳索直接与物体尖锐处接触。

28.2.11.5 纤维绳

 a）使用中应避免刮磨与热源接触等。

 b）绑扎固定不得用直接系结的方式。

 c）使用时与带电体有可能接触时，应按 GB/T 13035—2008 的规定进行试验、干燥、隔潮等。

28.2.12 起重滑车及滑车组

28.2.12.1 滑车的缺陷不得焊补。

28.2.12.2 滑车出现下述情况之一时应报废：

 a）裂纹。

 b）轮槽径向磨损量达钢丝绳名义直径的 25％。

c) 轮槽壁厚磨损量达基本尺寸的 10%。

d) 轮槽不均匀磨损量达 3mm。

e) 其他损害钢丝绳的缺陷。

28.2.12.3 吊钩出现下述情况之一时应报废：

a) 裂纹。

b) 危险断面磨损量大于基本尺寸的 5%。

c) 吊钩变形超过基本尺寸的 10%。

d) 扭转变形超过 10°。

e) 危险断面或吊钩颈部产生塑性变形。

28.2.12.4 在受力方向变化较大的场合或在高处使用时，应采用吊环式滑车。

28.2.12.5 使用开门式滑车时应将门扣锁好。采用吊钩式滑车，应有防止脱钩的钩口闭锁装置。

28.2.12.6 滑车组的钢丝绳不得产生扭绞，使用中的滑车组两滑车滑轮中心间的最小距离不应小于表 25 的规定。

表 25　　　　　　　　　滑车组两滑车滑轮中心最小允许距离

滑车起重量 t	1	2	10～20	32～50
滑轮中心最小允许距离 mm	700	900	1000	1200

28.2.12.7 滑车不应拴挂在不牢固的结构物上。

28.2.12.8 拴挂固定滑车的桩或锚，应埋设牢固。

28.2.13 飞车

28.2.13.1 使用飞车时应按 11.3.8 的规定执行，否则必须验算导线张力，其安全系数不得小于 2.5。

28.2.13.2 行驶中遇有接续管时应减速。

28.2.13.3 安装间隔棒时，前后轮应卡死（刹牢）。

28.2.13.4 导线上有冰霜时不得使用。

28.2.13.5 使用飞车越过带电线路时，飞车最下端（包括携带的工具、材料）与带电体的最小安全距离必须在表 16 的基础上增加 1m，并设专人监护。

28.2.14 油锯

使用油锯的作业，应由熟悉机械性能和操作方法的人员操作，并戴防护眼镜。使用时应检查所能锯到的范围内有无铁钉等金属物件，防止金属物体飞出伤人。

28.2.15 携带型火炉或喷灯

28.2.15.1 使用携带型火炉或喷灯时，火焰与带电部分的距离：电压在 10kV 及以下者，不应小于 1.5m；电压在 10kV 以上者，不得小于 3m。

28.2.15.2 不应在带电导线、带电设备、变压器、油断路器附近以及在电缆夹层、隧道、沟道内对火炉或喷灯加油及点火。

28.3 保管、检查和试验

28.3.1 施工机具应有专用库房存放，库房要经常保持干燥、通风。

28.3.2 施工机具应定期进行检查、维护、保养。施工机具的转动和传动部分应保持其润滑。

28.3.3 对不合格或应报废的机具应及时清理，不应与合格的混放。

29 电气工具及一般工具

29.1 电气工具

29.1.1 一般要求

29.1.1.1 电气工具使用前应检查电线是否完好，有无接地线；不合格的禁止使用；使用时应按有关规定接好剩余电流动作保护器（漏电保护器）和接地线。

29.1.1.2 使用电气工具时，禁止提着电气工具的导线或转动部分。在使用电气工具的工作中，因故离开工作场所或暂时停止工作以及遇到临时停电时，应立即切断电源。

29.1.1.3 不应使用有绝缘损坏、电源线护套破裂、保护线脱落、插头插座裂开或有损于安全的机械损伤等故障手持电动工器具。

29.1.1.4 电动工具应接地或接零良好。

29.1.1.5 电气工具的电线不应接触热体，不应放在湿地上，并避免载重车辆和重物压在电线上。

29.1.1.6 电动工具应做到"一机一闸一保护"，严禁一个开关或一个插座接两台及以上电气设备或电动工具。

29.1.1.7 电动工具的电气部分经维修后，应进行绝缘电阻测量及绝缘耐压试验，试验电压参见 GB/T 3787—2006 中的相关规定。

29.1.2 钻床

29.1.2.1 使用钻床时，应将工件设置牢固后，方可开始工作。清除钻孔内金属碎屑时，应先停止钻头的转动。禁止用手直接清除铁屑。使用钻床时不准戴手套。

29.1.2.2 使用钻床时，工件应夹牢，长的工件两头应垫牢，并防止工件锯断时伤人。

29.1.3 砂轮机

29.1.3.1 砂轮应无裂纹及其他不良情况。砂轮应装有用钢板制成的可靠防护罩，防护罩至少要把砂轮的上半部罩住。

29.1.3.2 应经常调节防护罩的可调护板，使可调护板和砂轮间的距离不大于1.6mm。

29.1.3.3 应随时调节工件托架以补偿砂轮的磨损，使工件托架和砂轮间的距离不大于2mm。

29.1.3.4 使用砂轮研磨时，应戴防护眼镜或装设防护玻璃。用砂轮磨工具时应使火星向下。禁止用砂轮的侧面研磨。

29.1.4 潜水泵

29.1.4.1 潜水泵应重点检查以下项目且应符合要求：

　　a）外壳不准有裂缝、破损。

b）电源开关动作应正常、灵活。

　　c）机械防护装置应完好。

　　d）电气保护装置应良好。

　　e）校对电源的相位，通电检查空载运转，防止反转。

29.1.4.2 潜水泵放入水下或从水中提出时，要拉住预先挂在潜水泵耳环上的绳子，不得拉拽电源线或水管。

29.1.4.3 移动潜水泵时应断电。潜水泵应先放入水中再启动电源。检查、维修潜水泵时应先断电并悬挂"禁止操作"标示牌。

29.1.4.4 潜水泵运行期间，人员不得下到该区域水中作业。

29.1.5　手持行灯

29.1.5.1 手持行灯电压不应超过 36V。在特别潮湿或金属容器内等地点作业时，手持行灯的电压不准超过 12V。

29.1.5.2 手持行灯电源应由携带式或固定式的隔离变压器供给，变压器不准放在金属容器或水箱等内部。

29.1.5.3 手持行灯变压器的高压侧，应带插头，低压侧带插座，并采用两种不能互相插入的插头。

29.1.5.4 手持行灯变压器的外壳应有良好的接地线，高压侧宜使用单相两极带接地插头。

29.2　一般工具

29.2.1 大锤和手锤的锤头应完整，其表面应光滑微凸，有歪斜、缺口、凹入及裂纹不应使用。大锤及手锤的手柄应用整根的硬木制成，木柄与锤头部用楔栓固定牢固。锤把上不可有油污。不应戴手套或单手抡大锤，作业时周围不准有人靠近。

29.2.2 用凿子凿坚硬或脆性物体时，应戴防护眼镜，必要时装设安全遮栏，以防碎片打伤旁人。凿子被锤击部分有伤痕、不平整、沾有油污等，不应使用。

第5部分

附　　　录

附　录　A
（规范性附录）
安全技术交底单格式

A.1　厂站工作安全技术交底单格式

____(厂站名称)____ 厂站工作安全技术交底单

编号：

工程项目名称：			
安全技术交底单位（运行单位）：			
接受安全技术交底单位（承包商或作业施工单位）：			
交底日期：　　　年　　月　　日		交底地点：	
施工应采取的安全措施	工作地点需要设备停电	应拉断路器（开关）和隔离开关（刀闸）（注明编号）：	
		应投切相关直流电源（空气开关、熔断器、连接片）、低压及二次回路：	
		应合接地刀闸（注明编号）、装接地线（注明确实地点）、应设绝缘挡板：	
		应设遮栏、应挂标示牌（注明位置）：	
		是否需办理二次设备及回路工作安全技术措施单：□是　　　□否	
	工作地点不需要设备停电	相关直流、低压及二次回路状态：	
		应投切相关直流电源（空气开关、熔断器、连接片）低压及二次回路：	
		应设遮栏、应挂标示牌（注明位置）：	
		是否需办理二次设备及回路工作安全技术措施单：□是　　　□否	
注意事项	工作地点存在带电设备位置或运行设备：		
	对施工人员的要求：		
	对施工机具的要求：		
	对现场施工环境保护的要求：		
	施工过程中与运行人员联系的有关事项：		
运行单位代表签名：		承包商或作业施工单位代表签名：	

A.2　电力线路工作安全技术交底单格式

___(单位名称)___ **电力线路工作安全技术交底单**

编号：

工程项目名称：	
工作任务：	
工作地段：	
安全技术交底单位（运行单位）：	
接受安全技术交底单位（承包商或作业施工单位）：	
交底日期：　　　年　　月　　日	交底地点：

施工应采取的安全措施	应拉断路器（开关）和隔离开关（刀闸）（注明编号）：
	应合接地刀闸（注明编号）、装接地线（注明确实地点）：
	应设遮栏、应挂标示牌（注明位置）：
	保留的带电线路或带电设备（注明确实地点）：
	线路重合闸或再启动功能投退要求：
	施工单位在工作现场自行装设的接地线（注明确实地点）：

注意事项	对施工人员的要求：
	对施工机具的要求：
	对现场施工环境保护的要求：
	其他应采取的安全措施及注意事项：
	施工过程中与运行人员联系的有关事项：

运行单位代表签名：	承包商或作业施工单位代表签名：

附 录 B
（资料性附录）
现 场 勘 察 记 录 格 式

现 场 勘 察 记 录

记录人			勘察日期	年　月　日
勘察单位				
勘察负责人 及人员				
工作任务				
重点安全注 意事项				

附　录　C

（规范性附录）

工　作　票　格　式

C.1　厂站第一种工作票格式

<u>　　（厂站名称）　　</u>　厂站第一种工作票

盖章处

编号：

工作负责人（监护人）：_____ 单位和班组：_____ 工作负责人及工作班人员总人数共_____人	计划 工作 时间	自　　　年　月　日　时　分 至　　　年　月　日　时　分
工作班人员（不包括工作负责人）：		
工作任务：		
工作地点：		

工作要求的安全措施	应拉开的断路器（开关）和隔离开关（刀闸）（双重名称或编号）	
	断路器（开关）：	隔离开关（刀闸）：
	应投切的相关直流电源（空气开关、熔断器、连接片）低压及二次回路：	
	应合上的接地刀闸（双重名称或编号）、装设的接地线（装设地点）应设绝缘挡板：	
	应设遮栏、应挂标示牌（位置）：	
	是否需线路对侧接地：□是　　□否	
	是否需办理二次设备及回路工作安全技术措施单：□是，共　　张；　□否	
	其他安全措施和注意事项：	

签发	工作票签发人签名： 工作票会签人签名：			时间： 时间：	年 月 日 时 分 年 月 日 时 分	
接收	值班负责人签名：			时间：	年 月 日 时 分	
工作许可	安全措施是否满足工作要求：□是　　□否 需补充或调整的安全措施： 是否需以手触试：　　□是　　□否 以手触试的具体部位：					
	线路对侧安全措施：经值班调度员（配电网运维人员）（姓名） 确认线路对侧已按要求执行					
	工作地点 保留的 带电部位	带电的母线、导线： 带电的隔离开关（刀闸）： 其他：				
	其他安全注意事项： 工作许可人签名：　　　　　　工作负责人签名： 时间：　　年 月 日 时 分					
指定	为专责监护人。　　　　　专责监护人签名：					
安全交代	工作班人员确认工作负责人所交代布置的工作任务、安全措施和作业安全注意事项。 工作班人员签名： 时间：　　年 月 日 时 分					

工作间断	工作间断时间	工作许可人	工作负责人	工作开工时间	工作许可人	工作负责人
	月 日 时 分			月 日 时 分		
	月 日 时 分			月 日 时 分		
	月 日 时 分			月 日 时 分		

工作变更	工作任务	不需变更安全措施下增加的工作内容： 工作负责人签名：　　　　　　工作许可人签名： 时间：　　年 月 日 时 分

续表

工作变更	工作负责人	工作票签发人签名：　　　　　　　　　　　　原工作负责人签名： 现工作负责人签名： 工作许可人签名：　　　　　　　　　　　　时间：　　年　月　日　时　分			
	工作班人员	变更情况	工作许可人	工作负责人	变更时间
					月　日　时　分
					月　日　时　分
					月　日　时　分
工作延期		有效期延长到　　月　日　时　分。 工作许可人签名：　　　　　　　　　　　　工作负责人签名： 　　　　　　　　　　　　　　　　　　　　时间：　　年　月　日　时　分			
工作票的终结	作业终结	全部作业于　　月　日　时　分结束，检修临时安全措施已拆除，已恢复作业开始前状态，作业人员已全部撤离，材料工具已清理完毕。 　　工作负责人签名：　　　　　　　　　　工作许可人签名： 　　　　　　　　　　　　　　　　　　　　时间：　　年　月　日　时　分			
	许可人措施终结	临时遮栏已拆除，标示牌已取下，常设遮栏已恢复。 　　工作许可人签名： 　　　　　　　　　　　　　　　　　　　　时间：　　年　月　日　时　分			
	汇报调度	未拉开接地刀闸双重名称或编号： 　　　　　　　　　　　　　　　　　　　　　　　　共　　把。 未拆除接地线装设地点及编号： 　　　　　　　　　　　　　　　　　　　　　　　　共　　组。 　　值班负责人签名：　　　　　　　　　　值班调度员： 　　　　　　　　　　　　　　　　　　　　时间：　　年　月　日　时　分			
备注（工作转移、安全交代补充签名等）： 					

C.2 厂站第二种工作票格式

___(厂站名称)___ 厂站第二种工作票

盖 章 处

编号：

工作负责人（监护人）：_____ 单位和班组：_____ 工作负责人及工作班人员总人数共_____人	计划 工作 时间	自　　年　月　日　时　分 至　　年　月　日　时　分
工作班人员（不包括工作负责人）：		
工作任务：		
工作地点：		

工作要求的 安全措施	工作条件	相关高压设备状态：
		相关直流、低压及二次回路状态：
	应投切的相关直流电源（空气开关、熔断器、连接片）、低压及二次回路：	
	应设遮栏、应挂标示牌（位置）：	
	是否需办理二次设备及回路工作安全技术措施单：□是，共　　张；　□否	
	其他安全措施和注意事项：	
签发	工作票签发人签名：　　　　　　　　　　时间：　　年　月　日　时　分 工作票会签人签名：　　　　　　　　　　时间：　　年　月　日　时　分	
接收	值班负责人签名：　　　　　　　　　　　时间：　　年　月　日　时　分	
工作许可	安全措施是否满足工作要求：□是　　　□否 需补充或调整的安全措施：	

工作许可	工作地点 保留的 带电部位	带电的母线、导线： 带电的隔离开关： 其他：					
	其他安全注意事项： 工作许可人签名：　　　　　工作负责人签名： 时间：　　　年　月　日　时　分						
安全交代	工作班人员确认工作负责人所交代布置的工作任务、安全措施和作业安全注意事项。 工作班人员签名： 时间：　　　年　月　日　时　分						
工作间断	工作间断时间	工作 许可人	工作 负责人	工作开工时间	工作 许可人	工作 负责人
	月　日　时　分			月　日　时　分		
	月　日　时　分			月　日　时　分		
	月　日　时　分			月　日　时　分		

工作变更	工作任务	不需变更安全措施下增加的工作内容： 工作负责人签名：　　　　　工作许可人签名： 时间：　　　年　月　日　时　分			
	工作负责人	工作票签发人签名：　　　　同意变更时间：　　　　年　月　日　时　分 原工作负责人签名：　　　　现工作负责人签名： 工作许可人签名：　　　　　　时间：　　　年　月　日　时　分			
	工作班人员	变更情况	工作许可人	工作负责人	变更时间
					月　日　时　分
					月　日　时　分
					月　日　时　分

工作延期	有效期延长到　　月　日　时　分。 工作许可人签名：　　　　　工作负责人签名： 时间：　　　年　月　日　时　分

续表

工作票的 终结	全部作业于　月　日　时　分结束，检修临时安全措施拆除，已恢复作业开始前状态，作业人员已全部撤离，材料工具已清理完毕。 　　工作负责人签名：　　　　　　　　　　　工作许可人签名： 　　　　　　　　　　　　　　　　　　　　时间：　　　年 月 日 时 分
备注（工作转移、安全交代补充签名等）：	

C.3 厂站第三种工作票格式

_____（厂站名称）_____ 厂站第三种工作票

盖 章 处

编号：

工作负责人（监护人）：_____ 单位和班组：_____ 工作负责人及工作班人员总人数共_____人		计划 工作 时间	自　　　年 月 日 时 分 至　　　年 月 日 时 分
工作班人员（不包括工作负责人）：			
工作任务：			
工作地点：			
工作要求的安全措施：			
接收	值班负责人签名：　　　　　　　　　　　　　　　　时间：　　　年 月 日 时 分		
许可工作	安全措施是否满足工作要求：□是　　□否 需补充或调整的安全措施：		
	工作地点 保留的 带电部位	带电的母线、导线： 带电的隔离开关（刀闸）： 其他：	

· 221 ·

许可工作	其他安全注意事项： 工作许可人签名：　　　　　　　　工作负责人签名： 　　　　　　　　　　　　　　　时间：　　年　月　日　时　分					
安全交代	工作班人员确认工作负责人所交代布置的工作任务、安全措施和作业安全注意事项。 工作班人员签名： 　　　　　　　　　　　　　　　时间：　　年　月　日　时　分					
工作间断	工作间断时间	工作许可人	工作负责人	工作开工时间	工作许可人	工作负责人
	月　日　时　分			月　日　时　分		
	月　日　时　分			月　日　时　分		
	月　日　时　分			月　日　时　分		

工作变更	工作负责人	工作票签发人签名：　　　　　　　原工作负责人签名： 现工作负责人签名： 工作许可人签名：　　　　　　　时间：　　年　月　日　时　分			
	工作班人员	变更情况	工作许可人	工作负责人	变更时间
					月　日　时　分
					月　日　时　分
					月　日　时　分

工作延期	有效期延长到　　月　日　时　分。 工作许可人签名：　　　　　　　　工作负责人签名： 　　　　　　　　　　　　　　　时间：　　年　月　日　时　分
工作票的终结	全部作业于　　月　日　时　分结束，临时安全措施已拆除，已恢复作业开始前状态，作业人员已全部撤离，材料工具已清理完毕。 工作负责人签名：　　　　　　　工作许可人签名： 　　　　　　　　　　　　　　　时间：　　年　月　日　时　分
备注（工作转移、安全交代补充签名等）： 	

C.4 线路第一种工作票格式

_____（单位名称）　线路第一种工作票

盖 章 处

编号：

工作负责人（监护人）：_____ 单位和班组：_____ 工作负责人及工作班人员总人数共_____人	计划 工作 时间	自　　　年　月　日　时　分 至　　　年　月　日　时　分	

是否办理分组工作派工单：□是，共　　张；　□否

工作班人员（不包括工作负责人）：

工作任务：

停电线路名称：

工作地段：

工作要求的 安全措施 （必要时可附页 绘图说明）	应拉断路器（开关）和隔离开关（刀闸）（厂站名及双重名称）：								
	应合的接地刀闸（注明双重编号）或应装的接地线（装设地点）：								
	应设遮栏、应挂标示牌（注明位置）：								
	其他安全措施和注意事项：								
应装设的 接地线	线路名称及杆号								
	接地线编号								
签发	工作票签发人签名： 工作票会签人签名：		时间：　　年　月　日　时　分 时间：　　年　月　日　时　分						
接收	值班负责人签名：		时间：　　年　月　日　时　分						

续表

工作许可	□工作许可人负责的本工作票"工作要求的安全措施"栏所述措施已经落实。 保留或邻近的带电线路、设备： 其他安全注意事项： 工作许可人签名：　　　　　　　工作负责人签名： 许可方式：　　　　　　　　　　　　　时间：　　　年 月 日 时 分
指定	为专责监护人。　　　　　　专责监护人签名：
安全交代	工作班人员确认工作负责人所交代布置的工作任务、安全措施和作业安全注意事项。 工作班人员（分组负责人）签名： 　　　　　　　　　　　　　　时间：　　　年 月 日 时 分

工作间断	工作间断时间	工作许可人	工作负责人	方式	工作开始时间	工作许可人	工作负责人	方式
	月 日 时 分				月 日 时 分			
	月 日 时 分				月 日 时 分			
	月 日 时 分				月 日 时 分			
	月 日 时 分				月 日 时 分			

工作变更	工作任务	不需变更安全措施下增加的工作内容： 工作负责人签名：　　　　　　　　工作许可人签名： 　　　　　　　　　　　　　　时间：　　　年 月 日 时 分		
	工作负责人	工作票签发人签名：　　　　　　　原工作负责人签名： 现工作负责人签名： 工作许可人签名：　　　　　　　时间：　　　年 月 日 时 分		
	工作班人员	变更情况	工作许可人/签发人	工作负责人	变更时间
					月 日 时 分
					月 日 时 分
					月 日 时 分

工作延期		有效期延长到　　月　日　时　分。 　　工作许可人签名：　　　　　　　　　　　　工作负责人签名： 　　申请方式： <div align="right">时间：　　年　月　日　时　分</div>
工作票的终结	作业终结	全部作业于　月　日　时　分结束，线路（或配电设备）上所装设的接地线共（　　）组和使用的个人保安线已全部拆除，工作人员已全部撤离，材料工具已清理完毕，已恢复作业开始前状态。 　　工作负责人签名：　　　　　　　　　　　工作许可人签名： 　　终结方式：　　　　　　　　　　　　时间：　　年　月　日　时　分
	许可人措施终结	临时遮栏已拆除，标示牌已取下，常设遮栏已恢复。 　　工作许可人签名： <div align="right">时间：　　年　月　日　时　分</div>
	汇报调度	未拉开接地刀闸双重名称或编号： <div align="right">共　　把</div> 未拆除接地线装设地点及编号： <div align="right">共　　组</div> 值班负责人签名：　　　　　　　　　　值班调度员： <div align="right">时间：　　年　月　日　时　分</div>

备注（工作转移、安全交代补充签名等）：

C.5 线路第二种工作票格式

_____（单位名称）_____ 线路第二种工作票

盖 章 处

编号：

工作负责人（监护人）：_____ 单位和班组：_____ 工作负责人及工作班人员总人数共 _____ 人	计划 工作 时间	自　　　年 月 日 时 分 至　　　年 月 日 时 分
是否办理分组工作派工单：□是，共　　张；　□否		
工作班人员（不包括工作负责人）：		
工作任务：		
工作线路或设备名称：		
工作地段：		

工作要求的 安全措施	应采取的安全措施（停用线路重合闸装置、退出再启动功能等）：
	其他安全措施和注意事项：

签发	工作票签发人签名：　　　　　　　　　　　时间：　　　年 月 日 时 分
	工作票会签人签名：　　　　　　　　　　　时间：　　　年 月 日 时 分
接收	值班负责人签名：　　　　　　　　　　　　时间：　　　年 月 日 时 分
开始（许可） 工作	□工作许可人负责的本工作票"工作要求的安全措施"栏所述措施已经落实。 补充安全注意事项： 下达通知的值班调度员（运维人员）签名： 工作负责人签名： 通知（许可）的方式：　　　　　　　　　时间：　　　年 月 日 时 分

安全交代	工作班人员确认工作负责人所交代布置的工作任务、安全措施和作业安全注意事项。 工作班人员（分组负责人）签名： 时间：　　　年　月　日　时　分
工作票 的终结	全部作业于　　月　　日　　时　　分结束，检修临时安全措施已拆除，已恢复作业开始前状态，作业人员已全部撤离，材料工具已清理完毕。 　□相关线路重合闸装置、再启动功能可以恢复。 　接受汇报或通知的值班调度员（运维人员）签名： 　工作负责人签名： 　终结方式： 时间：　　　年　月　日　时　分
备注（工作间断、变更、延期、补充措施、安全交代补充签名等）： 	

C.6　低压配电网工作票格式

____（单位名称）____　低压配电网工作票

盖 章 处

编号：

工作负责人（监护人）：_____ 单位和班组：_____ 工作负责人及工作班人员总人数共_____人	计划 工作 时间	自　　年 月 日 时 分 至　　年 月 日 时 分

工作班人员（不包括工作负责人）：

工作任务：

停电线路名称：

工作地段（可附页绘图）：

工作要求的 安全措施 （可附页绘图）	工作条件和应采取的安全措施（停电、接地、隔离和装设的安全遮栏、围栏、标示牌等）：
	保留的带电部位：

应装设的 接地线	线路名称或位置						
	接地线编号						

签发	工作票签发人签名：　　　　　　　　　　　时间：　　年 月 日 时 分
	工作票会签人签名：　　　　　　　　　　　时间：　　年 月 日 时 分

接收	值班负责人签名：　　　　　　　　　　　　时间：　　年 月 日 时 分

工作许可	□工作许可人负责的本工作票"工作要求的安全措施"栏所述措施已经落实。 保留或邻近的带电线路、设备： 其他安全注意事项： 工作许可人签名：　　　　　　　　工作负责人签名： 许可方式：　　　　　　　　　　　　时间：　　年 月 日 时 分

安全交代	工作班人员确认工作负责人所交代布置的工作任务、安全措施和作业安全注意事项。 工作班人员签名： 时间：　　　年　月　日　时　分
增加工作任务	不需变更安全措施下增加的工作内容： 工作负责人签名：　　　　　　　　　工作许可人签名： 时间：　　　年　月　日　时　分
工作延期	有效期延长到　　月　日　时　分。 工作负责人签名：　　　　　　　　　工作许可人签名： 时间：　　　年　月　日　时　分
工作票的终结	全部作业于　月　日　时　分结束，线路（或配电设备）上所装设的接地线共（　　）组已全部拆除，工作人员已全部撤离，材料工具已清理完毕，已恢复工作开始前状态。 工作负责人签名：　　　　　　　　　工作许可人签名： 终结方式：　　　　　　　　　　　　时间：　　　年　月　日　时　分
备注（工作班人员变更、补充措施、安全交代补充签名等）： 	

C.7　带电作业工作票格式

_____（单位名称）_____　带电作业工作票

盖 章 处

编号：

工作负责人（监护人）：_____ 单位和班组：_____ 工作负责人及工作班人员总人数共_____人	计划 工作 时间	自　　年　月　日　时　分 至　　年　月　日　时　分

是否办理分组工作派工单：□是，共　　张；　□否

工作班人员（不包括工作负责人）：

工作任务：

工作线路或厂站及设备名称：

工作地段：

工作要求的 安全措施	应采取的安全措施（应投退的继电保护、线路重合闸装置、再启动功能等）：
	其他安全措施及注意事项：

工作方式 或工作环境	□等电位作业　□中间电位作业　□地电位作业 □采用带电作业措施　□邻近带电设备的名称：

签发	工作票签发人签名：　　　　　　　时间：　　年　月　日　时　分 工作票会签人签名：　　　　　　　时间：　　年　月　日　时　分

接收	收到工作票时间：　　年　月　日　时　分　值班负责人签名：

工作许可	□工作许可人负责的本工作票"工作要求的安全措施"栏所述措施已经落实。 保留或邻近的带电线路、设备： 其他补充安全注意事项： 工作许可人签名：　　　　　　工作负责人签名： 　　　　　　　　　　　时间：　　年　月　日　时　分

	指定_____为专责监护人。　　　　　　专责监护人签名：					
安全交代	工作班人员确认工作负责人所交代布置的工作任务、安全措施和作业安全注意事项。 工作班人员签名： 　　　　　　　　　　　　　　　时间：　　年　月　日　时　分					
工作延期	有效期延长到　　月　日　时　分。 工作负责人签名：　　　　　　　　　工作许可人签名： 　　　　　　　　　　　　　　　时间：　　年　月　日　时　分					
工作票的 终结	全部作业于　月　日　时　分结束，临时安全措施已拆除，已恢复作业开始前状态，作业人员 已全部撤离，材料工具已清理完毕。 □相关线路重合闸装置、再启动功能可以恢复。 工作负责人签名：　　　　　　　　　工作许可人签名： 　　　　　　　　　　　　　　　时间：　　年　月　日　时　分					
备注（工作间断、变更、补充措施等）：						

C.8　紧急抢修工作票格式

___（单位名称）___　紧急抢修工作票

盖 章 处

编号：

启动抢修	抢修工作负责人（监护人）：　　　　　单位和班组： 负责人及工作班人员总人数共____人					
	抢修任务（抢修地点和抢修内容）：					
	安全措施及注意事项：					
布置抢修	本项工作及主要安全事项根据抢修任务布置人_____安排填写					
抢修许可	经核实确认或需补充调整的安全措施： 工作许可人签名：　　　　　　　　　工作负责人签名： 　　　　　　　　　　　　　　　时间：　　年　月　日　时　分					
抢修结束或 转移工作票	抢修结束或转移工作票时间： 现场设备状况及保留安全措施： 工作负责人签名：　　　　　　　　　工作许可人签名： 　　　　　　　　　　　　　　　时间：　　年　月　日　时　分					
备注： 灾后抢修专责监护人：						

· 231 ·

附　录　D
（规范性附录）
工作票附属单格式

D.1 厂站二次设备及回路工作安全技术措施单格式

<u>　　　（单位名称）　　　</u>厂站二次设备及回路工作安全技术措施单

措施单编号：

工作票编号					
序号	执行	时间	安全技术措施内容	恢复	时间

工作负责人 （审批人）		执行人		监护人	
		恢复人		监护人	

备注：

D.2 分组工作派工单格式

____（单位名称）____ 分组工作派工单

对应工作票编号			
分组工作负责人		分组编号	

分组人员（不包括分组工作负责人）：

共　　　人（包括分组负责人）

分组工作内容和工作地点：

除工作票已列安全措施外，分组还应采取的安全措施及注意事项：

下达分组任务	工作票的工作负责人签名：　　　　　分组负责人签名： 　　　　　　　　　　　　　时间：　　年　月　日　时　分
安全交代	工作班人员确认分组工作负责人所交代布置的工作任务、安全措施和作业安全注意事项。 工作班人员签名： 　　　　　　　　　　　　　时间：　　年　月　日　时　分

分组工作于　月　日　时　分结束，现场临时安全措施已拆除，材料、工具已清理完毕，分组工作人员已全部撤离。

　分组工作负责人签名：　　　　　　　　工作负责人签名：

　　　　　　　　　　　　　时间：　　年　月　日　时　分

备注（工作班人员变更、补充措施、安全交代补充签名等）：

附　录　E
（规范性附录）
线路工作接地线使用登记管理表

_____（单位名称）_____ 线路工作接地线使用登记管理表

对应工作票编号：　　　　　　　　　　　　　　　　　　　　　　　　　　工作负责人：

序号	接地线类型	接地线编号	安装点（杆塔编号）	装设时间及执行人	拆除时间及执行人	核实方式		电话核实方式汇报人	核实时间	备注
						现场核实	电话核实			

注 1：该表由工作负责人填写并与工作负责人收执的工作票一同保管。

注 2：施工（检修）使用的所有接地线每次装拆（包括重复使用）均应在该表填写。

注 3："核实方式"栏中"现场核实"是指工作负责人在现场看见接地线已收回，在对应表格内用"√"表示。

注 4：核实时间是指看见接地线已收回，或电话汇报人汇报时间。

注 5：接地线类型填"分相式"或"合相式"。

附　录　F
（规范性附录）
操　作　票　格　式

F.1　调度逐项操作命令票格式

____（调度机构名称）____　调度逐项操作命令票

盖 章 处

令号：　　　　　　　　　　　　　　　　　　　　　　　　编号：

填票日期	年　月　日	操作开始日期	年　月　日	操作结束日期	年　月　日	
操作任务						
顺序	受令单位	操作项目		操作人	发令时间	受令人	完成时间
备注						
操作人		审核人（监护人）			值班负责人		

F.2　调度综合操作命令票格式

（调度机构名称）　调度综合操作命令票

盖 章 处

令号：　　　　　　　　　　　　　　　　　　　　　　　　　　　　　　　　编号：

填票日期	年　月　日	受令单位			
操作任务			发令	操作人	
				受令人	
				发令时间	月　日　时　分
			完成	操作人	
				回令人	
				完成时间	月　日　时　分
备注					
操作人		审核人 （监护人）		值班负责人	

F.3　现场电气操作票格式

（单位名称）　现场电气操作票

盖 章 处

编号：

类型	□根据调度令进行的操作		□根据本单位任务进行的操作	
发令单位		发令人		
受令人		受令时间	年　月　日　时　分	
操作开始时间	年　月　日　时　分	操作结束时间	年　月　日　时　分	
操作任务				
顺序	操作项目			操作
备注				
操作人		监护人		值班负责人

附 录 G
（规范性附录）
动 火 工 作 票 格 式

G.1 一级动火工作票格式

<u>　　（单位名称）　　</u> 一级动火工作票

盖章处

编号：

动火工作负责人		对应工作票编号	
动火部门		班组	
动火地点及设备名称			

动火工作任务（示意图）

计划动火工作时间	自　年　月　日　时　分 至　年　月　日　时　分

动火区域所在单位应采取的安全措施：

动火作业单位应采取的安全措施：

动火工作票签发人	审批人 签　章	消防部门 负责人	安全监管部门 负责人	厂（局） 负责人
签发人：　　会签人：				

动火工作票接收时间	年　月　日　时　分

动火区域所在单位应采取的安全措施已做完，动火作业单位应采取的安全措施已做完。
工作许可人签名：　　　动火工作负责人签名：　　　　　时间：　　年　月　日　时　分

应确认消防设施和消防措施已符合要求。可燃性、易爆气体含量或粉尘浓度测定合格。
动火工作监护人签名：

首次动火 作业开工前 见证人员	动火工作负责人签名：　　　动火执行人签名：　动火部门负责人签名： 消防部门负责人签名：　　　安全监管部门负责人签名： 厂（局）负责人签名： 　　　　　　　　　时间：自　　　年　月　日　时　分开始

动火工作于　年　月　日　时　分结束。材料、工具已清理完毕，现场确无残留火种，参与现场动火工作的有关人员已全部撤离，动火工作已结束。
动火执行人签名：　　　动火工作负责人签名：　　　动火工作监护人签名：
工作许可人签名：

备注：

G.2 二级动火工作票格式

<u>（单位名称）</u> 二级动火工作票

盖 章 处

编号：

动火工作负责人		对应工作票编号	
动火部门		班组	
动火地点及设备名称			

动火工作任务（示意图）

计划动火工作时间	自 年 月 日 时 分 至 年 月 日 时 分

动火区域所在单位应采取的安全措施：

动火作业单位应采取的安全措施：

动火工作票签名人	审批人 签 章	安全监管部门负责人
签发人： 会签人：		

动火工作票接收时间	年 月 日 时 分

动火区域所在单位应采取的安全措施已做完，动火作业单位应采取的安全措施已做完。
工作许可人签名： 动火工作负责人签名： 时间： 年 月 日 时 分

应确认消防设施和消防措施已符合要求。可燃性、易爆气体含量或粉尘浓度测定合格。
动火工作监护人签名：

允许动火时间自 年 月 日 时 分开始。
动火工作负责人签名： 动火工作监护人签名： 动火执行人签名：

动火工作于 年 月 日 时 分结束。材料、工具已清理完毕，现场确无残留火种，参与现场动火工作的有关人员已全部撤离，动火工作已结束。
动火执行人签名： 动火工作监护人签名： 动火工作负责人签名：
工作许可人签名：

备注：

附　录　H
（规范性附录）
安全技术措施标示牌式样

安全技术措施标示牌式样

名　称	式　样	
	颜　色	字　样
禁止合闸， 有人工作！	白底，红色圆形斜杠，黑色禁止标志符号	黑字
禁止合闸， 线路有人 工作！	白底，红色圆形斜杠，黑色禁止标志符号	黑字
在此工作！	衬底为绿色，正方形边框中有直径 200mm 和 65mm 白圆圈	黑字，写于 白圆圈中
止步， 高压危险！	白底，黑色正三角形及标志符号，衬底为黄色	黑字
从此上下！	衬底为绿色，正方形边框中有直径 200mm 白圆圈	黑字，写于 白圆圈中
从此进出！	衬底为绿色，正方形边框中有直径 200mm 白圆圈	黑体黑字， 写于白圆圈中
禁止攀登， 高压危险！	白底，红色圆形斜杠，黑色禁止标志符号	黑字

注 1：在计算机显示屏上一经合闸即可送电到工作地点的断路器或隔离开关的操作把手处所设置的"禁止合闸，有人工作！""禁止合闸，线路有人工作！"的标记可参照表中有关标示牌式样。

注 2：标示牌的颜色和字样参照 GB 2894—2008。

注 3：悬挂的标示牌，其悬挂高度以离地面 1.5～1.8m 范围为宜，即一般人站立平视时易看到的高度。

附　录　Ⅰ
（资料性附录）
常用起重设备检查和试验周期及质量参考标准

常用起重设备检查和试验周期及质量参考标准

序号	名称		检查和试验的要求	周期
1	白棕绳纤维绳	检查	绳子光滑、干燥无磨损现象	一月
		试验	以 2 倍容许工作负荷进行 10min 的静力试验，不应有断裂和显著的局部延伸	一年
2	钢丝绳（起重用）	检查	（1）绳扣可靠，无松动现象。 （2）钢丝绳无严重磨损现象。 （3）钢丝绳断丝数在规程规定的限度内	一月
		试验	以 2 倍容许工作荷重进行 10min 的静力试验，不应有断裂及显著的局部延伸现象	一年
3	合成纤维吊装带	检查	吊装带外部护套无破损，内芯无断裂	一月
		试验	以 2 倍容许工作荷重进行 12min 的静力试验，不应有断裂现象	一年
4	铁链	检查	（1）链节无严重锈蚀，无严重磨损，链节磨损达原直径的 10% 应报废。 （2）链节应无裂纹，发生裂纹应报废	一月
		试验	以 2 倍容许工作荷重进行 10min 的静力试验，链条不应有断裂、显著的局部延伸及个别链节拉长等现象，塑性变形达原长度的 5% 时应报废	一年
5	葫芦（绳子滑车）	检查	（1）葫芦滑轮完整灵活。 （2）滑轮吊杆（板）无磨损现象，开口销完整。 （3）吊钩无裂纹、无变形。 （4）润滑油充分	一月
		试验	（1）新装或大修的，以 1.25 倍容许工作荷重进行 10min 的静力试验后，再以 1.1 倍容许工作荷重做动力试验，不应有裂纹、显著的局部延伸现象。 （2）一般的定期试验，以 1.1 倍容许工作荷重进行 10min 的静力试验	一年
6	滑轮	检查	（1）滑轮完整无裂纹，转动灵活。 （2）滑轮轴无磨损现象，开口销完整。 （3）吊钩无裂纹、无变形。 （4）润滑油充分	一月
		试验	（1）新装或大修的，以 1.25 倍容许工作荷重进行 10min 的静力试验后，再以 1.1 倍容许工作荷重做动负荷试验，无裂纹。 （2）一般的定期试验，以 1.1 倍容许工作荷重进行 10min 的静力试验。 （3）磨损测量：轮槽壁厚磨损达原尺寸的 20%，轮槽不均匀磨损达 3mm 以上，轮槽底部直径减少量达钢丝绳直径的 50% 应予以报废	一年

续表

序号	名称	检查和试验的要求		周期
7	绳卡、卸扣等	检查	丝扣良好，表面无裂纹	一月
		试验	以 2 倍容许工作荷重进行 10min 的静力试验	一年
8	吊钩、卡线器、双钩、紧线器	检查	(1) 无裂纹或显著变形。 (2) 无严重腐蚀、磨损现象。 (3) 转动灵活，无卡涩现象。 (4) 防脱钩装置完好	半年
		试验	以 1.25 倍容许工作荷重进行 10min 的静力试验	一年
9	电动及机动绞磨（拖拉机）	检查	(1) 齿轮箱完整，润滑良好。 (2) 吊杆灵活，连接处的螺丝无松动或残缺。 (3) 钢丝绳无严重磨损现象，断丝根数在规定范围内。 (4) 吊钩无裂纹，无变形。 (5) 滑轮杆无磨损现象。 (6) 滚筒突缘高度至少比最外层钢丝绳表面高出该绳直径的两倍；吊钩放至最低时，滚筒上的钢丝绳至少剩 5 圈，绳头固定良好。 (7) 机械传动部分的防护罩完整，开关及电动机外壳接地良好。 (8) 卷扬限制器在吊钩升起距起重构架 300mm 时，吊钩会自动停止。 (9) 荷重控制器动作正常。 (10) 制动器灵活良好	一月
		试验	(1) 新安装或大修的，以 1.25 倍容许工作荷重进行 10min 的静力试验后，再以 1.1 倍容许工作荷重做动力试验，制动良好，钢丝绳无显著的局部延伸。 (2) 一般的定期试验，以 1.1 倍容许工作荷重进行 10min 的静力试验	一年
10	其他起重工具	试验	无标准可依据时，以不小于 1.25 倍容许工作荷重进行 10min 的静力试验	一年

注 1：新的起重设备和工具，允许在设备证件发出之日起 12 个月内不需重新试验。

注 2：机械和设备在大修后应试验，而不受规定试验期限的限制。

注 3：各项试验结果应做记录。

附　录　J
（规范性附录）
工器具试验项目、周期和要求

J.1　绝缘安全工器具试验项目、周期和要求

绝缘安全工器具试验项目、周期和要求

序号	器具	项目	周期	要　求				说　明
1	电容型验电器	启动电压试验	1 年	启动电压值不高于额定电压的 40%，不低于额定电压的 15%				试验时接触电极应与试验电极相接触
		工频耐压试验	1 年	额定电压 kV	试验长度 m	工频耐压 kV		
						持续时间 1min	持续时间 5min	
				10	0.7	45		
				35	0.9	95	—	
				66	1.0	175	—	
				110	1.3	220	—	
				220	2.1	440	—	
				500	4.1	—	580	
2	携带型短路接地线	成组直流电阻试验	≤5 年	在各接线鼻之间测量直流电阻，对于 25mm²、35mm²、50mm²、70mm²、95mm²、120mm² 的各种截面，平均每米的电阻值应分别小于 0.79mΩ、0.56mΩ、0.40mΩ、0.28mΩ、0.21mΩ、0.16mΩ				同一批次抽测，不少于 2 条，接线鼻与软导线压接的应做该试验
		操作棒的工频耐压试验	5 年	额定电压 kV	试验长度 m	工频耐压 kV		试验电压加在护环与紧固头之间
						持续时间 1min	持续时间 5min	
				10	—	45		
				35	—	95	—	
				66	—	175	—	
				110	—	220	—	
				220	—	440	—	
				500	—	—	580	

续表

序号	器具	项目	周期	要求	说明
3	个人保安线	成组直流电阻试验	≤5年	在各接线鼻之间测量直流电阻，对于16mm²、25mm²的各种截面，平均每米的电阻值应分别小于1.24mΩ、0.79mΩ	同一批次抽测，不少于2条

序号	器具	项目	周期	额定电压 kV	试验长度 m	工频耐压 kV 持续时间 1min	工频耐压 kV 持续时间 5min	说明
4	绝缘杆	工频耐压试验	1年	10	0.7	45	—	
				35	0.9	95	—	
				66	1.0	175	—	
				110	1.3	220	—	
				220	2.1	440	—	
				500	4.1	—	580	

序号	器具	项目	周期	额定电压 kV	试验长度 m	工频耐压 kV	持续时间 min	泄漏电流 mA	说明
5	核相器	连接导线绝缘强度试验	必要时	10		8	5		浸在电阻率小于100Ω·m的水中
				35		28	5		
		绝缘部分工频耐压试验	1年	10	0.7	45	1		
				35	0.9	95	1		
		电阻管泄漏电流试验	半年	10		10	1	≤2	
				35		35	1	≤2	
		动作电压试验	1年	最低动作电压应达0.25倍额定电压					

序号	器具	项目	周期	额定电压 kV	工频耐压 kV	持续时间 min	说明
6	绝缘罩	工频耐压试验	1年	6～10	30	1	
				35	80	1	

续表

序号	器具	项目	周期	要求				说明
7	绝缘隔板	表面工频耐压试验	1年	额定电压 kV	工频耐压 kV		持续时间 min	电极间距离300mm
				6～35	60		1	
		工频耐压试验	1年	额定电压 kV	工频耐压 kV		持续时间 min	
				6～10	30		1	
				35	80		1	
8	绝缘胶垫	工频耐压试验	1年	电压等级	工频耐压 kV		持续时间 min	使用于带电设备区域
				高压	15		1	
				低压	3.5		1	
9	绝缘靴	工频耐压试验	半年	工频耐压 kV	持续时间 min		泄漏电流 mA	
				15	1		≤7.5	
10	绝缘手套	工频耐压试验	半年	电压等级	工频耐压 kV	持续时间 min	泄漏电流 mA	
				高压	8	1	≤9	
				低压	2.5	1	≤2.5	
11	导电鞋	直流电阻试验	穿用≤200h	电阻值小于100kΩ				
12	绝缘夹钳	工频耐压试验	1年	额定电压 kV	试验长度 m	工频耐压 kV	持续时间 min	
				10	0.7	45	1	
				35	0.9	95	1	
13	绝缘绳	工频耐压试验	半年	100kV/0.5m，持续时间5min				

J.2 高处作业安全用具试验标准

高处作业安全用具试验标准

序号	名称	项目	周期	要 求				说 明
1	安全带	静负荷试验	1年	种类	试验静拉力 N	载荷时间 min		牛皮带试验周期为半年
				围杆带	2205	5		
				围杆绳	2205	5		
				护腰带	1470	5		
				安全绳	2205	5		
2	安全帽	冲击性能试验	按规定期限	受冲击力小于4900N				使用期限：从制造之日起，塑料帽≤2.5年，玻璃钢帽≤3.5年。安全帽在使用期满后，抽查合格后该批方可继续使用，以后每年抽验一次
		耐穿刺性能试验	按规定期限	钢锥不接触头模表面				
3	脚扣	静负荷试验	1年	施加1176N静压力，持续时间5min				
4	升降板	静负荷试验	半年	施加2205N静压力，持续时间5min				
5	竹（木）梯	静负荷试验	半年	施加1765N静压力，持续时间5min				
6	软梯钩梯	静负荷试验	半年	施加4900N静压力，持续时间5min				
7	防坠自锁器	静负荷试验	1年	将15kN载荷加载到导轨上，保持5min				标准来自于GB/T 6096—2009 4.7.3.2条和4.10.3.3条
		冲击试验	1年	将100kg±1kg载荷用1m长绳索连接在防坠自锁器上，从与自锁器水平位置释放，测试冲击力峰值在6kN±0.3kN之间为合格				
8	缓冲器	静荷试验	1年	（1）悬垂状态下末端挂5kN重物，测量缓冲器端点长度。 （2）两端受力点之间加载2kN保持2min，卸载5min后检查缓冲器是否打开，并在悬垂状态下末端挂5kg重物，测量缓冲器端点长度。 计算两次测量结果差，即初始变形，精确至1mm				标准来自于GB/T 6096—2009 4.11.2条
9	速差自控器	静荷试验	1年	将15kN载荷加载到速差自控器上，保持5min				标准来自于GB/T 6096—2009 4.7.3条
		冲击试验	1年	将100kg±1kg载荷用1m长绳索连接在上，从与速差自控器水平位置释放，测试冲击力峰值在6kN±0.3kN之间为合格				

附　录　K
（规范性附录）
绝缘工具电气预防性试验项目及标准

绝缘工具电气预防性试验项目及标准

额定电压 kV	试验长度 m	1min 工频耐压 kV		3min 工频耐压 kV		15 次操作冲击耐压 kV	
		出厂及型式试验	预防性试验	出厂及型式试验	预防性试验	出厂及型式试验	预防性试验
10	0.4	100	45	—	—	—	—
35	0.6	150	95	—	—	—	—
63（66）	0.7	175	175	—	—	—	—
110	1.0	250	220	—	—	—	—
220	1.8	450	440	—	—	—	—
500	3.7	—	—	640	580	1175	1050
±500	3.2	—	—	—	565	—	970
±800	6.6	—	—	985	895	1685	1530

注：±500kV、±800kV 预防性试验采用 3min 直流耐压。

操作冲击耐压试验宜采用 250/2500μs 的标准波，以无一次击穿、闪络为合格。

工频耐压试验以无击穿、无闪络及过热为合格。

高压电极应使用直径不小于 30mm 的金属管，被试品应垂直悬挂，接地极的对地距离为 1.0～1.2m。接地极及接高压的电极（无金具时）处，以 50mm 宽的金属铂缠绕。试品间距不小于 500mm，单导线两侧均压球直径不小于 200mm，均压球距试品不小于 1.5m

试品应整根进行试验，不得分段。